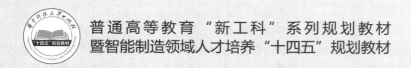

普通高等教育"新工科"系列规划教材
暨智能制造领域人才培养"十四五"规划教材

自动控制原理

（经典控制）

ZIDONG KONGZHI YUANLI
（JINGDIAN KONGZHI）

主　编◎陈　铭
副主编◎姜建学　程　武　李　杨　贾　巍
　　　　聂金泉　马　强　邹　梅

U0279344

华中科技大学出版社
http://press.hust.edu.cn
中国·武汉

内 容 简 介

本书共分7章,内容包括自动控制的一般概念、控制系统的数学模型、线性系统的时域分析、线性系统的复域分析、线性系统的频域分析、线性系统的频域校正,以及控制原理实验指导书。本书可作为普通高等院校电气类、控制类等专业的教学用书,也可供有关工程技术人员参考。

图书在版编目(CIP)数据

自动控制原理.经典控制/陈铭主编.—武汉:华中科技大学出版社,2024.3
ISBN 978-7-5680-8554-0

Ⅰ.①自…　Ⅱ.①陈…　Ⅲ.①自动控制理论　Ⅳ.①TP13

中国版本图书馆 CIP 数据核字(2022)第 128368 号

自动控制原理(经典控制)　　　　　　　　　　　　　　　　　　陈　铭　主编
Zidong Kongzhi Yuanli(Jingdian Kongzhi)

策划编辑：张　毅
责任编辑：郭星星
封面设计：原色设计
责任监印：朱　玢
出版发行：华中科技大学出版社(中国·武汉)　　　电话：(027)81321913
　　　　　武汉市东湖新技术开发区华工科技园　　　邮编：430223
录　　排：武汉正风天下文化发展有限公司
印　　刷：武汉市洪林印务有限公司
开　　本：787mm×1092mm　1/16
印　　张：19
字　　数：486千字
版　　次：2024年3月第1版第1次印刷
定　　价：59.00元

▷ 前 言 ▶▶ ▶

在今天的社会生活中,自动化装置无所不在,"自动控制原理"作为工科院校重要的技术基础课,不仅对工程技术有指导作用,而且对培养学生的辩证思维能力、帮助学生建立理论联系实际的科学观点和提高综合分析问题的能力,都具有重要的作用。深入理解、掌握自动控制的概念、原理、思想和方法,对于学生日后解决实际控制工程问题、掌握控制理论其他学科领域的知识来说,都是必备的基础。

"自动控制原理"是一门专业基础课程,本书系统阐述经典控制理论,以线性定常系统为主,介绍控制系统的基本理论和方法。

本课程研究的内容围绕系统数学模型、控制系统分析、控制系统设计与校正这三个方面展开。

1. 系统数学模型

本课程主要讨论线性定常系统在时域、复域、频域的数学模型,包括各种解析表达式、结构图与信号流图等不同的表现形式。分析法是建立系统数学模型的基本方法。

2. 控制系统分析

控制系统分析包括稳定性分析、动态性能分析与稳态性能分析。稳定性分析包括各种稳定性的判定方法、系统结构与参数对稳定性的影响等内容;动态性能分析包括各种动态性能指标的计算、系统结构与参数对动态性能的影响、改善系统动态特性的途径等内容;稳态性能分析包括稳态误差的计算、系统结构与参数对稳态误差的影响、提高系统稳态精度的途径等内容。这三个方面的内容,将从不同的角度讨论系统结构与参数对系统性能的影响,从而指出改善系统性能的途径。

3. 控制系统设计与校正

控制系统的设计与校正是本课程的一个重要内容。系统设计是在给出被控对象及其技术指标要求的情况下,寻求一个能完成控制任务、满足技术指标要求的控制系统。在控制系统的主要元器件和结构形式确定以后,为了满足动态性能指标和稳态性能指标的要求,设计任务往往是改变系统的某些参数,有时还要改变系统的结构,选择合适的校正装置,计算、确定其参数并加入系统之中,使系统满足预定的性能指标要求。这个过程称为系统的校正。本课程主要介绍系统常见的校正元件与装置特性以及频率特性法的校正方法。

设计问题要比分析问题更为复杂。设计问题的答案往往并不唯一,对系统提出的同样一组要求,往往可以采用不同的方案来满足;在选择系统结构和参数时,往往会出现相互矛盾的情况,需要折中处理,同时必须考虑控制方案的可实现性和实现方法。设计时,还要通盘考虑系统的经济性、可靠性、安装工艺、使用环境等各方面的问题。

分析系统的目的在于了解和认识已有的系统。对于从事自动控制领域工作的工程技术人员而言，更重要的是校正系统，改造那些性能指标未达到要求的系统，使其能够完成确定的工作。

本书阐述了自动控制的基本原理，系统地介绍了自动控制系统分析和综合设计的基本方法。全书共分 7 章，主要讲述了线性定常系统的理论，具体包括自动控制的一般概念，描述系统的数学模型及其建立方法，用于系统分析、校正的时域法、根轨迹法和频域法；详细讨论了系统稳定性、快速性、准确性的定量计算与系统反馈、前馈校正方法，介绍了根轨迹的绘制法则以及利用根轨迹分析系统性能的方法，系统讲述了频率特性的绘制、频域中的稳定判据、性能分析以及串联校正方法。本书在编写过程中参考了其他院校老师们编写的教科书，同时得到了我校院系、教务处等部门有关同志的大力帮助，另外，浙江巨化检安石化工程有限公司的姜建学、程武对本书中的实例进行了验证应用。在此，谨向关心并为本书的出版付出辛勤劳动的所有同志表示深深的谢意！

对书中存在的错误及不妥之处，恳请各位读者、同行批评指正。

湖北文理学院自动控制原理课程组

▶ 目录 ▶▶ ▶

第 1 章　自动控制的一般概念

🔑 基本要求 ////

1.正确理解自动控制的基本概念（被控对象、被控量、给定量、干扰量等）、组成和控制方式，理解开环控制和闭环控制的基本原理和特点，明确控制系统的任务。

2.掌握负反馈的概念、闭环控制系统的基本组成和各环节的作用，能对开环控制和闭环控制过程进行简单分析。

3.通过示例，建立起系统的基本概念，初步掌握由系统工作原理图画出系统方块图的方法；正确理解对控制系统稳、准、快的要求。

近年来，控制学科的应用范围由机械、冶金、石油、化工、电子、电力、航空、航海、航天、核反应堆等扩展到交通管理、生物医学、生态环境、经济管理、社会科学和其他许多社会生活领域，并对各学科之间的相互渗透起到了促进作用。自动控制技术的应用使生产过程实现自动化，不仅提高了劳动生产率和产品质量，降低了生产成本，提高了经济效益，改善了劳动条件，使人们从繁重的体力劳动和单调重复的脑力劳动中解放了出来，而且在探索新能源、发展空间技术和创造人类社会文明等方面都具有十分重要的意义。

自动控制理论是研究自动控制系统组成、分析和设计的一般性理论，是研究自动控制共同规律的技术科学。学习和研究自动控制理论是为了探索自动控制系统中变量的运动规律及改变这种运动规律的可能性和途径，为建立高性能的自动控制系统提供必要的理论根据。现代的工程技术人员和科学工作者都必须具备一定的自动控制理论基础知识。

1.1　自动控制和自动控制系统

1.1.1　自动控制的定义

在工业生产过程或设备运行过程中，为了保证生产机械或设备正常工作，往往需要对某些物理量（如温度、压力、流量、液位、电压、位移、转速等）进行控制，使其尽量维持在某个数值附近，或使其按一定规律变化。若要满足这种需要，就要对生产机械或设备进行及时的操作，以抵消外界干扰的影响。这种操作通常称为控制，由人工进行操作称为人工控制，用自动装置来完成操作称为自动控制。

自动控制，就是指在无人直接参与的情况下，利用控制装置，使被控对象的被控量按预定的规律运行的控制方式。

1.1.2 控制系统的控制方式

最常见的控制方式有三种：开环控制、闭环控制和复合控制。对于某一个具体的系统，采取什么样的控制手段应该根据具体的用途和目的而定。

（1）开环控制系统。系统的控制作用不受输出影响的控制系统称为开环控制系统。在开环控制系统中，输入端与输出端之间只有信号的前向通道，而不存在由输出端到输入端的反馈通路。

图 1.1 所示的是一个炉温控制系统的工作原理图。为了在这个加热炉中形成一个固定的温度场，需要有一个可控的热源，当输入热量与散失热量达到动态平衡时，炉温就会维持在一个动态平衡值。在这个系统当中，加热炉就是被控对象，炉温就是被控量。被控量是描述被控对象工作状态的物理量，也是要控制的物理量。打开加热炉的阀门至对应 800 ℃炉温的开度，在理想情况下，它可以维持在 800 ℃，但是这个过程并不能稳定运行，因为实际系统并不理想，很多因素会随时对炉温产生影响，干扰炉温的精度，如热源并不是固定的；加热炉周边的温度也不是恒定的值，是变化的。这种控制方式是从阀门到加热炉，整个控制过程是单向进行的，因此称为开环控制。

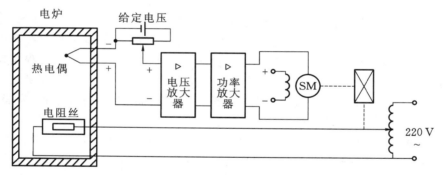

图 1.1 炉温控制系统的工作原理图

（2）闭环控制系统。将系统的输出信号引回到输入端，并与输入信号相比较，利用所得的偏差信号对系统进行调节，达到减小或消除偏差的目的。这就是负反馈控制原理，是构成闭环控制系统的核心。

在系统主反馈通道中，只有采用负反馈才能达到控制的目的，若采用正反馈，则偏差将越来越大，导致系统发散，从而无法工作。

当加热炉中的温度出现偏差以后，它没有返回去对阀门的开度进行调整，所以开环控制方式达不到理想的控制精度。为了达到理想的效果，必须对温度偏差进行实时的调整。要完成这样一个工作，我们是怎么做的呢？我们的眼睛相当于一个检测器，对炉温进行实时检测，将检测值与大脑中的理想温度值 800 ℃进行比较、判断，比较之后发出指令，驱动胳膊对阀门进行调节，若温度偏高了，就把阀门关小一点；反之，阀门就开大一点。如此就可以实时对炉温偏差进行调节，达到比较高的控制精度。要实现自动控制功能，必须有一套控制装置代替人来实现实时调节功能。

温度控制系统的工作原理图如图 1.2 所示。要设计这个系统,就需要一个热电偶。热电偶通过热电效应把炉温当中的温度感应成一个与它成比例的电势信号,这个电势信号很微弱,用放大器把它放大成 U_T 信号,这个信号实时反映炉温的高低,相当于人的眼睛。理想温度设置需要一个给定电位计,将给定电位计的电刷调到刚好对应理想温度 800 ℃的位置,电压 U_r 就是给定量,它对应的理想温度就是 800 ℃。把这两个电压信号进行比较得到电压差信号,经放大器放大后,输出电压 U 带动电动机,电动机通过齿轮减速器和阀门啮合在一起,对阀门进行调节。当炉温刚好是 800 ℃时,U_T 和给定的 U_r 是相同的,放大器输入端的电压差等于 0,输出电压 U 等于 0,电动机停转,阀门的开度刚好就维持在 800 ℃的理想状态。一旦炉温出现偏差,如炉温偏高,U_T 就会增加,和 U_r 相比较,放大器端口电压 U 不为 0,不为 0 的电压加在电动机上,就会驱动电动机旋转,带动齿轮减速器去调节阀门,把阀门关小,这样通过阀门的煤气流量就会减小,温度自然就会降下来;反之,调节就会反向进行。这种控制方式叫作闭环控制。

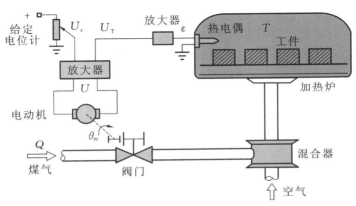

图 1.2　温度控制系统的工作原理图

闭环控制方式提供了能够达到非常高的控制精度的可能,但是这种目标的实现还有很多问题。例如,炉温升高以后,需要调小阀门,调节方向不能反,假如温度偏高,不但不把阀门调小,反而调大,越调大温度就越高,温度越高阀门开度就越大,但阀门的调节范围是有限度的,调到最后,阀门卡死就会出现问题;如果电动机功率很大,阀门不结实,阀门被拧裂,就会造成煤气泄漏,进而可能发生爆炸。所以,调节的方向,或者说反馈的极性不对,就有可能造成严重的事故。该温度控制系统控制的目的是,加热炉当中的炉温按照给定电位计输出的 U_r 保持恒定,因此被控对象是加热炉,被控量是炉温,给定量是 U_r。这就是该炉温控制系统的工作原理。

开环控制系统精度不高和适应性不强的主要原因是缺少从系统输出端到输入端的反馈回路。若要提高系统的控制精度,就必须把输出量的信息反馈到输入端,通过比较输入值与输出值产生偏差信号,该偏差信号按一定的控制规律产生控制作用,逐步减小直至消除这一偏差,从而实现所要求的控制性能。

上述温度控制系统采用了热电偶反馈回路,使信号的传输路径形成闭合回路,使输出量反过来直接影响控制作用。

闭环控制是最常用的控制方式,我们所说的控制系统,一般都是指闭环控制系统。闭环控制系统是本课程讨论的重点。

（3）复合控制系统。反馈控制只有在外部作用(输入信号或干扰)对被控对象产生影响之后才能做出相应的控制。当被控对象具有较大的延迟时间时,反馈控制不能及时调节输出量的变化,就会影响系统输出量的平稳性。前馈控制能使系统及时接收输入信号,使系统在偏差即将产生之前就纠正偏差。将前馈控制和反馈控制结合起来,就构成了复合控制。它可以有效地提高系统的控制精度。

1.1.3　开环控制系统与闭环控制系统的比较

开环控制系统结构比较简单,成本较低。开环控制系统的缺点是控制精度不高,抑制干扰能力差,而且对系统参数变化比较敏感,一般用于可以不考虑外界影响或精度要求不高的场合,如洗衣机、步进电机控制及水位调节等。

在闭环控制系统中,不论是输入信号的变化或干扰的影响,还是系统内部的变化,只要被控量偏离了规定值,就会产生相应的作用去消除偏差。因此,闭环控制系统抑制干扰能力强。与开环控制相比,闭环控制系统对参数变化不敏感,可以选用不太精密的元件构成较为精密的控制系统,获得满意的动态特性和控制精度,但是采用反馈装置需要添加元件,造价较高,同时增加了系统的复杂性。如果系统的结构参数选取不适当,则控制过程可能变得很差,甚至出现振荡或发散等不稳定的情况。因此,如何合理选择系统的结构参数,从而获得满意的系统性能,是自动控制理论必须研究解决的问题。

1.2　自动控制系统应用实例

1.炉温控制系统

前面我们学习了炉温控制系统的工作原理,下面介绍如何用方框图表示工作原理图。

由工作原理图画方框图的步骤如下:

（1）看懂工作原理图,找出被控量、被控对象、给定量。

（2）从两头来,先画出给定量、被控对象和被控量。

（3）依原理图补上中间部分。

以炉温控制系统为例,炉温控制系统方框图如图1.3所示。首先,被控对象是加热炉,它的输出就是被控量炉温,用符号 T 来表示。给定量 u_r 是由给定电位计发出的,给定电位计的输出信号 u_r 就是规定炉温 800 ℃对应的给定信号。把右端、左端画好之后,从右往左分析。直接影响炉温的是阀门,阀门控制煤气(热源)的流量,煤气的流量直接影响炉温,齿轮减速器控制阀门的开度,电动机带动减速器,放大器端口电压控制电动机,给定电压 u_r 和反馈电压 u_T 相比较,得到放大器的控制信号。这样,就顺利画出了炉温控制系统的方框图。

方框图中有五个要素,如图1.4所示。第一是方框,它表示这个系统中看得见、摸得着的物理元部件。第二是带箭头的短线。它表示一个物理量(信号),这个物理量可以是流量,可以是温度,可以是电压,也可以是位移等。第三是符号 $\otimes$,它表示将两个相同性质的物理量进行比较,称为比较点。第四,从一路信号引出多路信号的点,称为引出点。第五是反馈符号,它表示调节的极性。

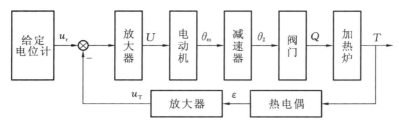

图 1.3　炉温控制系统方框图

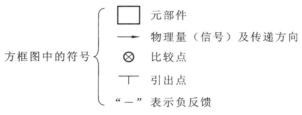

图 1.4　方框图中的符号

与工作原理图比较,方框图稍抽象,但是它把系统中的元部件以及信号流动的关系清晰地展现了出来。后期,用数学表达式代替元部件输入、输出信号间的关系,方框图就演变成结构图。结构图可以精确地描述系统输入、输出以及中间变量之间的数学关系式,这就是系统的数学模型。在这个数学模型的基础上,展开对系统的设计和分析。

通过图 1.3 所示的方框图可以看出,这是一个闭环控制系统,它能够实现精确控制。与开环控制系统相比,闭环控制系统的关键在于负反馈原理,就是将系统的输出信号引回到输入端,并与输入信号进行比较,利用所得到的偏差来对系统进行控制,达到减小甚至消除偏差的目的。这句话有三层含义:第一层,把系统的输出信号引回到输入端,并与输入信号比较,这称为反馈;第二层,利用所得偏差信号进行控制,输出信号引出以后,要对输入信号进行抵消,不能与输入信号相叠加,若叠加则调节的方向就会相反,这是负反馈;第三层,反馈的目标是要减小甚至消除偏差,偏差减小甚至消除了,意味着被控对象的被控量已经跟随给定量,这就是控制的目标。所以,负反馈原理是任何一个闭环控制系统工作的核心机制。

2.函数记录仪

函数记录仪是一种通用记录仪,它可以在直角坐标系上自动描绘两个电量的函数关系。同时,函数记录仪还带有走纸机构,用以描绘电量与时间的函数关系。

函数记录仪通常由衰减器、测量元件、放大元件、伺服电动机、测速发电机、齿轮系及绳轮等组成,其工作原理如图 1.5 所示。系统的输入(给定量)是待记录电压,被控对象是记录笔,记录笔的位移是被控量。系统的任务是控制记录笔的位移,在纸上描绘出待记录的电压曲线。

先分析电桥电路。电桥有两个电位计,电桥的正极连在一边,负极连在另一边。电刷对应参考电压,电刷作为输出,和记录笔连在一起。当记录电压等于 0 时,输出电刷和给定的参考电刷处于平衡位置,电刷输出的电压 $u_p=0$,输出参考电压 $u_o=0$,两个信号叠加后,加在放大器输入端口的电压 $\Delta u(\Delta u=u_o-u_p)$ 等于 0。此时,放大器的输出电压等于 0,电动机不转,齿轮减速器也不动。齿轮减速器的输出轴和绳轮机构的轮子相连,齿轮减速器不动,绳轮也不动,绷在轮子上的绳子也不动,输出电刷和记录笔与绳子相连,它也不动。此时,笔的位移与输

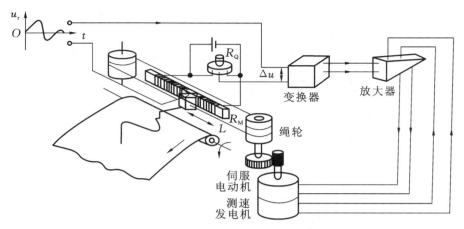

图 1.5　函数记录仪的工作原理图

入电压 Δu 相对应。放大器输入端口的电压 $\Delta u = u_o - u_p$，若输入电压 u_r 不等于 0，但输出电压 $u_p = 0$，则放大器输入端口的电压 $\Delta u \neq 0$。此时，输出电压驱动电动机旋转，电动机带动齿轮减速器转动，齿轮减速器带动绳轮机构转动，绷在绳轮结构上的绳子被拉动。当绳子拉动到一个特定位置时，与参考电刷相比，该点的电位低，这个电压就会抵消输入信号的影响。当电刷到达一个特定位置，使得它的反馈电压 u_p 在绝对值上与输入电压 u_r 相同时，放大器输入端口的电压 $\Delta u = 0$，放大器输出电压 $u_p = 0$，电动机停转，齿轮减速器也停转，绳轮停在刚才的位置，此时电刷位置与给定电压 u_r 是匹配的。

同样，当电压继续变化时，电压平衡关系又被破坏，Δu 的极性将相反。Δu 的极性相反以后就驱动电动机，带动齿轮及绳轮机构向反方向调整，又把记录笔向回拉。当电压随时间连续变化时，记录笔随着电压的变化规律而变化。例如，电动机带动记录笔匀速向左边拉，笔相对位移，把电压随时间的变化规律记录在纸上。但实际上记录笔的位移与给定电压并不完全匹配。为了使记录笔尽量不失真地把电压变化规律描绘出来，就希望整个系统的动态特性特别好，使记录笔在跟踪电压变化过程中响应非常快且平稳。为达到这一点，在系统当中添加一个测速发电机，并与电动机同轴连在一起。测速发电机可以把电动机的转速信号反馈到放大器的前端，用来提高系统的动态性能。

系统的任务是控制记录笔位移，在纸上描绘出待记录的电压曲线。因此，希望记录笔的位移按照待测电压的变化规律而变化。绘制系统的方框图时，先画被控对象记录笔，记录笔的位移就是被控量。给定量是待测电压，放在最左边。从右往左走，直接影响记录笔位移的是绳轮机构，其中记录笔和输出电刷绑在绳子上，记录笔跟着绳轮机构走。减速器又控制绳轮机构，电动机限制减速器，而放大器控制电动机，放大器输入端口的电压是待测电压 u_r 和桥式电位计的输出电压 u_p 的差值，即 Δu。除此之外，电动机的输出信号通过测速发电机把它引回来。放大器前端信号 Δu 实际上是三个电压信号的叠加，u_p 是电桥的输出，而电桥实际上就是测量记录笔的位移，它把记录笔的位移变成一个电压信号并进行反馈。

函数记录仪方框图如图 1.6 所示。其中，测速发电机是校正元件，它测量电动机转速并进行反馈，用以增加阻尼，改善系统性能。

3.火炮方位角控制系统

采用自整角机作为角度测量元件的火炮方位角控制系统如图 1.7 所示。

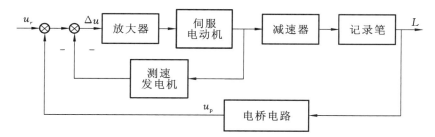

图 1.6 函数记录仪方框图

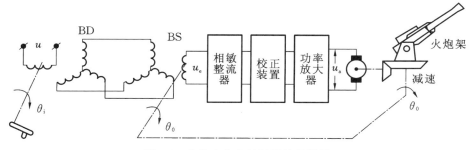

图 1.7 火炮方位角控制系统示意图

在图 1.7 中,自整角机工作在变压器状态,自整角发送机 BD 的转子与输入轴相连接,转子绕组通入单相交流电;自整角接收机 BS 的转子则与输出轴(炮架的方位角轴)相连接。在转动瞄准具一个输入角 θ_i 的瞬间,由于火炮方位角 $\theta_0 \neq \theta_i$,因此会出现位置偏差角 θ_e。这时,自整角接收机 BS 的转子输出一个相应的交流调制信号电压 u_e,其幅值与 θ_e 的大小成正比,相位则取决于 θ_e 的极性。当偏差角 $\theta_e > 0°$ 时,交流调制信号呈正相位;当 $\theta_e < 0°$ 时,交流调制信号呈反相位。该调制信号经相敏整流器解调后,变成一个与 θ_e 的大小和极性对应的直流电压,经校正装置、放大器处理后成为 u_a。u_a 驱动电动机带动炮架转动,同时带动自整角接收机的转子将火炮方位角反馈到输入端。显然,电动机的旋转方向必须朝着减小或消除偏差角 θ_e 的方向转动,直到 $\theta_0 = \theta_i$ 为止。这样,火炮就指向了手柄给定的方位角上。

在该系统中,火炮是被控对象,火炮方位角 θ_0 是被控量,给定量是由手柄给定的输入角 θ_i。系统方框图如图 1.8 所示。

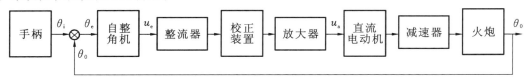

图 1.8 火炮方位角控制系统方框图

4.飞机-自动驾驶仪系统

飞机-自动驾驶仪是一种能保持或改变飞机飞行状态的自动装置。它可以稳定飞机的姿态、高度和航迹,可以操纵飞机爬高、下滑和转弯。飞机和驾驶仪组成的控制系统称为飞机-自动驾驶仪系统。

如同飞行员操纵飞机一样,飞机-自动驾驶仪系统通过控制飞机的三个操纵面(升降舵、方向舵、副翼）的偏转实现对飞机的控制。飞机三个操纵面的偏转改变舵面的空气动力特性，以形成围绕飞机质心的旋转力矩，从而改变飞机的飞行姿态和轨迹。现以比例式飞机-自动驾驶仪系统稳定飞机俯仰角的过程为例，说明飞机-自动驾驶仪系统的工作原理，如图1.9所示。

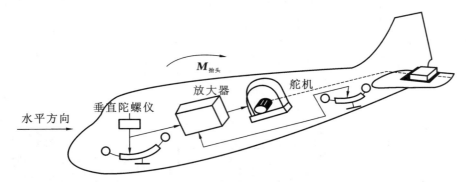

图1.9　飞机-自动驾驶仪系统稳定俯仰角的工作原理示意图

在图1.9中，垂直陀螺仪是测量元件，用以测量飞机的俯仰角。如果飞机以给定俯仰角水平飞行，则垂直陀螺仪电位计没有电压输出；如果飞机受到扰动，使俯仰角向下偏离期望值，则垂直陀螺仪电位计输出与俯仰角偏差成正比的信号，并经放大器放大后驱动舵机。一方面，系统推动升降舵面向上偏转，产生使飞机抬头的转矩，以减小俯仰角偏差；另一方面，系统带动反馈电位计滑臂，输出与舵偏角成正比的电压信号并反馈到输入端。随着俯仰角偏差的减小，垂直陀螺仪电位计输出的信号越来越小，舵偏角也随之减小，直到俯仰角回到期望值。这时，舵面也恢复到原来状态。

图1.10所示为飞机-自动驾驶仪俯仰角稳定系统方框图。在图1.10中，飞机是被控对象；俯仰角是被控量；放大器、舵机、垂直陀螺仪、反馈电位计等组成控制装置，即自动驾驶仪。参考量是给定的常值俯仰角，控制系统的任务就是在任何扰动（如阵风或气流冲击）作用下，始终保持飞机以给定俯仰角飞行。

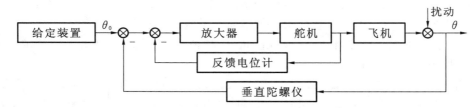

图1.10　飞机-自动驾驶仪俯仰角稳定系统方框图

综上，可总结出系统三种控制方式的特点。

开环控制的特点是控制装置与被控对象之间只有顺向作用，没有反向联系，输出量不对控制起作用。在开环控制系统的方框图中，控制装置与被控对象之间只有顺向作用。

闭环控制的特点是控制装置与被控对象之间既有顺向作用，又有反向联系，输出量要对控制起作用。在闭环控制系统的方框图中，系统的输出量要通过测量元件反馈回来后对控制起作用。闭环控制能达到相当高的控制精度。

复合控制就是在闭环控制方式的基础上附加前馈通道。前馈控制有两种形式：一种是按照输入补偿的前馈控制，系统的输入在进入主反馈通道之前，通过一个控制器连接到系统中来,对系统进行控制;另一种是将一个干扰加到系统中,测出这个干扰以后,使它通过一个控制器,再把它连到系统中,使系统的干扰信号相互抵消,使被控对象的被控量尽可能不受或少受干扰信号的影响,使它尽可能准确地跟踪输入信号。

1.3　自动控制系统的组成

一个自动控制系统由两部分组成,即被控对象和控制装置,如图 1.11 所示。

控制对象是为了完成特定的控制任务所必须借助的设备。除被控对象之外,其他设备都归纳成控制装置。

在控制装置当中,有六大功能元件。第一是测量元件,它相当于人的眼睛,对被控对象的被控量进行实时检测。第二是比较元件,比较功能在这个系统当中由线路来完成,相当于人大脑的比较和决策功能。第三是放大元件,即放大器。第四是执行元件,比如炉温控制系统中的电动机、齿轮减速器和阀门,它相当于人的胳膊,对被控对象的被控量进行实时调节。第五是校正元件,在炉温控制系统中没有直接出现校正装置;在函数记录仪系统中,校正装置是测速发电机,用来对系统动态性能进行改善。第六是给定元件,在函数记录仪系统中,提供待测电压信号的装置充当给定元件。这些功能元件分别承担相应的职能,共同完成控制任务。

图 1.11　自动控制系统的组成

被控对象:一般是指生产过程中需要进行控制的工作机械、装置或生产过程,如炉温控制系统中的烘炉。描述被控对象工作状态的、需要进行控制的物理量就是被控量。

测量元件:用于检测被控量或输出量,产生反馈信号。如果测出的物理量属于非电量,则要转换成电量。

比较元件:用来比较输入信号和反馈信号之间的偏差。它可以是一个差动电路,也可以是一个物理元件(如电桥电路、差动放大器、自整角机等)。

放大元件:用来放大偏差信号的幅值和功率,使之能够推动执行机构调节被控对象,如功率放大器、电液伺服阀等。

执行元件:用于直接对被控对象进行操作,调节被控量,如阀门、伺服电动机等。

校正元件:用来改善或提高系统的性能。校正元件常以串联或反馈的方式连接在系统中,如 RC 网络、测速发电机等。

给定元件:主要用于产生给定信号或控制输入信号,如给定电位计。

我们可以借助系统方框图来了解系统不同部分所处的位置,如图 1.12 所示。

被控对象一般在右端,被控对象的被控量就是系统的输出。给定元件在左边,系统的输出信号通过测量元件进行测量后,和给定信号进行比较,得到偏差,偏差经过放大以后,再通过执行机构直接对被控对象的被控量施加影响。无阴影的元部件表示校正元件,它的作用是改善系统的性能,位置不一样,校正的方式也不一样。例如,PID校正就是典型的串联校正。

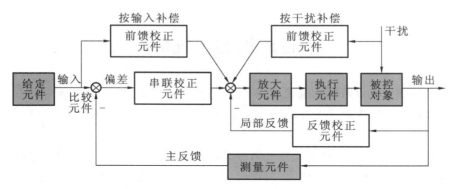

图 1.12　自动控制系统方框图

1.4　自动控制系统的分类和控制性能的基本要求

1.4.1　自动控制系统的分类

自动控制系统的形式是多种多样的,用不同的标准划分,自动控制系统就有不同的分类方法。自动控制系统常见的分类方法有以下几种。

1.按给定信号的形式不同

按给定信号的形式不同,自动控制系统可分为恒值控制系统、随动控制系统和程序控制系统。

恒值控制系统(也称为定值系统或调节系统)的控制输入是恒定值,要求被控量保持给定值不变,如温度控制系统、液位控制系统等。

随动控制系统(也称为伺服系统)的控制输入是变化规律未知的时间函数,系统的任务是使被控量按同样的规律变化,并与输入信号的误差保持在规定范围内,如函数记录仪、自动火炮系统和飞机-自动驾驶仪系统等。

程序控制系统的给定信号按预先编制的程序确定,要求被控量按相应的规律随控制信号变化。例如,在生产线上,机床的走刀信号是随时间变化的,但它是事先按照程序排定的,该系统就是程序控制系统的典型例子。

2.按系统是否满足叠加原理

按系统是否满足叠加原理,自动控制系统可分为线性系统和非线性系统。

由线性元部件组成的自动控制系统称为线性系统。线性系统的运动方程能用线性微分方程描述。线性系统的主要特点是具有齐次性和叠加性,系统响应与初始状态无关,系统的稳定性与输入信号无关。

含有一个或一个以上非线性元件的自动控制系统称为非线性系统。非线性系统不满足叠加原理,系统响应与初始状态和外作用都有关。

实际物理系统都具有某种程度的非线性,但在一定范围内通过合理简化,大量物理系统都可以足够准确地用线性系统来描述。本书主要研究线性定常系统。

3.按系统参数是否随时间变化

按系统参数是否随时间变化,自动控制系统可分为定常系统和时变系统。

参数在系统运行过程中不随时间变化的自动控制系统称为定常系统或时不变系统;否则,称为时变系统。实际系统中的温度漂移、元件老化等均属时变因素。严格的定常系统是不存在的,在所考察的时间间隔内,若系统参数的变化相对于系统的运动缓慢得多,则可将系统近似作为定常系统来处理。

4.按信号传递的形式

按信号传递的形式,自动控制系统可分为连续系统和离散系统。

如果系统中各部分的信号都是连续函数形式的模拟量,则这样的系统就称为连续系统。在 1.2 节中所列举的系统均属于连续系统。

如果系统中有一处或几处信号是离散信号(脉冲序列或数码),则这样的系统就称为离散系统(包括采样系统和数字系统)。计算机控制系统就是离散系统的典型例子。

5.按输入信号和输出信号的数目

按输入信号和输出信号的数目,自动控制系统可分为单输入-单输出(SISO)系统和多输入-多输出(MIMO)系统。

单输入-单输出系统通常称为单变量系统,只有一个输入(不包括扰动输入)和一个输出。

多输入-多输出系统通常称为多变量系统,有多个输入或多个输出。单变量系统可以视为多变量系统的特例。

1.4.2　系统控制性能的基本要求

从自动控制系统所要完成的任务的角度来说,总是希望自动控制系统的输出与输入在任何时刻都完全相等。但是,这只是一种理想的情况。在实际系统中,总是有各种惯性的存在,使得系统中各物理量的变化不可能在瞬时完成。在给定输入或扰动的作用下,输出跟踪、复现输入信号需要一个时间过程,称为过渡过程(或称暂态过程、动态过程、动态响应)。系统要能正常地工作,过渡过程应趋于一个平衡状态,即系统的输出应收敛于与输入信号相对应的期望值(或期望的曲线上)。过渡过程结束后,系统输出复现输入信号的过程称为稳态过程(或称稳态响应)。对系统控制性能的基本要求即体现在这两个过程中,系统的性能指标通常也分为动态性能指标与稳态性能指标。

不同的控制对象、不同的工作方式和不同的控制任务,对系统的品质指标要求也往往不相同。一般来说,对系统品质指标的基本要求可以归纳为三个字:稳、准、快。

(1) 稳是指系统的稳定性。稳定性是系统重新恢复平衡状态的能力。任何一个能够正常工作的控制系统,首先必须是稳定的。稳定是对自动控制系统最基本的要求。

对于线性定常系统,稳定的充要条件是"有界的输入产生有界的输出"。也就是,当系统输出偏离了预期值时,随着时间的推移,偏差应逐渐减小并趋于零,这样的系统即为稳定的系统。对于恒值控制系统来说,输出在扰动作用下偏离预期值,在过渡过程结束后,应回到原预期值;对于随动系统来说,输出应能始终跟随输入的变化而改变。

不稳定的系统是无法使用的。系统激烈而持久的振荡会导致功率元件过载,甚至使设备损坏而发生事故,这是绝不允许的。

(2)准是对系统稳态(静态)性能的要求。对于一个稳定的系统来说,过渡过程结束后,系统输出量的实际值与期望值之差称为稳态误差,它是衡量系统控制精度的重要指标。稳态误差越小,表示系统的准确性越好,控制精度就越高。

(3)快是对系统动态(过渡过程)性能的要求。系统的动态性能可用平稳性和快速性加以衡量。平稳是指系统由初始状态运动到新的平衡状态,具有较小的过调和振荡性;快速是指系统过渡到新的平衡状态所需要的调节时间较短。动态性能是衡量系统质量高低的重要指标。

由于被控对象的具体情况不同,因此各种系统对上述性能指标的要求应有所侧重。恒值系统一般对稳与准的要求较高,随动系统一般对动态性能要求较高。

对于同一系统,稳、快、准是相互制约的。提高快速性,可能影响过渡过程的稳定性;改善稳定性,可能导致快速性下降;提高稳态精度,可能导致稳定性下降。如何通过合理调整系统的参数、选择适合的控制方式与控制器以解决这些矛盾,是本门课程要讨论的重要内容。

1.5　自动控制理论的发展历程

自动控制理论是在人类的生产实践活动中孕育、产生,并随着社会生产和科学技术的进步而不断发展、完善起来的。

早在古代,劳动人民就凭借生产实践中积累的丰富经验和对反馈概念的直观认识,发明了许多闪烁控制理论智慧火花的杰作。例如,我国宋代天文学家苏颂和韩公廉利用天衡装置制造的水运仪象台,就是一个基于负反馈原理构成的闭环非线性自动控制系统;1681 年,法国物理学家丹尼斯·帕平发明了用作安全调节装置的锅炉压力调节器;1765 年,俄国人普尔佐诺夫发明了蒸汽锅炉水位调节器;等等。

1.自动控制理论的第一个发展阶段

自动控制理论的第一个发展阶段是经典控制理论阶段。1788 年,英国人瓦特(图 1.13)发明了蒸汽机。蒸汽机是推动人类进入第一次工业革命的动力设备。蒸汽机刚发明出来时并不能正常工作,因为它的转速没有办法控制。当负载比较重时,它就停止工作;当负载轻时,它又会转飞。这时瓦特把离心调速器(图 1.14)做了一些改进,当蒸汽机的转速非常快时,离心调速器就会受离心力的影响而甩向两边,导致弹簧被压缩,调节杆会向近拉,使蒸汽阀门关小,这时进入蒸汽机的蒸汽流量减小,蒸汽机的速度就会减慢。当蒸汽机的转速过慢时,调速离心器的离心力减小,离心球在弹簧的支撑力作用下会向近推,将蒸汽阀门开大。瓦特所改进的离心调速器非常巧妙地运用转速信号来调节蒸汽阀门,解决了蒸汽机转速控制稳定的问题。从此以后,蒸汽机才真正在工业生产过程当中得以应用。之后,人们曾试图改善离心调速器的准确性,却常常导致系统产生振荡。

图 1.13　瓦特

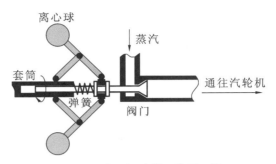

图 1.14　离心调速器工作原理图

1868 年,英国物理学家麦克斯韦(图 1.15)建立了研究调速系统的数学模型,他利用三阶微分方程从理论上解释了调速系统为什么会发生振荡,开创了用时域方法进行系统分析的先河。1877 年,英国数学家劳斯(图 1.16)建立了一套判定系统稳定性的依据——劳斯判据。运用劳斯判据,人们可直接通过特征方程的系数、特征方程的根来判定系统的稳定性。这个成果指导人们直接用于调速系统的工程实践,是控制理论的重要研究进展。1895 年,德国数学家赫尔维茨(图 1.17)用类似的方法推导出了赫尔维茨判据。这两位科学家都是根据特征方程的系数来判定系统稳定性的。同一时期俄国数学家李雅普诺夫提出了一个更广泛意义下的判定系统稳定性的方法——李雅普诺夫方法。这个方法在近代控制理论当中,对多变量复杂系统稳定性的判断也起到了重要的作用。至此,这些科学家建立了时域分析法。

图 1.15　麦克斯韦

图 1.16　劳斯

图 1.17　赫尔维茨

20 世纪 30 年代,贝尔实验室的科学家们在研究电报电话信号的远距离稳定传输的过程中,同样碰到了系统稳定性的问题,他们尝试采用频域分析法来分析。美国物理学家奈奎斯特(图 1.18)是贝尔实验室中一名重要人物,他建立了一套在频域中判定系统稳定性的有效方法——奈奎斯特稳定判据。贝尔实验室的另外两人,荷兰裔美国科学家伯德(图 1.19)和美国控制工程师尼柯尔斯在奈奎斯特稳定判据的基础上继续发展,研究出了一套在频域中对系统进行分析校正的有效方法。伯德将此方法用于一个火炮自动跟踪系统的设计中,取得了非常好的效果。当时,特别是第二次世界大战期间,这些科学家建立的频域分析法和劳斯等人建立的时域分析法在指导控制工程的实践,如火炮的自动瞄准、舰船的稳定航行、飞机的自动驾驶等中起了非常重要的作用。这些控制工程的实践也给控制理论打下了非常好的基础。

图 1.18　奈奎斯特

图 1.19　伯德

第二次世界大战结束后不久的 1948 年，美国科学家伊万思又独辟蹊径，研究出了通过分析参数引起系统特征根变化的方法。由这个思路推导出的系统分析和校正的根轨迹法，与时域法、频域法并列成为经典控制理论的三大分析设计方法。同年，美国数学家维纳写出了非常有影响力的著作——《控制论》。他把控制理论扩展到了更广泛的研究领域，使控制理论具有更广泛的意义。

经典控制理论就这样逐步建立并完善起来。经典控制理论是以传递函数为基础，主要研究单输入-单输出系统（单变量线性定常系统）的分析设计方法。这套方法一直使用到现在，在指导人们进行控制工程实践的过程中起着非常重要的作用。

2.自动控制理论的第二个发展阶段

自动控制理论的第二个发展阶段是近代控制理论阶段。20 世纪 50 年代末至 60 年代初，苏联和美国为争夺航天领域领先权而展开了非常激烈的竞争。航天领域中的控制问题大多涉及多变量、复杂系统的优化控制问题，而用经典控制理论中描述单输入-单输出系统的数学模型来模拟这些优化控制问题则显得力不从心，于是催生了近代控制理论。近代控制理论在当时称为现代控制理论。

匈牙利数学家卡尔曼利用状态空间模型来描述多变量系统，并在此基础上提出了系统的可控性和可观性概念，更深入地揭示了系统的属性，研究出了最佳调节器的设计方法。再结合李雅普诺夫的多变量系统的稳定性分析方法，形成了现代控制系统的理论基础。提到最优控制，有两个重要人物。1956 年，苏联科学家庞特里亚金（图 1.20）在解决最优控制问题时，提出了极大值原理。同年，美国数学家贝尔曼（图 1.21）在解决多阶段性最优决策问题时，创立了动态规划。极大值原理和动态规划为解决最优控制问题提供了理论工具。1959 年，美国数学家卡尔曼提出了著名的卡尔曼滤波算法；1960 年，卡尔曼又提出系统的可控性和可观测性问题。瑞典科学家奥斯特姆研究出了最小二乘等递推辨识算法，并以此建立了系统数学模型。基于该算法，他在后期研究出了自校正调节器的设计方法，为自适应控制提出了一套解决方案。这些科学家建立起了近代控制理论的体系。近代控制理论是以状态方程为基础，用于研究多变量系统的分析和设计的方法，包括线性系统理论、最优控制理论、最优滤波理论和系统辨识理论等，为近代控制理论的深入发展奠定了基础。

图 1.20　庞特里亚金

图 1.21　贝尔曼

3.自动控制理论的第三个发展阶段

自动控制理论的第三个发展阶段是智能控制理论阶段。经典控制理论和近代控制理论都称为传统控制理论。它们的特点是一定要有描述系统的数学模型,能够精确地描述系统的输入、输出行为,在数学模型基础上展开对系统的分析和设计。在没有建立系统的数学模型的情况下,传统控制理论没有用武之地。智能控制理论于 20 世纪 60 年代后期得到了发展。由于计算机技术的快速发展,以及涉及的控制系统越来越复杂,因此要建立它们的数学模型十分困难。科学家们开始尝试从其他角度解决控制问题。主要思路是根据生物领域和人大脑的学习反馈,在知识积累的基础上进行自主决策。

建立进行系统控制而不依赖于系统的数学模型,主要涉及五个学科分支。

第一,专家系统。菲根鲍姆是专家系统的创始人。专家系统收集一个特定领域的专家知识和经验,根据已知的信息进行控制,给出一个人工智能程序来完成复杂控制过程。

第二,模糊控制。美国控制专家扎德是模糊控制的创始人。模糊控制是依赖人的模糊语言的传递方式,根据人的知识来实现控制。例如温度控制系统,假设模型未知,但是根据生活常识能够了解,如果温度偏高,可以把阀门适当关小;如果温度偏低,则可以把阀门适当开大。使用如果"怎么样"就"怎么样"的模糊条件,汇编成计算机语句程序来代替专家进行控制,实现模糊控制的目标。

第三,神经网络。神经网络最先是在生物医学领域提出的方法,它是一种模仿动物神经网络行为特征进行分布式并行信息处理的数学算法。根据大脑的神经结构在学习过程中不断积累,进行自主决策,当给定条件时,可以得到理想的输出,从这个角度完成控制。

第四,遗传算法。美国心理学家霍兰德是遗传算法的创始人之一。遗传算法是在大范围中进行寻优的计算机搜索算法,利用生物界优胜劣汰、适者生存的机理,进行全域寻优。很多复杂控制系统有很多复杂参数,如何调节这些控制参数而使这个系统性能变好是参数寻优要解决的问题。遗传算法能够在一定条件下较好地解决这个问题。

第五,多智能体。美国物理学家莱瑟是多智能体的创始人之一。多智能体是多个智能体的集合,它的目标是把规模大而复杂的系统建设成一个小的、可以互相通信的、协调的、易于管理的系统。例如生物界中的蜂群,每个个体很简单,但是由个体形成大规模群体后,它们表现出高度智慧的行为特征。

科学家们从不同的方面为智能控制理论的创立发展做出了贡献,这些方法对目前人工智能技术的发展起到了巨大的推动作用。控制理论目前还在向更深、更广阔的领域发展,无论是在数学工具、理论基础方面，还是在研究方法上都产生了实质性的飞跃，而且为信息与控制学科研究注入了蓬勃的生命力，启发并扩展了人的思维方式，引导人们去探讨自然界更为深刻的运动原理。控制理论的深入发展，必将有力地推动社会生产力的发展，提高人民的生活水平，促进人类社会的向前发展。

4.学习经典控制理论的意义

学习经典控制理论的意义在于以下三点。

第一，经典控制理论的学习可为后续专业课程的学习打下必要的基础。

第二，经典控制理论的学习可为继续深入学习现代控制理论和智能控制理论奠定必要的基础。

第三，经典控制理论历经一百多年的发展，留到现在的都是精华，它并没有过时，到目前为止，在控制工程的实践中，经典控制理论仍然发挥着重要的指导作用。

本章小结

1.自动控制是指在无人直接参与的情况下，利用控制装置，使被控对象的被控量按预定的规律运行。

2.基本的控制方式有开环控制、闭环控制和复合控制。闭环控制系统又称为反馈控制系统，闭环（反馈）控制系统的工作原理是将系统输出信号反馈到输入端，并与输入信号进行比较，利用得到的偏差信号进行控制，达到减少或消除偏差的目的。控制的结果是使被控量朝着减少或消除偏差的方向变化。

3.自动控制系统由被控对象和控制装置组成。控制装置包括测量元件、比较元件、放大元件、执行元件、校正元件和给定元件。在分析系统的工作原理时，应理解控制装置各组成部分的功能，以及在系统中如何完成相应的工作，并能用方框图表示系统。通过方框图可以进一步抽象出系统的数学模型。

4.自动控制系统的分类方法很多，其中最常见的是按系统输入信号的时间特性进行分类。按这种分类方法，自动控制系统可分为恒值控制系统、随动控制系统和程序控制系统。

5.自动控制系统的基本要求是系统必须是稳定的，稳态控制精度要高（稳态误差要小），响应过程要平稳快速。这些要求可归纳成"稳、准、快"三个字。

 习题 1

1.1 图 1.22 所示为电动机速度控制系统的工作原理图。

（1）将 a、b 端口与 c、d 端口用线连接成负反馈状态；

（2）画出系统方框图。

1.2 图 1.23 所示为仓库大门自动开闭控制系统原理示意图。试说明该系统自动控制大门开、闭的工作原理，并画出系统方框图。

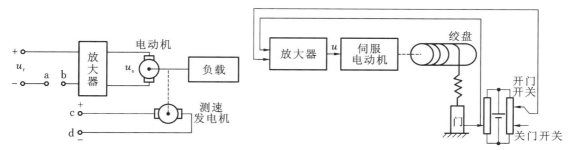

图 1.22　电动机速度控制系统的工作原理图　　　图 1.23　仓库大门自动开闭控制系统原理示意图

1.3　图 1.24 所示为工业炉温自动控制系统的工作原理图。试分析该系统的工作原理，指出被控对象、被控量和给定量，画出系统方框图。

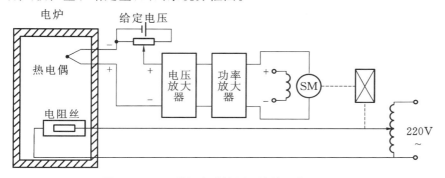

图 1.24　工业炉温自动控制系统的工作原理图

1.4　图 1.25 所示为水温控制系统原理示意图。冷水在热交换器中由通入的蒸汽加热，从而得到一定温度的热水。冷水流量变化用流量计测量。试绘制系统方框图，并说明为了保持热水温度为期望值，系统是如何工作的，系统的被控对象和控制装置各是什么。

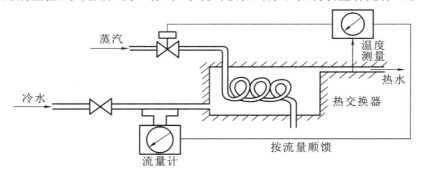

图 1.25　水温控制系统原理示意图

1.5　图 1.26 所示为谷物湿度控制系统原理示意图。在谷物磨粉的生产过程中，有一个出粉最多的湿度，因此磨粉之前要给谷物加水以得到给定的湿度。谷物用传送装置按一定流量通过加水点，加水量由自动阀门控制。在加水过程中，谷物流量、加水前谷物湿度以及水压都会对谷物湿度控制产生扰动作用。为了提高控制精度，系统采用了谷物湿度的顺馈控制。

试画出系统方框图。

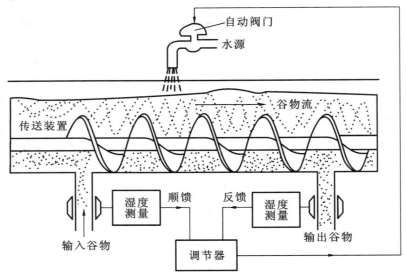

图 1.26　谷物湿度控制系统原理示意图

1.6　图 1.27(a)、(b)所示均为调速系统工作原理图。

(1) 分别画出图 1.27(a)、(b)所示系统的方框图，给出图 1.27(a)所示系统正确的反馈连线方式。

(2) 指出在恒值输入条件下，图 1.27(a)、(b)所示系统哪个是有差系统，哪个是无差系统，并说明理由。

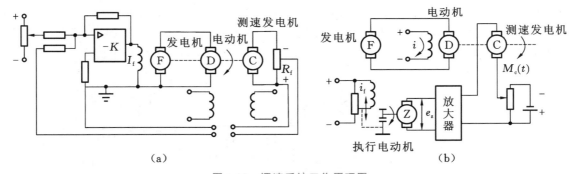

（a）　　　　　　　　　　　　　　　（b）

图 1.27　调速系统工作原理图

第 2 章 控制系统的数学模型

🔑 基本要求 ////

1.正确理解数学模型的基本概念,掌握建立系统微分方程的一般方法。

2.掌握传递函数的定义、性质和意义,以及开环传递函数、闭环传递函数的概念。

3.了解几种典型环节的传递函数及性质。

4.掌握系统结构图和信号流图的定义、组成和绘制方法,并会用等效变换法则进行结构图的简化,熟练使用梅森增益公式求系统的传递函数。

控制系统的数学模型,是描述系统输入变量、输出变量以及内部各变量之间关系的数学表达式。建立描述控制系统的数学模型,是控制理论分析与设计的基础。

一个系统,无论它是机械的、电气的、热力的、液压的,还是化工的,都可以用微分方程加以描述。对这些微分方程求解,就可以获得系统输出响应的解析表达式,由此可以分析系统的特性。对数学模型的要求是,既要能准确地反映系统的动态本质,又要便于分析和计算工作。因此,在实际建模过程中,常常需要根据具体情况做某些简化,以获得既满足精度要求又便于分析的近似数学模型。一个较好的系统数学模型往往是在广泛的理论知识和足够的经验基础上获得的。

数学模型有多种形式。时域中常用的数学模型有微分方程、差分方程和状态方程;复域中常用的数学模型有传递函数、系统结构图等;频域中常用的数学模型有频率特性等。本章只研究微分方程、传递函数和系统结构图等数学模型的建立及应用。

2.1 控制系统的时域数学模型

在控制系统中有两种描述系统输入变量、输出变量的数学模型,即时域模型和复域模型。本节先讨论时域模型,即微分方程。

数学模型指描述系统输入变量、输出变量以及内部各变量之间关系的数学表达式。通过系统的数学模型,可以分析系统的稳定性,也可以分析系统的动态性能。不同的控制系统建立数学模型的方法不一样。控制系统建立数学模型的方法有两种:第一种是解析法,也称为机理分析法,指根据系统工作所依据的物理定律列写运动方程;第二种是实验法,也称为系统辨识法,指给系统施加某种测试信号,记录输出响应,并用适当的数学模型逼近系统的输入和输出特性。利用实验法时往往需要用辨识的算法来调整系统模型的参数或系统结构,使得系统更加准确地接近系统的输入和输出特性。

本课程主要研究单输入和单输出的线性定常系统。线性定常系统可以通过叠加原理来进行证明。系统中当输入为 $r_1(t)$ 时输出为 $c_1(t)$，当输入为 $r_2(t)$ 时输出为 $c_2(t)$，如果将输入进行叠加，得到 $a \cdot r_1(t) \pm b \cdot r_2(t)$，输出得到 $a \cdot c_1(t) \pm b \cdot c_2(t)$，那么该系统就是线性定常系统。

自动控制原理能够用更快更准确的方法来判断线性定常系统。如果系统微分方程的左边是系统输出的微分方程，即从高阶到常数项的各阶组合，右边是输入的从高阶到常数项的各阶组合，那么满足这样的数学模型的系统就是线性定常系统，表达式为

$$a_n = \frac{\mathrm{d}^n c(t)}{\mathrm{d}t^n} + a_{n-1}\frac{\mathrm{d}^{n-1}c(t)}{\mathrm{d}t^{n-1}} + \cdots + a_1\frac{\mathrm{d}c(t)}{\mathrm{d}t} + a_0 c(t)$$

$$= b_m\frac{\mathrm{d}^m r(t)}{\mathrm{d}t^m} + b_{m-1}\frac{\mathrm{d}^{m-1}r(t)}{\mathrm{d}t^{m-1}} + \cdots + b_1\frac{\mathrm{d}r(t)}{\mathrm{d}t} + b_0 r(t)$$

2.1.1　建立线性系统微分方程的一般方法

用解析法列写系统微分方程的一般步骤如下。

（1）根据系统实际工作原理，确定各元件的输入变量、输出变量。

（2）由系统原理线路图画出系统方框图。

（3）从输入端开始，按照信号的传递顺序，依据各变量所遵循的物理（或化学）定律，列写出各元部件的动态方程（通常是一组微分方程）。

（4）可用代入法联立方程消去中间变量，建立关于输入变量、输出变量的微分方程式。

（5）将微分方程标准化，将与输入变量有关的各项放在等号右侧，与输出变量有关的各项放在等号左侧，并按从高阶导数项到低阶导数项顺序排列。

列写系统各元件的微分方程时，一是应注意信号传递的单向性，即前一个元件的输出是后一个元件的输入，一级一级地单向传送；二是应注意前后连接的两个元件中后级对前级的负载效应。

下面举例说明如何建立系统数学模型。

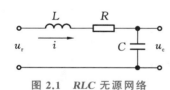

图 2.1　RLC 无源网络

【例 2.1】　RLC 无源网络如图 2.1 所示。在图 2.1 中，R、L 和 C 分别是电路的电阻、电感和电容。试列写输入电压 u_r 与输出电压 u_c 之间的微分方程。

　　解　u_r 作为输入信号，代表电容两端的电压；u_c 作为输出信号。根据串联回路定律，可得电路的回路方程：

$$u_r(t) = L\frac{\mathrm{d}(i)}{\mathrm{d}t} + Ri(t) + u_c(t) \tag{2.1}$$

$$i(t) = C\frac{\mathrm{d}u_c(t)}{\mathrm{d}t} \tag{2.2}$$

根据电容的伏安关系，将中间变量 $i(t)$ 代入回路方程中，消去中间变量 $i(t)$，得到如下微分方程：

$$\frac{\mathrm{d}^2 u_c(t)}{\mathrm{d}t^2} + \frac{R}{L}\frac{\mathrm{d}u_c(t)}{\mathrm{d}t} + \frac{1}{LC}u_c(t) = \frac{1}{LC}u_r(t) \tag{2.3}$$

当 R、L、C 都是常数时，式（2.3）为二阶线性常系数微分方程。

【例 2.2】 电枢控制式直流电动机的工作原理如图 2.2 所示,试列写其微分方程。图中,电枢电压 $u_a(t)$ 为输入量,电动机转速 $\omega(t)$ 为输出量。R_a、L_a 分别是电枢电路的电阻和电感,f_m、J_m 分别是折合到电动机轴上的总黏性摩擦系数和总转动惯量,激磁电流 i_f 视为常值。

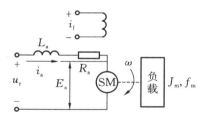

图 2.2 电枢控制式直流电动机的工作原理图

解 该直流电动机施加直流电压 u_r,电动机将带动负载,以转速 ω_m 运转。

以 u_r 作为输入、转速 ω_m 作为输出来建立电动机的数学模型。为了简便起见,将电动机的绕组视为电阻 r。

根据基尔霍夫定律,列出电枢回路方程

$$u_a(t) = L_a \frac{\mathrm{d}i_a(t)}{\mathrm{d}t} + R_a i_a(t) + E_a(t) \tag{2.4}$$

式中:$E_a(t)$ 表示电动机反电动势。

根据楞次定律,电枢所产生的反电动势 E_a 又等于电动机转速 ω_m 乘常系数 C_e,即

$$E_a = C_e \omega_m(t) \tag{2.5}$$

根据安培定律可以得到电磁力矩方程,电枢电流产生的电磁转矩为

$$M_m(t) = C_m i_a(t) \tag{2.6}$$

式中:C_m 表示电动机转矩系数。

在电磁力矩的作用下带动负载转动,根据动量矩定理得到力矩平衡方程:

$$J_m \frac{\mathrm{d}\omega_m(t)}{\mathrm{d}t} + f_m \omega_m(t) = M_m(t) \tag{2.7}$$

消去中间变量 $i_a(t)$、E_a、$M_m(t)$,经整理,得到电动机输入电压 $u_a(t)$ 到输出转速 $\omega_m(t)$ 之间的二阶线性微分方程:

$$\frac{\mathrm{d}^2 \omega_m(t)}{\mathrm{d}t^2} + \frac{L_a f_m + R_a J_m}{L_a J_m} \frac{\mathrm{d}\omega_m(t)}{\mathrm{d}t} + \frac{R_a f_m + C_m C_e}{L_a J_m} \omega_m(t) = \frac{C_m u_a(t)}{L_a J_m} \tag{2.8}$$

在工程应用中,由于电枢电路电感 L_a 较小,通常可忽略其影响,因此,式(2.8)可简化成如下形式

$$T_m \frac{\mathrm{d}\omega_m(t)}{\mathrm{d}t} + \omega_m(t) = K_a u_a(t) \tag{2.9}$$

式中:T_m 表示电动机的机电时间常数,$T_m = \dfrac{R_a J_m}{R_a f_m + C_m C_e}$;

K_m 表示电动机的传动系数,$K_m = \dfrac{C_m}{R_a f_m + C_m C_e}$。

将 $\omega_m(t) = \dfrac{\mathrm{d}\theta(t)}{\mathrm{d}t}$ 代入式(2.9),有

$$T_m \frac{\mathrm{d}\theta^2(t)}{\mathrm{d}t^2} + \frac{\mathrm{d}\theta(t)}{\mathrm{d}t} = K_a u_a(t) \tag{2.10}$$

此方程是二阶线性定常微分方程。

【例 2.3】 函数记录仪工作原理如图 2.3 所示。函数记录仪是一种通用记录仪,它可以在直角坐标系上自动描绘两个电量的函数关系。写出该函数记录仪的数学模型。

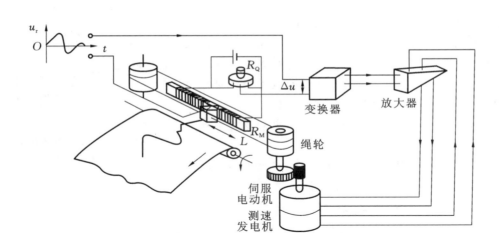

图 2.3　函数记录仪工作原理

解　图 2.4 所示为函数记录仪方框图，通过对方框图进行分析（见图 2.5）可以建立描述该系统的微分方程组，将方框图当中的元部件所描述的微分方程表示出来。

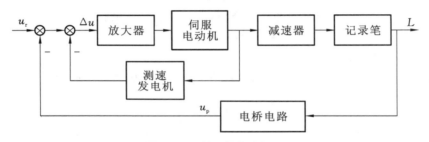

图 2.4　函数记录仪方框图

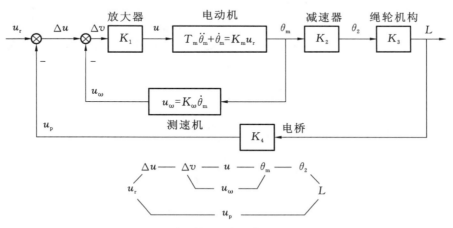

图 2.5　对函数记录仪方框图进行分析

反馈口　　　　　　　　　　$\Delta v = u_r - u_p - u_\omega$

放大器　　　　　　　　　　$u = k_1 \Delta v$

电动机　　　　　　　　　　$T_m \ddot{\theta}_m + \dot{\theta}_m = K_m u$

测速机	$u_\omega = K_\omega \dot\theta_m$
减速器	$\theta_2 = K_2 \theta_m$
绳轮	$L = K_3 \theta_2$
电桥	$u_p = K_4 L$

消去中间变量可得

$$\ddot{L} + \frac{1 + K_1 K_m K_\omega}{T_m}\dot{L} + \frac{K_1 K_2 K_3 K_4 K_m}{T_m}L = \frac{K_1 K_2 K_3 K_m}{T_m}u_r$$

列出输入变量、输出变量和中间变量的关系,经过分析发现,对函数记录仪所列方程组的个数比中间变量的个数始终多 1 个,因此可以消除中间变量,得到函数记录仪的数学模型。分析发现,函数记录仪的数学模型是一个二阶线性定常系统。

2.1.2　线性定常系统微分方程的求解

建立了系统的微分方程,接下来就是求解方程,得到系统的时间响应特性。一般求解线性定常系统微分方程有两种常用方法,如图 2.6 所示。

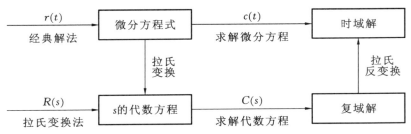

图 2.6　线性定常系统微分方程的两种解法

经典解法得到的解是时间域的,有明显的物理意义,但也存在着方程阶次高时难以求解的困难;同时,如果系统中某参数或结构形式改变,则要重新列写方程求解,不利于分析参数变化对系统性能的影响。拉氏变换法具有简化函数和运算等功能,能把微分、积分运算简化成一般的代数运算,也能单独地表明初始条件对输出的影响。因此,工程上常用拉氏变换法求解线性微分方程。

下面用一个具体例子来说明。

【例 2.4】　RC 无源网络如图 2.7 所示。已知 $u_r(t) = u_r \times 1(t)$,$u_c(0) = u_0$。试求开关 T 闭合后,电容器电压 $u_c(t)$ 的变化规律。

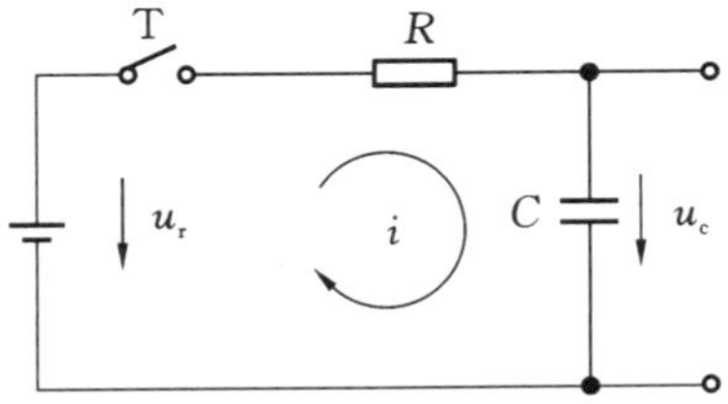

解　根据基尔霍夫定律列写电压平衡方程,并注意回路电流 $i = C\dfrac{du_c(t)}{dt}$,可得

$$RC\frac{du_c(t)}{dt} + u_c(t) = u_r(t) \qquad (2.11)$$

图 2.7　RC 无源网络

将式(2.11)两端进行拉氏变换,得

$$RC[sU_c(s) - u_0] + U_c(s) = \frac{U_r}{s}$$

23

解出 $U_c(s)$ 并分解为部分分式,得

$$U_c(s)=\frac{U_r}{s(RCs+1)}+\frac{RC}{RCs+1}u_0=\frac{U_r}{s}-\frac{U_r}{s+\frac{1}{RC}}+\frac{u_0}{s+\frac{1}{RC}} \tag{2.12}$$

将式(2.12)两端进行拉氏反变换,得出微分方程的解析解

$$u_c(t)=U_r(1-e^{-\frac{1}{RC}})+u_0e^{-\frac{1}{RC}} \tag{2.13}$$

式(2.13)等号右端第一项是输入 $u_r(t)$ 作用下的特解,称为零状态响应;第二项是初始条件 u_0 引起的齐次解,称为零输入响应。

从式(2.13)可以看出,电压输出不仅与系统的结构有关,而且与外输入和初始条件有关。

2.1.3　运动的模态

线性微分方程的解由给定信号对应的特解和齐次方程的通解组成。通解代表系统自由运动的规律。如果 $\lambda_1,\lambda_2,\cdots,\lambda_n$ 是微分方程的特征根,且无重根,则函数 $e^{\lambda_1t},e^{\lambda_2t},\cdots,e^{\lambda_nt}$ 为该微分方程所描述运动的模态,也叫振型。

每一种模态代表一种类型的运动形态,齐次微分方程的通解是它们的线性组合,即 $x(t)=c_1e^{\lambda_1t}+c_2e^{\lambda_2t}+\cdots+c_ne^{\lambda_nt}$。

若特征根中有多重根 λ,则模态是具有 $te^x,t^2e^x,\cdots$ 形式的函数。

若特征根中有共轭复根 $\lambda=\sigma\pm j\omega$,则其共轭复模态 $e^{(\sigma+j\omega)t}$、$e^{(\sigma-j\omega)t}$ 可写成实函数模态 $e^\sigma\sin\omega t$、$e^\sigma\cos\omega t$。

每一种模态可以看成是线性系统自由响应最基本的运动形态,线性系统的自由响应就是其相应模态的线性组合。通过模态分析,可以了解系统的运动特性。

2.1.4　非线性系统数学模型的线性化

在实际控制系统的数学建模过程中,推导实际物理系统的微分方程式时,几乎所有系统都不同程度地包含着非线性特性的元件或因素,因此表示输入、输出关系的微分方程式一般是非线性微分方程式。对于线性微分方程式,可以借助拉氏变换求解,原则上总能获得较为准确的解答;而对于非线性微分方程,则没有通用的解析求解方法,因此对非线性系统的分析、求解很困难。在理论研究时,考虑到工程实际特点,常常在合理的、可能的条件下将非线性方程近似处理为线性方程,即所谓的线性化。

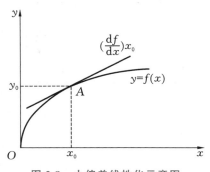

图 2.8　小偏差线性化示意图

控制系统一般都有一个确定的工作状态以及与之对应的稳态工作点。由数学中的级数理论可知,若函数在给定区域内各阶导数均存在,则可以在给定工作点的邻域将非线性函数展开为泰勒级数展开式。当偏差范围很小时,可以忽略级数展开式中偏差的高次项,从而得到只包含偏差一次项的线性方程,如图 2.8 所示。这种线性化方法称为小偏差线性化方法。线性化后可以使问题大为简化,因而线性化有很大的实际意义。

设连续变化的非线性函数为 $y=f(x)$,在工作点

(x_0, y_0) 处展成泰勒级数为

$$y = f(x_0) + \frac{\mathrm{d}f}{\mathrm{d}x}\bigg|_{x=x_0}(x-x_0) + \frac{1}{2!}\frac{\mathrm{d}^2 f}{\mathrm{d}x^2}\bigg|_{x=x_0}(x-x_0)^2 + \cdots$$

当 $(x-x_0)$ 很小时，可忽略上式中二次及以上各项，于是有

$$y = f(x_0) + \frac{\mathrm{d}f}{\mathrm{d}x}\bigg|_{x=x_0}(x-x_0)$$

或

$$y - y_0 = \frac{\mathrm{d}f}{\mathrm{d}x}\bigg|_{x=x_0}(x-x_0)$$

令 $\Delta y = y - y_0$，$\Delta x = x - x_0$，$K = \dfrac{\mathrm{d}f}{\mathrm{d}x}\bigg|_{x=x_0}$，则可得线性化增量方程为

$$\Delta y = K\Delta x$$

略去增量符号 Δ，便得到函数在工作点附近的线性化方程 $y = Kx$。

2.2　控制系统的复域数学模型

　　控制系统的微分方程是在时间域描述系统动态性能的数学模型，若在给定外作用及初始条件下，则求解微分方程可以得到系统的输出响应，称解微分方程解析解的方法为解析法。这种方法比较直观，但是如果系统的结构改变或某个参数变化，就要重新列写并求解微分方程，不便于对系统进行分析和设计。

　　用拉氏变换法求解系统的微分方程时，可以得到控制系统在复数域中的数学模型——传递函数。传递函数的概念只适用于线性定常连续系统。它不仅可以表征系统的动态特性，还可以方便地研究系统的结构或参数变化对系统性能的影响。因此，它是经典控制理论中最基本、最重要的概念。

2.2.1　传递函数的定义

　　设线性定常系统的微分方程一般可写为

$$a_n \frac{\mathrm{d}^n c(t)}{\mathrm{d}t^n} + a_{n-1}\frac{\mathrm{d}^{n-1}c(t)}{\mathrm{d}t^{n-1}} + \cdots + a_1 \frac{\mathrm{d}c(t)}{\mathrm{d}t} + a_0 c(t)$$
$$= b_m \frac{\mathrm{d}^m r(t)}{\mathrm{d}t^m} + b_{m-1}\frac{\mathrm{d}^{m-1}r(t)}{\mathrm{d}t^{m-1}} + \cdots + b_1 \frac{\mathrm{d}r(t)}{\mathrm{d}t} + b_0 r(t) \tag{2.14}$$

式中：$c(t)$ 表示输出量；

　　　$r(t)$ 表示输入量；

　　$\left.\begin{array}{l} a_n, a_{n-1}, \cdots, a_0 \\ b_m, b_{m-1}, \cdots, b_0 \end{array}\right\}$ 表示由系统结构、参数决定的常系数。

　　在零初始条件下对式(2.14)两端进行拉氏变换，可得到相应的代数方程

$$(a_n s^n + a_{n-1}s^{n-1} + \cdots + a_1 s + a_0)C(s) = (b_m s^m + b_{m-1}s^{m-1} + \cdots + b_1 s + b_0)R(s)$$

$$\tag{2.15}$$

系统的传递函数为

$$\frac{C(s)}{R(s)} = \frac{b_m s^m + b_{m-1} s^{m-1} + \cdots + b_1 s + b_0}{a_n s^n + a_{n-1} s^{n-1} + \cdots + a_1 s + a_0} \tag{2.16}$$

令

$$G(s) = \frac{C(s)}{R(s)}$$

其中，$G(s)$ 称为系统的传递函数。

传递函数的定义：在零初始条件下，线性定常系统输出量拉氏变换与输入量拉氏变换之比。

传递函数有两种标准形式。第一种是首 1 标准型。首 1 标准型是指分子、分母、多项系数 s 前面的系数为 1，这也是系统的零、极点形式。传递函数的分子多项式的根是系统的零点，分母多项式的根，称为系统的极点。另一种是尾 1 标准型。尾 1 标准型是指整理后分子、分母各项尾巴都带有"$+1$"这样的形式。尾 1 标准型前面的系数 K 称为系统增益。

【例 2.5】 已知 $G(t) = \dfrac{4s-4}{s^3 + 3s^2 + 2s}$，将其化为首 1、尾 1 标准型，并确定其增益。

解 首 1 标准型

$$G(s) = \frac{4(s-1)}{s^3 + 3s^2 + 2s} = \frac{4(s-1)}{s(s+1)(s+2)}$$

尾 1 标准型

$$G(s) = \frac{4}{2} \times \frac{s-1}{s\left(\frac{1}{2}s^2 + \frac{3}{2}s + 1\right)} = 2 \times \frac{(s-1)}{s\left(\frac{1}{2}s + 1\right)(s+1)}$$

故增益 $K = 2$。

2.2.2 传递函数的性质

（1）传递函数 $G(s)$ 是复变函数，具有复变函数的所有性质。对于实际系统，传递函数分子、分母阶次的关系是 $n \geqslant m$，且所有系数均为实数。这是因为在可实现的物理系统中，总是存在惯性且能源有限。

（2）传递函数 $G(s)$ 只与系统自身的结构和参数有关，而与系统输入、输出的具体形式无关。

（3）传递函数 $G(s)$ 与系统微分方程直接关联，可以通过系统的微分方程很快得到系统的传递函数。

（4）$G(s) = L[k(t)]$，传递函数的拉普拉斯反变换就是系统的脉冲响应。

（5）传递函数 $G(s)$ 与 s 平面上的零极点图相对应。

（6）传递函数的描述有一定的局限性。其一，传递函数不反映非零初始条件下系统响应的全部信息，这是因为传递函数是在零初始条件下定义的。其二，传递函数只适合用于描述单输入-单输出系统。其三，传递函数只能用于表示线性定常系统，非线性时变系统是不能用传递函数来描述的。

【例 2.6】 线性定常系统、非线性定常系统、线性时变系统的辨析。

（1）$\ddot{c} + 5\dot{c} + 4c = 2\dot{r} + 4r$

（2）$\ddot{c} + 2 \cdot \dot{c} \cdot c + 4c^3 + 4 = 2\dot{r} + 4r \cdot c$

(3) $\ddot{c} + a_1(t)\dot{c} + a_2(t)c = 2\dot{r} + 4r$

解　(1)经计算，$\ddot{c} + 5\dot{c} + 4c = 2\dot{r} + 4r$ 属于线性定常系统。

(2)经计算，$\ddot{c} + 2 \cdot \dot{c} \cdot c + 4c^3 + 4 = 2\dot{r} + 4r \cdot c$ 属于非线性定常系统。

(3)经计算，$\ddot{c} + a_1(t)\dot{c} + a_2(t)c = 2\dot{r} + 4r$ 属于线性时变系统。

2.2.3　传递函数的标准形式

线性定常系统的传递函数是复变量 s 的有理真分式，其分子多项式和分母多项式总可以通过分解表示成各种形式。

为了便于分析，传递函数常表示成首 1 标准型或尾 1 标准型。

1.首 1 标准型（零、极点形式）

将传递函数分子、分母最高次项（首项）系数均化为 1，称为首 1 标准型。因式分解后也可称为传递函数的零、极点形式。首 1 标准型的表示形式如下

$$G(s) = \frac{K^* \prod_{j=1}^{m}(s - z_j)}{\prod_{i=1}^{n}(s - p_i)} = \frac{K^*(s - z_1)(s - z_2)\cdots(s - z_m)}{(s - p_1)(s - p_2)\cdots(s - p_n)} \tag{2.17}$$

式中：K^* 表示根轨迹增益；$z_1, z_2, \cdots, z_m$ 依次表示传递函数分子多项式等于零的 m 个根，称为传递函数的零点；$p_1, p_2, \cdots, p_n$ 依次表示传递函数分母多项式等于零的 n 个根，称为传递函数的极点。

将零、极点标在复数 s 平面上的图形称为传递函数的零、极点分布图。零点通常用"○"表示，极点通常用"×"表示。

2.尾 1 标准型（典型环节形式）

将传递函数分子、分母最低次项（尾项）系数均化为 1，称为尾 1 标准型。因式分解后也可称为传递函数的典型环节形式。尾 1 标准型的表示形式如下

$$G(s) = \frac{K^* \prod_{k=1}^{m_1}(\tau_k s + 1) \prod_{l=1}^{m_2}(\tau_l^2 s^2 + 2\xi\tau_l s + 1)}{s^v \prod_{i=1}^{n_1}(T_i s + 1) \prod_{j=1}^{n_2}(T_j^2 s^2 + 2\xi T_j s + 1)} \tag{2.18}$$

式(2.18)中的每个因子都对应一个典型环节。这里，K 为系统增益，K 与 K^* 的关系为

$$K = \frac{K^* \prod_{j=1}^{m}|z_j|}{\prod_{i=1}^{n}|p_i|} \tag{2.19}$$

【例 2.7】　已知闭环控制系统传递函数为

$$\Phi(s) = \frac{30(s + 2)}{s(s + 3)(s^2 + 2s + 2)}$$

(1) 求系统的增益 K；

(2) 求系统的微分方程；

(3) 画出系统的零、极点分布图。

解 （1）由题意可知

$$K^* = 30$$

$$K = \frac{30 \times 2}{3 \times 2} = 10$$

（2）
$$\Phi(s) = \frac{C(s)}{R(s)} = \frac{30(s+2)}{s(s+2)(s^2+2s+2)} = \frac{30(s+2)}{s^4+5s^3+8s^2+6s}$$

$$(s^4+5s^3+8s^2+6s)C(s) = 30(s+2)R(s)$$

进行拉氏反变换（零初始条件下），可得系统的微分方程

$$\frac{d^4c(t)}{dt^4} + 5\frac{d^3c(t)}{dt^3} + 8\frac{d^2c(t)}{dt^2} + 6\frac{dc(t)}{dt} = 30\frac{dr(t)}{dt} + 60r(t)$$

（3）系统零、极点分布图如图2.9所示。

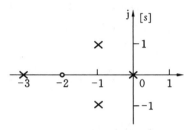

图2.9　例2.7系统零、极点分布图

2.2.4　典型环节的传递函数

控制系统是由各种元部件相互连接组成的，不同的控制系统所用的元部件及其功能不相同，如机械的、电子的、液压的、气压的和光电的等。为了分析系统的动态特性，必须对不同的元部件进行合理的分类。由传递函数的性质可知，不论元部件的物理结构如何相异，只要其传递函数相同，动态特性就必然相同。此外，还应指出，典型环节的数学模型都是在一定的理想条件下得到的。

构成控制系统的典型环节通常有七种，具体分析如下。

1.比例环节

比例环节的微分方程为

$$c(t) = Kr(t)$$

比例环节的传递函数为

$$G(s) = K$$

比例环节的输出量以一定比例复现输入信号。例如，在线性区内，电位器、放大器的数学模型都可以看作是比例环节，测速发电机的电压与转速之间的数学模型也可以认为是比例环节。

2.惯性环节

惯性环节的微分方程为

$$T\frac{dc(t)}{dt} + c(t) = r(t)$$

式中: T 为时间常数。

惯性环节的传递函数为

$$G(s) = \frac{1}{Ts+1}$$

惯性环节含有储能元件,所以对突变的输入信号不能立即复现。

3.振荡环节

振荡环节的微分方程为

$$T^2\ddot{c} + 2\xi T\dot{c} + c = r$$

振荡环节的传递函数为

$$G(s) = \frac{1}{T^2s^2 + 2\xi Ts + 1}$$

4.积分环节

积分环节的微分方程为

$$c(t) = \int r(t)\mathrm{d}t \quad 或 \quad \frac{\mathrm{d}c(t)}{\mathrm{d}t} = r(t)$$

积分环节的传递函数为

$$G(s) = \frac{1}{s}$$

5.微分环节

一个理想微分环节的特点是,它的输出量与输入量对时间的导数成正比,即

$$c(t) = \frac{\mathrm{d}r(t)}{\mathrm{d}t}$$

微分环节的传递函数为

$$G(s) = s$$

6.一阶复合微分环节

一阶复合微分环节的微分方程为

$$c = \tau\dot{r} + r$$

式中: τ 为时间常数。

一阶复合微分环节的传递函数为

$$G(s) = \tau s + 1$$

一阶复合微分环节可看成是一个理想的微分环节与一个比例环节的并联,如 RC 并联电路。

7.二阶复合微分环节

二阶复合微分环节的微分方程为

$$c = \tau^2\ddot{r} + 2\tau\xi\dot{r} + r$$

二阶复合微分环节的传递函数为

$$G(s) = \tau^2s^2 + 2\xi\tau s + 1$$

RLC 网络、直流电动机的数学模型均为二阶复合微分环节的实例。

七种典型环节的比较如表 2.1 所示。

表 2.1　典型环节及其传递函数

序号	环节名称	微分方程	传递函数	实例
1	比例环节	$c = K \cdot r$	$G(s) = K$	电位器,放大器,自整角机
2	惯性环节	$T\dot{c} + c = r$	$G(s) = \dfrac{1}{Ts+1}$	CR 电路,交、直流电动机
3	振荡环节	$T^2\ddot{c} + 2\xi T\dot{c} + c = r$ $(0 < \xi < 1)$	$G(s) = \dfrac{1}{T^2 s^2 + 2\xi Ts + 1}$	RLC 电路,弹簧质块阻尼器系统
4	积分环节	$\dot{c} = r$	$G(s) = \dfrac{1}{s}$	水箱 （流量 Q-液位 h）
5	微分环节	$c = \dot{r}$	$G(s) = s$	
6	一阶复合微分环节	$c = \tau\dot{r} + r$	$G(s) = \tau s + 1$	
7	二阶复合微分环节	$c = \tau^2\ddot{r} + 2\tau\xi\dot{r} + r$	$G(s) = \tau^2 s^2 + 2\xi\tau s + 1$	

　　需要指出的是,不同的元部件可以有相同形式的传递函数;而同一个元部件当输入变量、输出变量选择不同时,对应的传递函数会不一样。

　　建立"典型环节"概念,是为了便于分析系统。典型环节是构成系统传递函数最基本的单元,任何系统的传递函数都可以看成是由典型环节组合而成的。

2.3　控制系统的结构图及其等效变换

2.3.1　系统结构图的组成及绘制

1.系统结构图的组成

　　控制系统的结构图是由一些对信号进行单向运算的方框和一些表示信号流向的信号线组成的,它包含信号线、引出点、比较点、方框共四种基本组成单元,如图 2.10 所示。

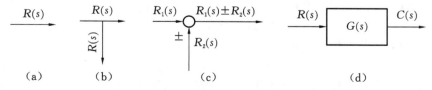

图 2.10　系统结构图的基本组成单元

（1）信号线。信号线是带有箭头的直线,箭头表示信号的流向。系统结构图中的信号线都是单向的。

（2）引出点。信号在传递过程中由一路分成了两路,这个点称为引出点,也叫分支点。

（3）比较点。信号在此进行加减运算的点称为比较点。用符号"○"表示比较环节。比较点的输入信号有正负之分,"＋"号表示相加,"－"号表示相减,"＋"号可以不写。

（4）方框。方框表示对信号进行的数学变换。方框中写入元件或者系统的传递函数,如$C(s)=G(s)R(s)$。

2.系统结构图的绘制

绘制系统结构图的一般步骤如下。

（1）写出系统中每一个元部件的运动方程。列写每一个元部件的运动方程时,必须考虑相互连接元部件间的负载效应。

（2）根据元部件的运动方程式,写出相应的传递函数。一个元部件用一个方框单元表示,在方框中填入相应的传递函数。方框单元图中箭头表示信号的流向,流入为输入量,流出为输出量。输出量等于输入量乘以传递函数。

（3）根据信号的流向,将各方框单元依次连接起来,并把系统的输入量置于系统结构图的最左端,将系统的输出量置于系统结构图的最右端。

2.3.2　系统结构图的等效变换

前面讲述了利用方框图列写微分方程组,求解系统输入、输出的方法。用该方法求解时,方框图的每一个方框都表示一个元部件。对每一个方框写出对应元部件的微分方程,构成一系列的微分方程组,消去中间变量可以得到描述系统的时域模型方程。这个方法虽然能够求出系统的时域模型,但是求解过程比较麻烦。

自动控制理论给出了另外一种求解系统时域模型的方法。首先建立系统的方框图,将方框图中的每一个元部件用所对应的传递函数形式来表示。有了传递函数,就可以对该系统进行定量分析。此时,就相当于将方框图换一个名字,变成系统结构图。有了系统结构图,就有两种方法可以求解系统的复域模型,也就是传递函数。一种为结构图化简的方法,另一种就是梅森公式法。

本节学习系统结构图化简的方法,系统结构图化简的方法主要是针对结构图进行等效变换。一共有十条系统结构图等效变换的规则,求解系统输入、输出的传递函数的步骤具体如下。

一、第一组变换规则：串联、并联、反馈

1.串联环节的等效变换

图 2.11(a)表示两个环节串联的结构。

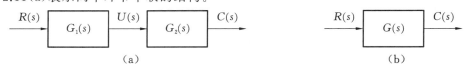

图 2.11　两个环节串联的等效变换

$$C(s) = G_2(s) \cdot U(s)$$
$$\downarrow U(s) = G_1(s) \cdot R(s)$$
$$= G_2(s) \cdot G_1(s) \cdot R(s)$$

经等效变换后，得到图 2.11(b)。

2.并联环节的等效变换

图 2.12(a)表示两个环节并联的结构。

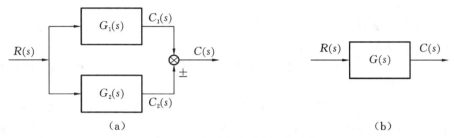

(a)   (b)

图 2.12 两个环节并联的等效变换

$$C(s) = C_1(s) \pm C_2(s)$$
$$\downarrow C_1(s) = G_1(s) \cdot R(s)$$
$$\downarrow C_2(s) = G_2(s) \cdot R(s)$$
$$= G_1(s)R(s) \pm G_2(s)R(s) = [G_1(s) \pm G_2(s)] \cdot R(s)$$

经等效变换后，得到图 2.12(b)。

3.反馈连接的等效变换

图 2.13(a)表示反馈连接的结构。

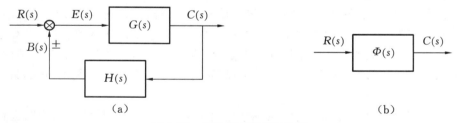

(a)   (b)

图 2.13 反馈连接的等效变换

$$C(s) = G(s) \cdot E(s)$$
$$\downarrow E(s) = R(s) \pm B(s) = R(s) \pm H(s) \cdot C(s)$$
$$C(s) = G(s) \cdot R(s) \pm G(s)H(s) \cdot C(s)$$
$$[1 \mp G(s)H(s)]C(s) = G(s) \cdot R(s)$$
$$\Phi(s) = \frac{C(s)}{R(s)} = \frac{G(s)}{1 \mp G(s)H(s)}$$

经等效变换后，得到图 2.13(b)。

当反馈通道的传递函数 $H(s) = 1$ 时，称相应系统为单位反馈系统。此时，闭环传递函数为

$$\Phi(s) = \frac{G(s)}{1 \mp G(s)}$$

二、第二组变换规则：比较点与引出点的移动

1.比较点前移

比较点前移的等效变换如图 2.14 所示。

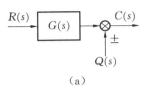 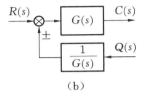

（a）　　　　　　　　　　　　　　　（b）

图 2.14　比较点前移的等效变换

$$C(s) = R(s)G(s) \pm Q(s)$$
$$= \left[R(s) \pm \frac{Q(s)}{G(s)}\right]G(s)$$

2.比较点后移

比较点后移的等效变换如图 2.15 所示。

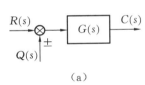 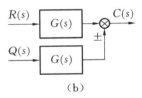

（a）　　　　　　　　　　　　　　　（b）

图 2.15　比较点后移的等效变换

$$C(s) = [R(s) \pm Q(s)]G(s)$$
$$= R(s)G(s) \pm Q(s)G(s)$$

3.引出点前移

引出点前移的等效变换如图 2.16 所示。

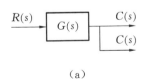 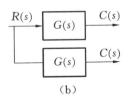

（a）　　　　　　　　　　　　　　　（b）

图 2.16　引出点前移的等效变换

$$C(s) = G(s)R(s)$$

4.引出点后移

引出点后移的等效变换如图 2.17 所示。

$$R(s) = R(s)G(s)\frac{1}{G(s)}$$

$$C(s) = G(s)R(s)$$

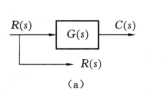

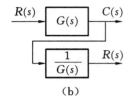

图 2.17　引出点后移的等效变换

三、第三组变换规则：比较点、引出点之间的移动

1.比较点之间的移动

比较点之间移动的等效变换如图 2.18 所示。

图 2.18　比较点之间移动的等效变换

$$C(s)=R_1(s)\pm R_2(s)\pm R_3(s)$$

2.引出点之间的移动

引出点之间移动的等效变换如图 2.19 所示。

图 2.19　引出点之间移动的等效变换

$$C(s)=C_1(s)=C_2(s)=R(s)$$

3.比较点与引出点之间的移动

比较点与引出点之间移动的等效变换如图 2.20 所示。

图 2.20　比较点与引出点之间移动的等效变换

$$C(s)=R_1(s)-R_2(s)$$

表 2.2 中列出系统结构图等效变换的基本规则，供查阅。

表 2.2　结构图等效变换规则

变换方式	原方框图	等效方框图	等效运算关系
串联	$R(s)\to G_1(s)\to G_2(s)\to C(s)$	$R(s)\to G_1(s)G_2(s)\to C(s)$	$C(s)=G_1(s)G_2(s)R(s)$
并联	$R(s)\to G_1(s),\ G_2(s)\to\pm\to C(s)$	$R(s)\to G_1(s)\pm G_2(s)\to C(s)$	$C(s)=[G_1(s)\pm G_2(s)]R(s)$
反馈	$R(s)\to\pm\to G(s)\to C(s),\ H(s)$	$R(s)\to\dfrac{G(s)}{1\pm G(s)H(s)}\to C(s)$	$C(s)=\dfrac{G(s)R(s)}{1\mp G(s)H(s)}$
比较点前移	$R(s)\to G(s)\to\pm\ C(s),\ Q(s)$	$R(s)\to\pm\to G(s)\to C(s),\ \dfrac{1}{G(s)}\to Q(s)$	$C(s)=R(s)G(s)\pm Q(s)$ $=\left[R(s)\pm\dfrac{Q(s)}{G(s)}\right]G(s)$
比较点后移	$R(s)\to\pm\to G(s)\to C(s),\ Q(s)$	$R(s)\to G(s)\to\pm\to C(s),\ Q(s)\to G(s)$	$C(s)=[R(s)\pm Q(s)]G(s)$ $=R(s)G(s)\pm Q(s)G(s)$
引出点前移	$R(s)\to G(s)\to C(s),\ C(s)$	$R(s)\to G(s)\to C(s),\ G(s)\to C(s)$	$C(s)=G(s)R(s)$
引出点后移	$R(s)\to G(s)\to C(s),\ R(s)$	$R(s)\to G(s)\to C(s),\ \dfrac{1}{G(s)}\to R(s)$	$R(s)=R(s)G(s)\dfrac{1}{G(s)}$ $C(s)=G(s)R(s)$
比较点之间的移动	$R_1(s)\to\pm\to\pm\to C(s),\ R_2(s),\ R_3(s)$	$R_1(s)\to\pm\to\pm\to C(s),\ R_3(s),\ R_2(s)$	$C(s)=R_1(s)\pm R_2(s)\pm R_3(s)$

续表

变换方式	原方框图	等效方框图	等效运算关系
引出点之间的移动	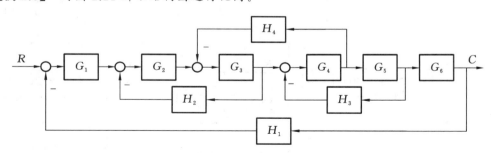		$C(s)=C_1(s)=C_2(s)=R(s)$
比较点与引出点之间的移动			$C(s)=R_1(s)-R_2(s)$

对一个复杂系统的系统结构图进行简化时，原则上从内回路到外回路逐步化简。

（1）对独立的串联环节、并联环节、反馈连接进行简化。

（2）利用等效变换的基本原则，移动比较点或引出点，以消除回路间的交叉连接。

（3）重复步骤（1）、（2），直到系统结构图简化为一个框或由两个框组成的负反馈连接。

下面通过几个例题来说明。

【例 2.8】 对图 2.21 所示结构图进行化简。

图 2.21　系统结构图

解　该系统结构图由若干个环节组成，比较复杂。面对复杂的系统结构图，首先在图中找出相邻的比较点、相邻的引出点，进行比较点后移、引出点前移。什么是找出相邻的比较点？这里的相邻指的是两个比较点或引出点之间仅存在环节，而没有其他的要素。该例中，G_2 前的比较点和 G_3 前的比较点称为相邻比较点，因为它们之间仅存在 G_2 环节；G_6 后的引出点和 G_6 前的引出点，也称为相邻引出点，因为这两个点之间仅仅存在 G_6 环节。相邻的比较点进行乘运算意味着要将比较点后移，有利于比较点的信号综合和结构图的简化。同样，将引出点向前移动也有助于结构图的化简。若结构图中不存在相邻的比较点或引出点，则只能先交换比较点和引出点的位置，再按照上面的方法进行等效变换。

接下来用该方法对图 2.21 所示系统结构图进行化简。G_2 前的比较点向后移动及 G_5 后的引出点向前移动，如图 2.22 所示。按照比较点后移、引出点前移的规则，得到如图 2.23 所示的结构图。

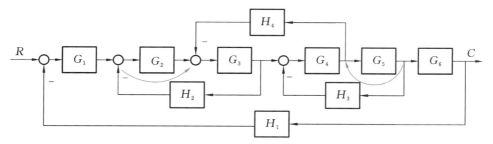

图 2.22 例 2.8 系统结构图化简（一）

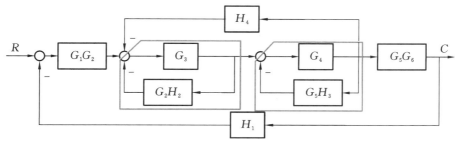

图 2.23 例 2.8 系统结构图化简（二）

对图 2.23 进行分析发现,存在两个负反馈的连接方式。按照负反馈的等效变换规则进行等效变换,可以得到图 2.24。

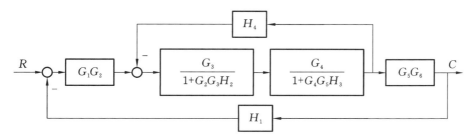

图 2.24 例 2.8 系统结构图化简（三）

进一步分析发现,结构图又存在一个局部负反馈,如图 2.25 所示。

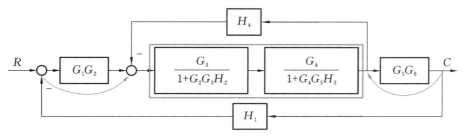

图 2.25 例 2.8 系统结构图化简（四）

继续按照负反馈的变换规则进行化简,化简后仔细观察发现,前向通路变成了三个环节的串联，然后和 H_1 构成负反馈，如图 2.26 所示。

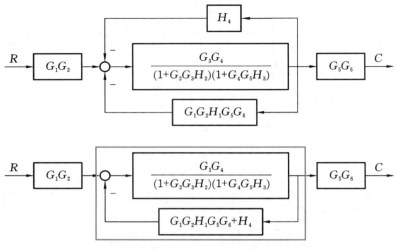

图 2.26　例 2.8 系统结构图化简（五）

最后按照负反馈的变换规则进行化简，就得到了如图 2.27 所示的结构图。

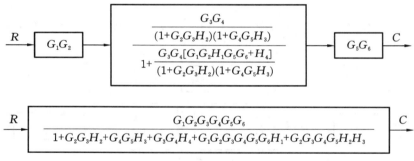

图 2.27　例 2.8 系统结构图化简（六）

【例 2.9】　对图 2.28 所示系统结构图进行化简。

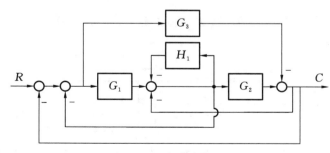

图 2.28　系统结构图

解　该题不存在相邻的比较点或相邻的引出点，只能交换比较点和引出点的位置，如图 2.29 所示，再按照等效变换的规则进行化简。

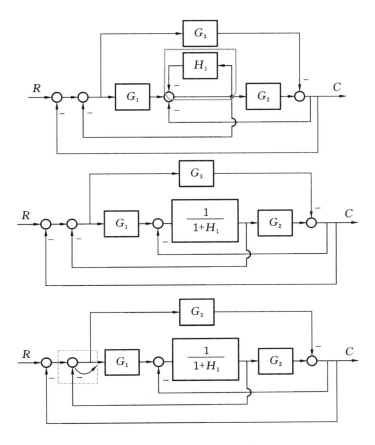

图 2.29　例 2.9 系统结构图化简（一）

可以尝试将图 2.29 中虚线框所指比较点和引出点进行位置互换，为了保证变换前后是等效的，需要人为构造比较点和信号，如图 2.30 所示。

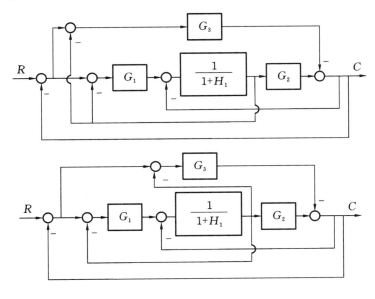

图 2.30　例 2.9 系统结构图化简（二）

继续分析发现,G_3 前面的比较点和后面的比较点是相邻比较点,中间仅存在一个 G_3 环节,不含有其他的比较点或引出点,可采用比较点后移的变换规则进行化简,如图 2.31 所示。

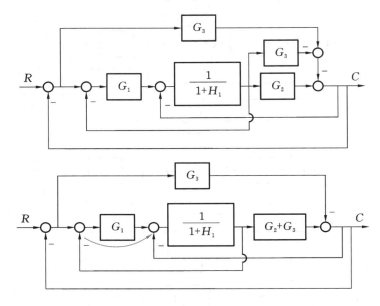

图 2.31　例 2.9 系统结构图化简(三)

另外,G_1 前面的比较点和后面的比较点也是相邻比较点。因此,可以将这两块用前面学习的比较点后移的变换规则进行乘运算变换,化简后如图 2.32 所示。

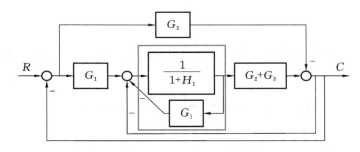

图 2.32　例 2.9 系统结构图化简(四)

在图 2.32 中,出现了一个内部的负反馈连接,按照负反馈等效变换的规则进行化简,结果如图 2.33 所示。

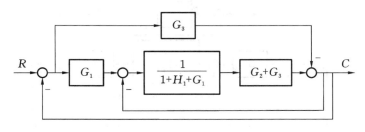

图 2.33　例 2.9 系统结构图化简(五)

化简之后又会出现相邻的比较点,再进一步做出比较点后移的乘运算处理,如图 2.34 所示。

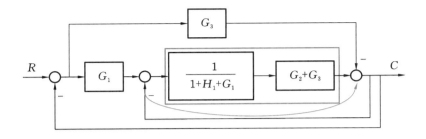

图 2.34　例 2.9 系统结构图化简(六)

进行比较点后移,如图 2.35 所示。

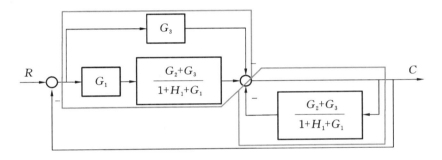

图 2.35　例 2.9 系统结构图化简(七)

对内部两个回路进行化简,结果如图 2.36 所示。

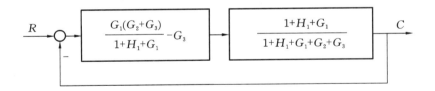

图 2.36　例 2.9 系统结构图化简(八)

至此,化简完成,结果如图 2.37 所示。

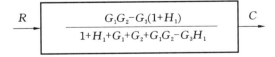

图 2.37　例 2.9 系统结构图化简(九)

2.4 控制系统的信号流图及梅森增益公式

2.4.1 信号流图的组成及绘制

1.信号流图的组成

信号流图以图形化的方式描述系统内部结构及输入、输出等变量关系。信号流图广泛应用于信号、系统与控制等相关学科领域,而结构图主要用于控制学科。图 2.38 所示就是典型的信号流图。

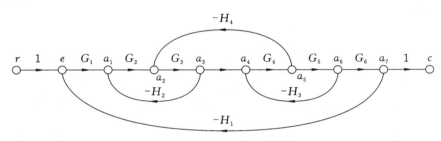

图 2.38 系统信号流图

信号流图中包含三种基本符号:节点、支路、支路增益。在信号流图中,节点用小圆圈表示;支路用带有箭头的横线表示;支路增益标注在支路的上方,如图 2.38 中的 1、G_1、G_2、G_3 等。

2.信号流图与结构图的对应关系

(1)信号流图中的节点可以细分为源节点、阱节点、混合节点。

源节点指的是只有输出而没有输入的节点,对应于结构图的输入信号,如图 2.38 中的 r。

阱节点指的是只有输入而没有输出的节点,对应于结构图中的输出信号,如图 2.38 中的 c。

既有输入又有输出的节点称为混合节点,对应于结构图中的比较点和引出点。其中,有多个输入、一个输出的节点对应于结构图的比较点,如图 2.38 中的 a_1、a_2、a_4;有一个输入、多个输出的节点对应于结构图的引出点,如图 2.38 中的 a_3、a_5、a_6、a_7。

(2)信号流图中的支路对应于结构图中的环节。

(3)信号流图中的支路增益对应于结构图中的环节的传递函数。

3.信号流图的其他概念

(1)前向通路。它是指从源节点出发,顺着信号流动的方向到达阱节点,并且与其他节点相交的次数不超过一次的通路。与前向通路相对应,前向通路中的各支路增益乘积称为前向通路的增益。

(2)概念回路。从某一个混合节点出发,顺着信号流动的方向,又回到该节点,并且与其他节点相交的次数不超过一次的闭合通路,称为概念回路。将概念回路中的支路增益相乘就是该概念回路的增益。

（3）互不接触回路。如果两个回路没有公共的节点，则称为互不接触回路。

4. 信号流图的绘制

知道了信号流图与结构图的对应关系，可以将信号流图转换成结构图。同理，也可以将结构图转换成信号流图。

【例 2.10】 将 2.38 所示信号流图转换成对应的结构图。

解 需要找出信号流图与结构图的对应关系。信号流图中的源节点对应于结构图中的输入信号，用带箭头的横线表示。信号 r 经过支路 1 到达混合节点 e。支路 1 对应于结构图中的环节，用方框表示。混合节点 e 有两输入、一输出，对应于结构图中的比较点。在结构图中，信号用带箭头的直线表示，信号流图中信号则用小圆圈节点来表示。严格来说，混合节点 e 在结构图中是用比较符号后带箭头的支路来表示的。

继续往后对应，节点 e 经过支路增益 G_1 到达混合节点 a_1，绘制出结构图中的环节 G_1。a_1 是两输入、一输出的混合节点，对应于结构图中的比较点。a_1 经过 G_2 的作用到达混合节点 a_2，绘制出 G_2 环节，a_2 也是两输入、一输出的混合节点，对应于结构图的比较点。a_2 经过 G_3 的作用到达 a_3，a_3 是一输入、两输出的混合节点，对应于结构图中的引出点。信号 a_3 到达 a_4，a_4 是两输入、一输出的混合节点，对应于比较点。a_4 经过 G_4 的作用到达 a_5，绘制出 G_4 环节。a_5 是一输入、两输出的混合节点，对应于结构图中的引出点。a_5 经过 G_5 到达 a_6，a_6 是两输入、一输出的混合节点，对应于结构图的引出点。a_6 经过 G_6 到达 a_7，a_7 又是一输入、两输出的混合节点，对应于引出点。a_7 经过支路 1 到达阱节点 c，画出支路 1 和输出 c。

这样，就将信号流图从左到右的主干路转换成了对应的结构图的主干路。最后，将回路中的信号对应成结构图中的反馈。首先是 a_3 到 a_1 的回路，在结构图中绘制出 H_2 负反馈。接着是 a_5 到 a_2 这条回路，在结构图中绘制出 H_4 负反馈。再次是 a_6 到 a_4 的回路，绘制出 H_3 负反馈。最后是 a_7 到 e 的回路，在结构图中绘制出 H_1 负反馈。这样，就完成了从信号流图到结构图的转换，结果如图 2.39 所示。

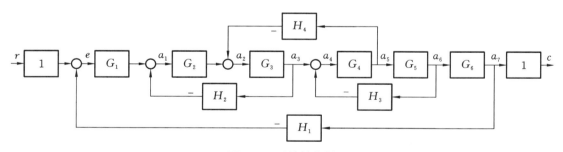

图 2.39 系统结构图

下面介绍如何将结构图转换成信号流图。转换时需要严格地对照结构图与信号流图的对应关系。首先，在结构图当中标出相应的信号，如输入信号 r 和输出信号 c 分别对应信号流图中的源节点和阱节点。然后，标出比较点后的信号，如 a_1、a_2。接着，标出引出点的信号 a_3、a_4。标注完成后，将这些信号在信号流图中从左到右依次绘制。最后，根据信号流动的关系，绘制出信号流图中的回路。

2.4.2 梅森增益公式

利用梅森（Mason）增益公式求解系统传递函数 $\Phi(s)$。

梅森增益公式的一般形式为

$$\Phi(s) = \frac{1}{\Delta} \sum_{k=1}^{n} P_k \Delta_k \tag{2.20}$$

梅森增益公式由两部分组成,其中分母为 Δ,分子为 $\sum_{k=1}^{n} P_k \Delta_k$。分母 Δ 称为系统特征式,反映系统的固有属性,由式中待求项组成。

$$\Delta = 1 - \sum L_a + \sum L_b L_c - \sum L_d L_e L_f + \cdots$$

先来看待求项,第二项 $\sum L_a$ 指所有不同回路的回路增益之和,第三项 $\sum L_b L_c$ 指两两不接触回路的回路增益乘积之和,第四项 $\sum L_d L_e L_f$ 指三三不接触回路中的回路增益乘积之和,以此类推。

若回路个数是奇数则前面符号取"$-$",若回路个数是偶数则前面符号取"$+$"。回路及互不接触回路需要根据系统结构或信号流图来分析。

再来看分子,P_k 表示第 k 条前向通路的总增益,式(2.20)中的 n 表示前向通路的条数,k 表示第 k 条前向通路的余子式,也就是把特征式中与第 k 条前向通路接触的回路去除,剩余部分构成的子特征式。

下面举例说明如何使用梅森增益公式。

【例 2.11】 系统结构图如图 2.40 所示,求传递函数 $\dfrac{C(s)}{R(s)}$。

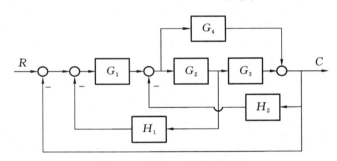

图 2.40 例 2.11 系统结构图

解 利用梅森增益公式求解传递函数,首要是搞清楚有多少回路、有几条前向通路、有多少两两不接触回路、有几个三三不接触回路等。回路是指从某一节点出发,沿箭头方向又回到该节点。

系统有五个回路,分别为

$$L_1 = -G_1 G_2 H_1$$
$$L_2 = -G_2 G_3 H_2$$
$$L_3 = -G_1 G_2 G_3$$
$$L_4 = -G_4 H_2$$
$$L_5 = -G_1 G_4$$

再将五个回路各自对应的回路增益写在特征多项式中。观察发现,该题中不存在两两、三三不接触回路。通过整理,即可得到分母 Δ。

再来看前向通路。经过 G_1、G_2、G_3 可以得到第一条前向通路,将其增益写出来,得 $P_1 = G_1G_2G_3$,P_1 与所有的回路都接触,所以该通路的余子式 $\Delta_1 = 1$;再看第二条前向通路 G_1G_4,将其增益写出来,得 $P_2 = G_1G_4$,P_2 与所有的回路也都接触,所以该通路的余子式 $\Delta_2 = 1$,最后代入梅森增益公式,得

$$\Delta = 1 - [-G_1G_2H_1 - G_2G_3H_2 - G_1G_2G_3 - G_4H_2 - G_1G_4]$$
$$= 1 + G_1G_2H_1 + G_2G_3H_2 + G_1G_2G_3 + G_4H_2 + G_1G_4$$
$$P_1 = G_1G_2G_3 \qquad \Delta_1 = 1$$
$$P_2 = G_1G_4 \qquad \Delta_2 = 1$$
$$\Phi(s) = \frac{G_1G_2G_3 + G_1G_4}{1 + G_1G_2H_1 + G_2G_3H_2 + G_1G_2G_3 + G_4H_2 + G_1G_4}$$

【例 2.12】　系统结构图如图 2.41 所示,求传递函数 $\dfrac{C(s)}{R(s)}$。

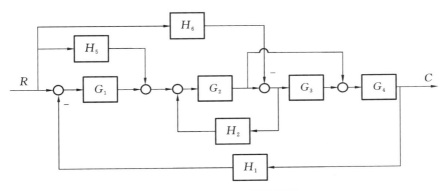

图 2.41　例 2.12 系统结构图

解　首先,找回路。找回路只需要找反馈比较点。本图中共有 5 个比较点,其中只有 1、3 号比较点是反馈比较点。

先看 1 号比较点,顺着信号的方向,找出第一个回路 $-G_1G_2G_3G_4H_1$ 和第二个回路 $G_1G_2G_4H_1$,在特征多项式中写出对应的回路增益。

然后,看下一个反馈比较点,找第 3 个回路 G_2H_2,写出对应的回路增益。

接着,找前向通路,找前馈环节。前馈环节会增加前向通路的个数。观察图 2.41 发现,前馈环节中还有并联环节,增加了前向通路的复杂性。

(1) 看第一条前向通路 $G_1G_2G_3G_4$,写出其前向通路的增益 $P_1 = G_1G_2G_3G_4$,所有回路跟该前向通路接触,所以该通路的余子式 $\Delta_1 = 1$。

(2) 看第二条前向通路 $G_1G_2G_4$,写出增益 $P_2 = G_1G_2G_4$,所有回路也都跟该前向通路接触,所以该通路的余子式 $\Delta_2 = 1$。

(3) 看前馈的前向通路,顺着信号流动的方向,得到 $P_3 = G_5G_2G_3G_4$,所有回路也都跟该前向通路接触,所以该通路的余子式 $\Delta_3 = 1$。

(4) 看前馈环节和并联环节,找到 $G_5G_2G_4$,得到 $P_4 = G_5G_2G_4$,其余子式 $\Delta_4 = 1$。

(5) 看第二个前馈环节,找到 $-G_6G_3G_4$,得到 $P_5 = -G_6G_3G_4$,其余子式 $\Delta_5 = 1$。

(6) 再仔细找,会发现 $-G_6H_2G_2G_4$ 也是一条前向通路,这条隐藏得比较深,不容易被找

到，出现前馈环节和并联环节的情况要特别注意，得到 $P_6 = -G_6 H_2 G_2 G_4$，其余子式 $\Delta_6 = 1$，这样就找到了所有的前向通路。

最后套用梅森增益公式就可以得到输入、输出的传递函数，得

$$\Delta = 1 - [G_2 H_2 - G_1 G_2 G_3 G_4 H_1 - G_1 G_2 G_4 H_1]$$
$$= 1 - G_2 H_2 + G_1 G_2 G_3 G_4 H_1 + G_1 G_2 G_4 H_1$$

$$P_1 = G_1 G_2 G_3 G_4 \qquad \Delta_1 = 1$$
$$P_2 = G_1 G_2 G_4 \qquad \Delta_2 = 1$$
$$P_3 = G_2 G_3 G_4 G_5 \qquad \Delta_3 = 1$$
$$P_4 = G_2 G_4 G_5 \qquad \Delta_4 = 1$$
$$P_5 = G_3 G_4 G_6 \qquad \Delta_5 = 1$$
$$P_6 = -G_6 H_2 G_2 G_4 \qquad \Delta_6 = 1$$

$$\Phi(s) = \frac{G_1 G_2 G_3 G_4 + G_1 G_2 G_4 + G_2 G_3 G_4 G_5 + G_2 G_4 G_5 - G_3 G_4 G_6 - G_2 G_4 G_6 H_2}{1 - G_2 H_2 + G_1 G_2 G_3 G_4 H_1 + G_1 G_2 G_4 H_1}$$

梅森增益公式的使用方法总结如下。

首先，找前向通路。

(1) 确定输入信号及前馈信号的个数。

(2) 对于每个输入信号及前馈信号，沿着信号的流动方向查找前向通路。若途中出现并联，则必须确定流经该并联支路是否会产生前向通路。

然后，找回路。

(1) 依次从每个反馈比较点找回路。

(2) 对于每个反馈比较点，沿着信号的流动方向查回路。若途中出现并联，则必须确定流经该并联支路是否会产生回路。

2.5 控制系统的传递函数

实际控制系统不仅会受到控制信号 $r(t)$ 的作用，还会受到干扰信号 $n(t)$ 的影响。在分析系统输出特性 $c(t)$ 时，也会讨论误差响应 $e(t)$。针对不同的输入与输出，需要分析不同的传递函数。本节对系统分析将要涉及的不同系统传递函数进行讨论、归纳。

2.5.1 系统开环传递函数

系统结构图如图 2.42 所示。为方便分析系统，断开系统的主反馈通路，将前向通路与反馈通路上的传递函数乘在一起，称为系统的开环传递函数。系统的开环传递函数用 $G(s)H(s)$ 表示，即

$$G(s)H(s) = G_1(s)G_2(s)H_1(s) \tag{2.21}$$

需要指出的是，这里的开环传递函数是针对闭环控制系统而言的，并不是指开环控制系统的传递函数。

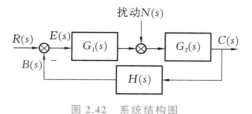

图 2.42　系统结构图

2.5.2　闭环控制系统传递函数

1.控制输入作用下系统的闭环传递函数

当研究系统控制输入的作用时,令 $N(s)=0$,可写出系统输出 $C(s)$ 对输入 $R(s)$ 的闭环传递函数,得

$$\Phi(s)=\frac{C(s)}{R(s)}=\frac{G_1(s)G_2(s)}{1+G_1(s)G_2(s)H_1(s)} \tag{2.22}$$

2.干扰作用下系统的闭环传递函数

当研究干扰对系统的影响时,令 $R(s)=0$,可写出干扰作用下的闭环传递函数,得

$$\Phi_{\mathrm{N}}(s)=\frac{C(s)}{N(s)}=\frac{G_2(s)}{1+G_1(s)G_2(s)H_1(s)} \tag{2.23}$$

根据叠加原理,线性系统的总输出等于不同外作用单独作用时引起响应的代数和,所以系统的总输出为

$$C(s)=\Phi(s)R(s)+\Phi_{\mathrm{N}}(s)N(s)=\frac{G_1(s)G_2(s)R(s)+G_2(s)N(s)}{1+G_1(s)G_2(s)H_1(s)} \tag{2.24}$$

2.5.3　闭环控制系统误差传递函数

1.控制输入作用下系统的误差传递函数

讨论控制输入引起的误差响应时,令 $N(s)=0$,可写出系统的误差传递函数,得

$$\Phi_{\mathrm{e}}(s)=\frac{E(s)}{R(s)}=\frac{1}{1+G_1(s)G_2(s)H_1(s)} \tag{2.25}$$

2.干扰作用下系统的误差传递函数

讨论干扰引起的误差影响时,令 $R(s)=0$,可写出系统在干扰作用下的误差传递函数,得

$$\Phi_{\mathrm{eN}}(s)=\frac{E(s)}{N(s)}=\frac{-G_2(s)H_1(s)}{1+G_1(s)G_2(s)H_1(s)} \tag{2.26}$$

同理,在控制输入和干扰同时作用下,系统的总误差为

$$E(s)=\Phi_{\mathrm{e}}(s)R(s)+\Phi_{\mathrm{eN}}(s)N(s)=\frac{R(s)-G_2(s)H_1(s)N(s)}{1+G_1(s)G_2(s)H_1(s)} \tag{2.27}$$

【例 2.13】　系统结构图如图 2.43 所示。

(1) 当输入 $r(t)=1(t)$ 时,求系统的响应 $c_{\mathrm{r}}(t)$;

(2) 当干扰 $n(t)=\delta(t)$ 时,求系统的响应 $c_{\mathrm{n}}(t)$;

(3) 当初始条件为 $\begin{cases} c(0)=-1 \\ c'(0)=0 \end{cases}$ 时,求系统的自由响应 $c_0(t)$;

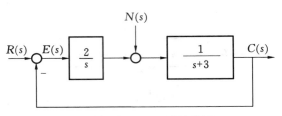

图 2.43　例 2.13 系统结构图

（4）求在上述三个因素同时作用下系统的总输出 $c(t)$；

（5）求在上述三个因素同时作用下系统的总偏差 $e(t)$。

解　（1）当输入 $r(t)=1(t)$ 时，求系统的响应 $c_r(t)$。

系统开环传递函数为

$$G(s)=\frac{2}{s(s+3)},\quad K=\frac{2}{3}$$

系统闭环传递函数为

$$\Phi(s)=\frac{C(s)}{R(s)}=\frac{\dfrac{2}{s(s+3)}}{1+\dfrac{2}{s(s+3)}}=\frac{2}{s(s+3)+2}=\frac{2}{s^2+3s+2}=\frac{2}{(s+1)(s+2)}$$

$$C_r(s)=\Phi(s)R(s)=\frac{2}{(s+1)(s+2)}\cdot\frac{1}{s}=\frac{2}{s(s+1)(s+2)}=\frac{C_{r0}}{s}+\frac{C_{r1}}{s+1}+\frac{C_{r2}}{s+2}$$

$$C_{r0}=\lim_{s\to0}s\cdot C_r(s)=\lim_{s\to0}\frac{2}{(s+1)(s+2)}=\frac{2}{2}=1$$

$$C_{r1}=\lim_{s\to-1}(s+1)\cdot C_r(s)=\lim_{s\to-1}\frac{2}{s(s+2)}=\frac{2}{-1}=-2$$

$$C_{r2}=\lim_{s\to-2}(s+2)\cdot C_r(s)=\lim_{s\to-2}\frac{2}{s(s+1)}=\frac{2}{2}=1$$

$$C_r(s)=\frac{1}{s}-\frac{2}{s+1}+\frac{1}{s+2}$$

$$c_r(t)=1-2\mathrm{e}^{-t}+\mathrm{e}^{-2t}$$

（2）当干扰 $n(t)=\delta(t)$ 时，求系统的响应 $c_n(t)$。

干扰作用下系统的传递函数为

$$\Phi_n(s)=\frac{C(s)}{N(s)}=\frac{\dfrac{1}{s+3}}{1+\dfrac{2}{s(s+3)}}$$

$$=\frac{s}{(s+1)(s+2)}$$

$$C_n(s)=\Phi_n(s)N(s)=\frac{s}{(s+1)(s+2)}\cdot1$$

$$=\frac{s}{(s+1)(s+2)}=\frac{C_{n1}}{s+1}+\frac{C_{n2}}{s+2}$$

$$C_{n1} = \lim_{s \to -1} (s+1) \cdot C_n(s) = \lim_{s \to -1} \frac{s}{(s+2)} = \frac{-1}{1} = -1$$

$$C_{n2} = \lim_{s \to -2} (s+2) \cdot C_n(s) = \lim_{s \to -2} \frac{s}{(s+1)} = \frac{-2}{-1} = 2$$

$$C_n(s) = \frac{-1}{s+1} + \frac{2}{s+2}$$

$$c_n(t) = -e^{-t} + 2e^{-2t}$$

（3）当初始条件为 $\begin{cases} c(0) = -1 \\ c'(0) = 0 \end{cases}$ 时，求系统的自由响应 $c_0(t)$。

$$\Phi(s) = \frac{C(s)}{R(s)} = \frac{2}{s^2 + 3s + 2}$$

$$(s^2 + 3s + 2)C(s) = 2R(s)$$

$$c'' + 3c' + 2c = 2r$$

系统的齐次微分方程为

$$c'' + 3c' + 2c = 0$$

$$[s^2 C(s) - sc(0) - c'(0)] + 3[sC(s) - c(0)] + 2C(s) = 0$$

$$[s^2 + 3s + 2]C(s) + (s+3) = 0$$

$$C_0(s) = \frac{-(s+3)}{s^2 + 3s + 2} = \frac{-(s+3)}{(s+1)(s+2)} = \frac{C_{01}}{s+1} + \frac{C_{02}}{s+2}$$

$$C_{01} = \lim_{s \to -1} (s+1) \cdot C_0(s) = \lim_{s \to -1} \frac{-(s+3)}{s+2} = -2$$

$$C_{02} = \lim_{s \to -2} (s+2) \cdot C_0(s) = \lim_{s \to -2} \frac{-(s+3)}{s+1} = 1$$

$$C_0(s) = \frac{-2}{s+1} + \frac{1}{s+2}$$

$$c_0(t) = -2e^{-t} + e^{-2t}$$

（4）求在上述三个因素同时作用下系统的总输出 $c(t)$。

$$c_r(t) = 1 - 2e^{-t} + e^{-2t}$$

$$c_n(t) = -e^{-t} + 2e^{-2t}$$

$$c_0(t) = -2e^{-t} + e^{-2t}$$

$$c(t) = c_r(t) + c_n(t) + c_0(t) = 1 - 5e^{-t} + 4e^{-2t}$$

$$C_r(s) = \Phi(s)R(s) = \frac{2}{s^2 + 3s + 2} \cdot \frac{1}{s} = \frac{2}{s(s+1)(s+2)}$$

$$C_n(s) = \Phi_n(s)N(s) = \frac{s}{(s+1)(s+2)} \cdot 1 = \frac{s}{(s+1)(s+2)}$$

$$C_0(s) = \frac{-(s+3)}{s^2 + 3s + 2} = \frac{-(s+3)}{(s+1)(s+2)}$$

$$C_{r+n+0}(s) = C_r(s) + C_n(s) + C_0(s) = \frac{2 - s(s+3) + s^2}{s(s+1)(s+2)}$$

$$= \frac{-3s + 2}{s(s+1)(s+2)} = \frac{C_0}{s} + \frac{C_1}{s+1} + \frac{C_2}{s+2}$$

$$C_0 = \lim_{s \to 0} \frac{-3s+2}{(s+1)(s+2)} = 1$$

$$C_1 = \lim_{s \to -1} \frac{-3s+2}{s(s+2)} = -5$$

$$C_2 = \lim_{s \to -2} \frac{-3s+2}{s(s+1)} = 4$$

$$C_{r+n+0}(s) = \frac{1}{s} - \frac{5}{s+1} + \frac{4}{s+2}$$

$$c(t) = 1 - 5e^{-t} + 4e^{-2t}$$

（5）求在上述三个因素同时作用下系统的总偏差 $e(t)$。

$$e(t) = r(t) - c(t) = 5e^{-t} - 4e^{-2t}$$

2.6 MATLAB 中数学模型的表示

控制系统的分析、设计和应用是提高自动控制水平的重要内容。MATLAB 语言的应用对提高控制系统的分析、设计和应用水平起着十分重要的作用。

2.6.1 传递函数

设系统的传递函数模型为

$$G(s) = \frac{\mathrm{num}(s)}{\mathrm{den}(s)} = \frac{b_1 s^m + b_2 s^{m-1} + \cdots + b_{m+1}}{a_1 s^n + a_2 s^{n-1} + \cdots + a_{n+1}}$$

在 MATLAB 中，直接用分子、分母的系数表示，即

$$\mathrm{num} = [b_1, b_2, \cdots, b_{m+1}]$$

$$\mathrm{den} = [a_1, a_2, \cdots, a_{n+1}]$$

2.6.2 控制系统结构图模型

在 MATLAB 中，可以利用 Simulink 工具箱来建立控制系统的结构图模型。Simulink 模型库中提供了许多模块，用来模拟控制系统中的各个环节。这里用简单的例子来说明控制系统的一种 MATLAB 数学模型表示形式。

假设控制系统有图 2.44 所示的反馈系统框图，在进行 MATLAB 仿真时，可以转化为图 2.45 所示的 Simulink 模型。

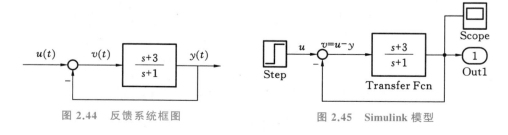

图 2.44　反馈系统框图　　　　　　图 2.45　Simulink 模型

在图 2.45 中，Step 表示阶跃输入，Transfer Fcn 表示传递函数，Out1 为输出端口模块，Scope 是示波器。这个简单的例子表明 Simulink 模型也是控制系统的一种数学模型。

2.6.3　控制系统零极点模型

设系统的零极点模型为

$$G(s)=k\frac{(s-z_1)(s-z_2)\cdots(s-z_m)}{(s-p_1)(s-p_2)\cdots(s-p_n)}$$

在 MATLAB 中，用 $[z,p,k]$ 矢量组表示，即

$$z=[z_1,z_2,\cdots,z_m];$$
$$p=[p_1,p_2,\cdots,p_n];$$
$$k=[k]$$

本章小结

1.系统的数学模型是描述系统动态特性的数学表达式。它是对系统进行分析研究的基本依据。用分析法建立系统的数学模型，必须深入了解系统及其元部件的工作原理，然后依据基本的物理、化学等定律，写出它们的运动方程。建立系统的数学模型是对控制系统进行分析和设计的前提。建模的过程如图 2.46 所示。

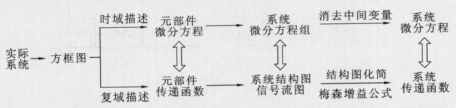

图 2.46　解析法建立系统数学模型的一般过程

2.微分方程是系统的时域模型。一个系统微分方程的建立，一般是从输入端开始，依次列出各环节的微分方程，然后消去中间变量，并将微分方程整理成标准形式。

3.传递函数是系统的复数域模型，也是经典控制理论中最常用的数学模型形式。它等于在零初始条件下，系统输出的拉氏变换与输入的拉氏变换之比。它和微分方程一样反映系统的固有特性。传递函数只与系统结构和元件参数有关，与外施信号的大小和形式无关。

要求掌握传递函数的定义、性质和标准形式，熟练运用传递函数概念对系统进行分析和计算。

开环传递函数 $G(s)H(s)$，闭环传递函数 $\Phi(s)=\dfrac{C(s)}{R(s)}$、$\Phi_N(s)=\dfrac{C(s)}{N(s)}$ 和误差传递函数 $\Phi_e(s)=\dfrac{E(s)}{R(s)}$、$\Phi_{eN}(s)=\dfrac{E(s)}{N(s)}$，在系统分析、设计中经常被用到，应能做到熟练掌握和运用。

4.结构图是传递函数的图形化表示形式,它能够直观地表示信号的传递关系。对结构图进行等效变换时,要保持被变换部分的输入量和输出量之间的数学关系不变。

5.信号流图是另外一种用图形表示系统信号流向和关系的数学模型。基于系统的信号流图,通过运用梅森增益公式能够简便、快捷地求出系统的闭环传递函数。

结构图和信号流图都是系统数学模型的图形表达形式。两者在描述系统变量间的传递关系上是等价的,只是表现形式不同。

 习题 2

2.1 建立图 2.47 所示各机械系统的微分方程,其中 $F(t)$ 为外力,$X(t)$、$Y(t)$ 为位移,k 为弹性系数,f 为阻尼系数,m 为质量。忽略重力影响及滑块与地面的摩擦。

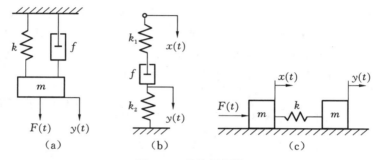

图 2.47　系统原理图

2.2 应用复数阻抗方法求图 2.48 所示各无源网络的传递函数。

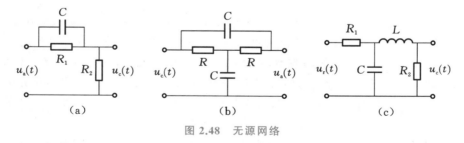

图 2.48　无源网络

2.3 证明图 2.49 中所示的力学系统和电路系统是相似系统(即有相同形式的数学模型)。

2.4 求下列各拉氏变换式的原函数。

(1) $X(s)=\dfrac{e^{-s}}{s-1}$;

(2) $X(s)=\dfrac{2}{s^2+9}$;

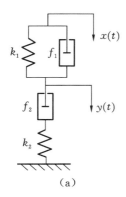

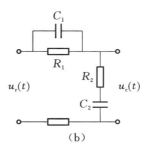

图 2.49　系统原理图

$(3) X(s) = \dfrac{1}{s(s+2)^3(s+3)}$；

$(4) X(s) = \dfrac{s+1}{s(s^2+2s+2)}$。

2.5　已知在零初始条件下，系统的单位阶跃响应为 $c(t) = 1 - 2e^{-2t} + e^{-t}$。试求系统的传递函数和脉冲响应。

2.6　求图 2.50 所示各有源网络的传递函数 $\dfrac{U_c(s)}{U_r(s)}$。

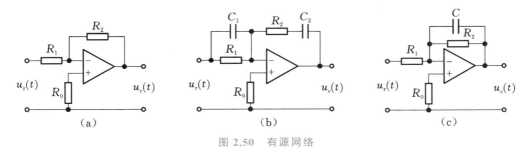

图 2.50　有源网络

2.7　飞机俯仰角控制系统结构图如图 2.51 所示，试求闭环传递函数 $\dfrac{Q_c(s)}{Q_r(s)}$。

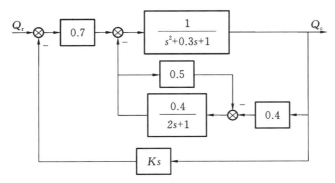

图 2.51　飞机俯仰角控制系统结构图

2.8 绘制图 2.52 所示 RC 无源网络的结构图和信号流图，求传递函数 $\dfrac{U_c(s)}{U_r(s)}$。

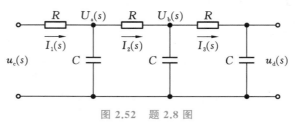

图 2.52　题 2.8 图

2.9 试用结构图等效化简的方法求图 2.53 所示各系统的传递函数 $\dfrac{C(s)}{R(s)}$。

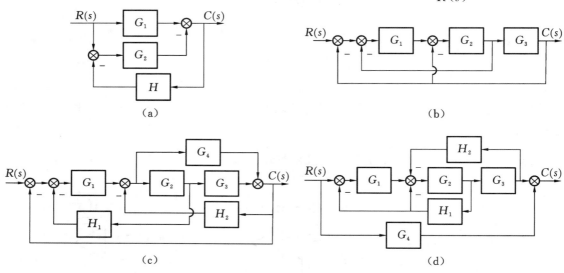

（a）　　　　　　　　　　　　（b）

（c）　　　　　　　　　　　　（d）

图 2.53　题 2.9 图

2.10 试绘制图 2.54 所示系统的信号流图，求传递函数 $\dfrac{C(s)}{R(s)}$。

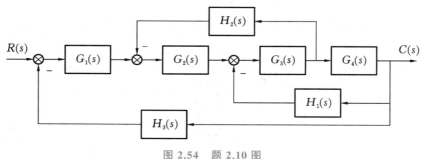

图 2.54　题 2.10 图

2.11 绘制图 2.55 所示信号流图对应的系统结构图，求传递函数 $\dfrac{X_5(s)}{X_1(s)}$。

2.12 应用梅森增益公式求图 2.53 中各结构图对应的闭环传递函数。

2.13 应用梅森增益公式求图 2.56 中各结构图对应的闭环传递函数。

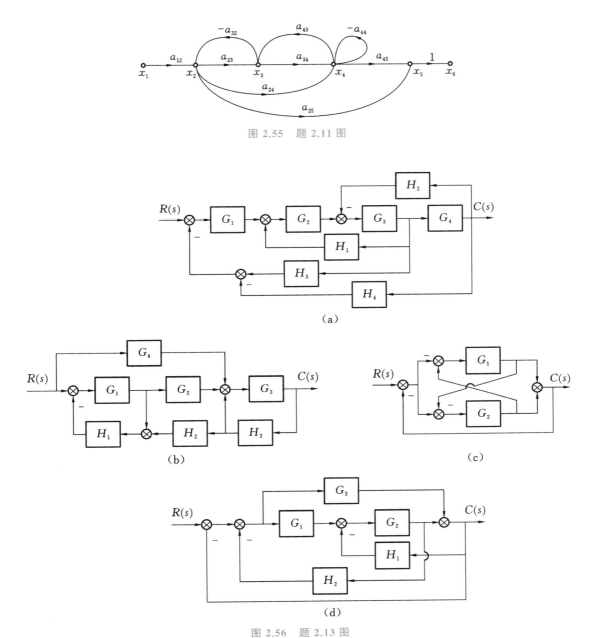

图 2.55 题 2.11 图

（a）

（b）

（c）

（d）

图 2.56 题 2.13 图

2.14 系统结构图如图 2.57 所示，求传递函数 $\dfrac{C(s)}{R(s)}$ 和 $\dfrac{C(s)}{E(s)}$。

2.15 已知系统结构图如图 2.58 所示。图中，$R(s)$ 为输入信号，$N(s)$ 为干扰信号。求传递函数 $\dfrac{C(s)}{R(s)}$ 和 $\dfrac{C(s)}{N(s)}$。

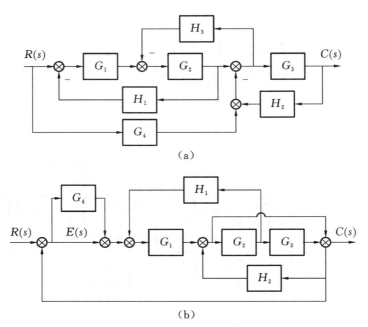

图 2.57 题 2.14 图

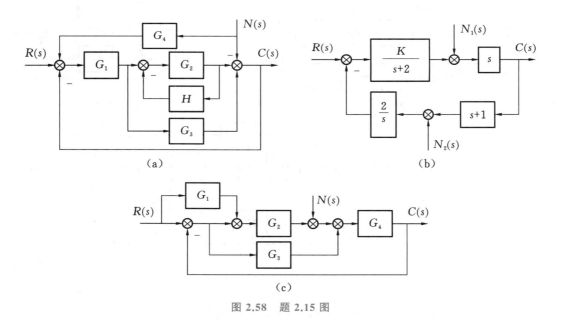

图 2.58 题 2.15 图

第 3 章　线性系统的时域分析

🔑 基本要求 ////

1.掌握时域响应的基本概念,正确理解系统时域响应的五种主要性能指标。

2.掌握一阶系统的数学模型和典型时域响应的特点,并能熟练计算一阶系统性能指标和结构参数。

3.掌握二阶系统的数学模型和典型时域响应的特点,并能熟练计算二阶系统在欠阻尼情况下的性能指标和结构参数;理解一阶、二阶系统动态性能与系统特征参数之间的关系;明确闭环零点、极点分布与系统性能之间的联系。

4.掌握稳定性的定义以及线性定常系统稳定的充要条件,掌握劳斯判据及其应用方法。

5.正确理解稳态误差的定义,熟练掌握用终值定理求稳态误差的方法;熟练掌握静态误差系数法及其适用的条件,明确影响稳态误差的因素,了解减小、消除稳态误差的措施。

6.理解校正的概念;明确反馈校正和复合校正的作用,了解利用这些校正提高系统性能的方法。

微分方程和传递函数是控制系统的常用数学模型。在确定了控制系统的数学模型后,就可以对已知的控制系统进行性能分析,从而得出改进系统性能的方法。对于线性定常连续系统,常用的分析方法有时域法、根轨迹法和频域法。本章重点研究时域分析方法,简单系统的动态性能和稳态性能分析、稳定性分析以及高阶系统运动特性的近似分析等。时域法是最基本的分析方法。该方法引出的概念、方法和结论是以后学习根轨迹法、频域法等其他方法的基础。根轨迹法和频域法将分别在第 4 章和第 5 章进行介绍。

3.1　时域法的典型输入及性能指标

3.1.1　时域法的定义

控制系统时域分析方法,是指给控制系统施加一个特定的输入信号,通过分析控制系统的输出响应来了解系统的性能。由于系统的输出变量一般是时间 t 的函数,因此称这种响应为时域响应,这种分析方法被称为时域法。当然,不同的方法有不同的特点和适用范围,相比较而言,时域法是一种直接在时间域中对系统进行分析的方法,具有直观、准确的优点,并且可以提供系统时间响应的全部信息。但在研究改变系统参数对系统性能指标的影响这一类问题,以及对系统进行校正设计时,时域法非常不方便。

3.1.2　时域法的典型输入信号

为了便于对控制系统的性能进行评价,要在同样的输入条件激励下比较系统时域响应过程及其性能指标。时域法一般采用的典型输入信号如表 3.1 所示。

表 3.1　典型输入信号及其拉氏变换

函数图像	典型信号	时域关系	像函数	复域关系	实例
$f(t)$, O, t	单位脉冲信号 $f(t)=\delta(t)$		1		撞击 后坐力 电脉冲
$f(t)$, 1, O, t	单位阶跃信号 $f(t)=\begin{cases}1 & (t\geqslant 0)\\ 0 & (t<0)\end{cases}$	$\dfrac{\mathrm{d}}{\mathrm{d}t}$	$\dfrac{1}{s}$	$\times s$	开关量
$f(t)$, t, O, t	单位斜坡信号 $f(t)=\begin{cases}t & (t\geqslant 0)\\ 0 & (t<0)\end{cases}$		$\dfrac{1}{s^2}$		等速跟踪
$f(t)$, $\frac{1}{2}t^2$, O, t	单位加速度信号 $f(t)=\begin{cases}t^2/2 & (t\geqslant 0)\\ 0 & (t<0)\end{cases}$		$\dfrac{1}{s^3}$		

实际应用中采用哪一种典型输入信号取决于系统常见的工作状态。同时,在所有可能的输入信号中,往往选取最不利的信号作为系统的典型输入信号,这样更能凸显系统的性能。

在同一系统中,不同形式的输入信号所对应的输出响应是不同的,但对于线性控制系统来说,它们所表征的系统性能是一致的。通常以最简单的单位阶跃函数作为典型输入信号,这样可在统一的基础上对各种控制系统的性能进行比较和研究。

3.1.3　系统的时域响应全过程

任何一个控制系统在典型信号作用下的时间响应都由动态过程和稳态过程两个部分组成。

动态过程是系统在典型信号作用下,从初始状态到最终稳定状态的调节过程。根据系统结构和参数选择的情况,动态过程表现为衰减、发散和振荡等几种形式。一个可以正常工作的控制系统的动态过程必须衰减,也就是说,系统必须是稳定的。系统的动态过程可以提供稳定性、响应速度、阻尼情况等信息,这些都可以通过系统的动态性能来描述。

稳态过程是系统在典型信号作用下,时间趋于无穷时输出量的表现形式。稳态过程反映系统输出量最终复现输入量的过程。它提供了稳态误差的信息,用系统的稳态性能来描述。由此可见,任何控制系统在典型信号作用下的性能指标可由描述动态过程的动态性能指标和反映稳态过程的稳态性能指标两个部分组成。

在外作用激励下,系统从一种稳定状态转换到另一种稳定状态需要经历一定的时间。响应过程分为动态过程(也称为过渡过程)和稳态过程,系统的动态性能指标和稳态性能指标就是分别针对这两个阶段定义的。

3.1.4　系统的时域性能指标

1.动态性能指标

动态性能指标是描述稳定的系统在单位阶跃信号作用下,动态过程随时间 t 的变化状况的指标。一般认为,阶跃输入对系统来说是一种比较严峻的工作状态。如果系统在阶跃函数作用下的动态性能满足要求,那么系统在其他形式的输入作用下,动态性能一般也能满足要求。在大多数情况下,为了分析研究方便,最常采用的典型输入信号是单位阶跃函数,并在零初始条件下进行研究。一个稳定系统的典型阶跃响应及动态性能指标如图 3.1 所示。

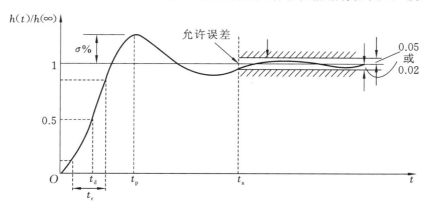

图 3.1　系统的典型阶跃响应及动态性能指标

动态性能指标通常有以下几项。

(1) 延迟时间 t_d:阶跃响应第一次达到终值 $h(\infty)$ 的 50% 所需的时间。

(2) 上升时间 t_r:阶跃响应从终值的 10% 上升到终值的 90% 所需的时间。对于有振荡的系统,上升时间 t_r 也可定义为从 0 到第一次达到终值所需的时间。

(3) 峰值时间 t_p:阶跃响应越过终值 $h(\infty)$ 达到第一个峰值所需的时间。

(4) 调节时间 t_s:阶跃响应到达并保持在终值 $h(\infty)$ 的 $\pm5\%$ 误差带内所需的最短时间。有时也用终值的 $\pm2\%$ 误差带来定义调节时间 t_s。本书以后所说的调节时间均以终值的 $\pm5\%$ 误差带定义。

(5) 超调量 $\sigma\%$:峰值 $h(t_p)$ 超出终值 $h(\infty)$ 的百分比,即

$$\sigma\% = \frac{h(t_p) - h(\infty)}{h(\infty)} \times 100\% \tag{3.1}$$

上述动态性能指标基本上可以体现系统动态过程的特征。在实际应用中,常用的动态性能指标多为峰值时间、调节时间和超调量。通常用上升时间或峰值时间来评价系统的响应速度,用超调量评价系统的阻尼程度,调节时间是同时反映响应速度和阻尼程度的综合指标。

2.稳态性能指标

当响应时间大于调节时间时,系统进入稳态过程。

稳态性能指标是表征控制系统准确性的性能指标，是一项重要的技术指标。稳态误差是指稳态情况下系统输出量的期望值与实际值之差，如果这个差值是常数，则称为静态误差，简称静误差或静差。

$$e_{ss} = \lim e(t) \tag{3.2}$$

稳态误差是系统控制精度（准确性）或抗扰动能力的一种度量。

各动态指标之间是有联系的，正是由于这些指标之间存在联系，当调整系统参数以改善系统的动态性能时，可能导致这些动态性能之间发生矛盾，不可能对各项指标都提出要求。在一般情况下，分析一个控制系统主要从稳定性、动态性能和稳态性能三个方面来考虑。这些性能的衡量标准及详细指标参数如图 3.2 所示。

图 3.2　系统性能指标（时域性能）

例如，民航客机要求飞行平稳，不允许有超调；歼击机要求机动灵活，响应迅速，允许有适当的超调；对于一些启动之后便需要长期运行的生产过程（如化工过程等），往往更强调稳态精度。

3.2　一阶系统的时域响应及动态性能

3.2.1　一阶系统传递函数的标准形式及单位阶跃响应

一阶系统的典型结构图如图 3.3 所示，其中 K 是开环增益。

写出该系统的闭环传递函数，有

$$\Phi(s) = \frac{K}{s+K} = \frac{1}{Ts+1}$$

令 $T=1/K$，当闭环传递函数化成尾 1 标准型时，分母 s 前面的系数 T 称为时间常数。时间常数 T 是一阶系统的特征参数。传递函数的分母是特征多项式，令特征多项式等于零，此时根是特征根。一阶系统特征根为 $-1/T$，输出的拉氏变换是 $C(s)$，等于把 $\Phi(s)$ 乘以 $R(s)$ 单位阶跃输入，$R(s)$ 等于 $1/s$，写成部分分式的形式，对输出拉氏变换进行反拉氏变换，得到一阶系统的单位阶跃响应为

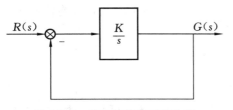

图 3.3　一阶系统的典型结构图

$$C(s) = \Phi(s)R(s) = \frac{1}{Ts+1} \cdot \frac{1}{s} = \frac{1}{s} - \frac{1}{s+1/T}$$

单位阶跃响应特征符号用 $h(t)$ 表示

$$h(t) = L^{-1}[C(s)] = 1 - \mathrm{e}^{-\frac{t}{T}}$$

有了一阶系统的单位阶跃响应的表达式,就可以计算一阶系统的动态性能。

3.2.2　一阶系统动态性能指标计算

惯性环节的闭环传递函数为

$$\Phi(s) = \frac{1}{Ts+1}$$

一阶系统的单位阶跃响应如图 3.4 所示。

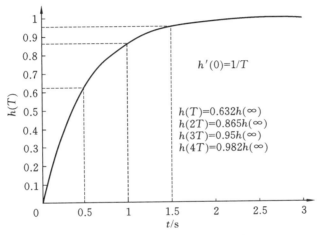

图 3.4　一阶系统的单位阶跃响应

由一阶系统的单位阶跃响应表达式可以看出,一阶系统的单位阶跃响应呈现为单调的指数上升曲线,求响应的一阶导数,响应的初值等于 0,响应的终值等于 1。响应的初始斜率是 $1/T$,由于响应是单调上升曲线,因此对于动态性能指标,只需要计算调节时间。令响应的值等于 0.95,推导出一阶系统调节时间的计算公式为 $t_s = 3T$。

$$h(t) = 1 - \mathrm{e}^{-\frac{1}{T}t} \qquad \begin{cases} h(0) = 0 \\ h(\infty) = 1 \\ h'(0) = 1/T \end{cases}$$

$$h'(t) = \frac{1}{T}\mathrm{e}^{-\frac{1}{T}t}$$

$$h(t_s) = 1 - \mathrm{e}^{-\frac{t_s}{T}} = 0.95$$

$$\mathrm{e}^{-\frac{t_s}{T}} = 1 - 0.95 = 0.05$$

$$t_s = -T\ln 0.05 = 3T$$

一阶系统闭环极点的分布如图 3.5 所示。时间常数越大,闭环极点离虚轴越近;时间常数越小,闭环极点离虚轴越远。

当时间常数 T 分别为 1、2、3、4 时,一阶系统的阶跃响应曲线图如图 3.6 所示。从图 3.6 中可以看出,时间常数越大,闭环极点离虚轴越近,过渡过程的时间常数越小;闭环极点离虚轴越远,过渡过程越短,调节时间越短。

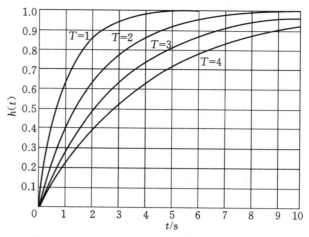

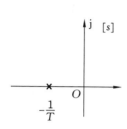

图 3.5　闭环极点分布

图 3.6　一阶系统阶跃阶跃响应随 T 变化的趋势

3.2.3　一阶系统其他典型输入响应

可以用同样的方法求出在其他典型信号输入下系统的响应,如表 3.2 所示。由表 3.2 可以看出,输入信号是积分或微分的关系,它们的响应也是积分或微分的关系。对于线性定常系统有这样的定理:线性定常系统对某一典型输入信号的微分或积分的响应,就等于系统对该输入信号响应的微分或积分。

表 3.2　一阶系统典型输入响应

$r(t)$	$R(s)$	$C(s)=\Phi(s)R(s)$	$c(t)$	一阶系统典型响应
$\delta(t)$	1	$\dfrac{1}{Ts+1}=\dfrac{\frac{1}{T}}{s+\frac{1}{T}}$	$k(t)=\dfrac{1}{T}\mathrm{e}^{-t/T}$	$k(0)=\dfrac{1}{T}$ $k'(0)=-\dfrac{1}{T^2}$ $k(T)=0.368/T$
$1(t)$	$\dfrac{1}{s}$	$\dfrac{1}{Ts+1}\cdot\dfrac{1}{s}=\dfrac{1}{s}-\dfrac{1}{s+\frac{1}{T}}$	$h(t)=1-\mathrm{e}^{-t/T}$	$h'(0)=1/T$ $h(T)=0.632h(\infty)$ $h(2T)=0.865h(\infty)$ $h(3T)=0.950h(\infty)$ $h(4T)=0.982h(\infty)$
t	$\dfrac{1}{s^2}$	$\dfrac{1}{Ts+1}\cdot\dfrac{1}{s^2}=\dfrac{1}{s^2}-T\left[\dfrac{1}{s}-\dfrac{1}{s+\frac{1}{T}}\right]$	$c(t)=t-T(1-\mathrm{e}^{-t/T})$	

【例 3.1】　某温度计插入温度恒定的热水后,所显示的温度随时间变化的规律为 $h(t)=1-\mathrm{e}^{-\frac{t}{T}}$。实验测得,当 $t=60\,\mathrm{s}$ 时温度计示值达到实际水温的 95%,试确定该温度计的传递函数。

解　依题意,温度计的调节时间为

$$t_s=60\,\mathrm{s}=3T$$

故得
$$T=20\,\mathrm{s}$$

$$h(t)=1-\mathrm{e}^{-\frac{t}{T}}=1-\mathrm{e}^{-\frac{t}{20}}$$

由线性系统性质可得

$$k(t)=h'(t)=\frac{1}{20}\mathrm{e}^{-\frac{t}{20}}$$

由传递函数性质可得

$$\Phi(s)=L[k(t)]=\frac{1}{20s+1}$$

【例 3.2】　系统结构图如图 3.7 所示,现采用负反馈方式,欲将系统调节时间减小到原来的 10%,且保证原放大倍数不变,试确定参数 K_0 和 K_H 的取值。

解　依题意有

$$G(s)=\frac{10}{0.2s+1}\qquad\begin{cases}T=0.2\\K=10\end{cases}$$

闭环控制系统应满足
$$\begin{cases}T^*=0.1T=0.02\\K^*=K=10\end{cases}$$

$$\Phi(s)=\frac{K_0G(s)}{1+K_HG(s)}=\frac{\dfrac{10K_0}{0.2s+1}}{1+\dfrac{10K_H}{0.2s+1}}=\frac{10K_0}{0.2s+1+10K_H}=\frac{\dfrac{10K_0}{1+10K_H}}{\dfrac{0.2}{1+10K_H}s+1}$$

$$\begin{cases}\dfrac{0.2}{1+10K_H}=T^*=0.02\\[2mm]\dfrac{10K_0}{1+10K_H}=K^*=10\end{cases}\qquad\begin{cases}K_H=0.9\\K_0=10\end{cases}$$

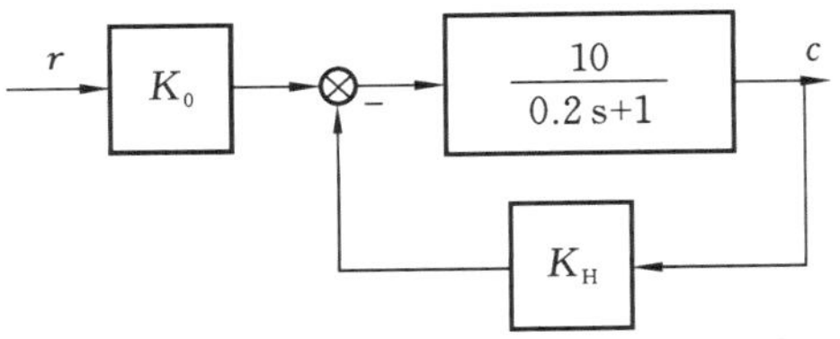

图 3.7　例 3.2 系统结构图 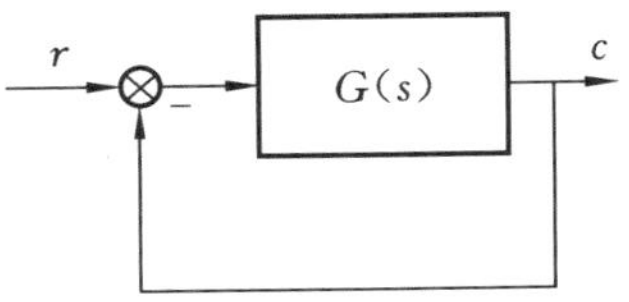　　　　　　　图 3.8　例 3.3 系统结构图

【例 3.3】　如图 3.8 所示,其单位反馈系统的单位阶跃响应为 $h(t)=1-\mathrm{e}^{-at}$,试求 $\Phi(s)$、$k(t)$、$G(s)$。

解
$$k(t)=h'(t)=[1-\mathrm{e}^{-at}]'=a\mathrm{e}^{-at}$$

$$\Phi(s)=L[k(t)]=\frac{a}{s+a}$$

$$\Phi(s)=\frac{G(s)}{1+G(s)}$$

$$\Phi(s)[1+G(s)]=G(s)$$
$$G(s)-\Phi(s)G(s)=\Phi(s)$$
$$G(s)=\frac{\Phi(s)}{1-\Phi(s)}$$

$$G(s)=\frac{\Phi(s)}{1-\Phi(s)}=\frac{\dfrac{a}{s+a}}{1-\dfrac{a}{s+a}}=\frac{a}{s}$$

3.3 二阶系统的时域响应及动态性能

3.3.1 二阶系统传递函数的标准形式

常见二阶系统的结构图如图 3.9 所示。

写出开环传递函数,将开环传递函数化成尾 1 标准型, 前面的系数称为开环增益 K。

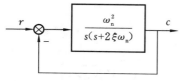

$$G(s)=\frac{\omega_{\mathrm{n}}^2}{s(s+2\xi\omega_{\mathrm{n}})},\quad K=\frac{\omega_{\mathrm{n}}}{2\xi}$$

写出闭环传递函数,$\Phi(s)$ 等于 $G(s)$ 除以 $1+G(s)$,即

$$\Phi(s)=\frac{G(s)}{1+G(s)}$$

图 3.9 常见二阶系统的结构图

$$G(s)=\frac{\omega_{\mathrm{n}}^2}{s^2+2\xi\omega_{\mathrm{n}}s+\omega_{\mathrm{n}}^2}$$

式中:ξ 表示阻尼比;

ω_{n} 表示无阻尼自然频率。

闭环传递函数的分母是特征多项式,令特征多项式等于零是特征方程,特征方程的根就是特征根。

$$D(s)=s^2+2\xi\omega_{\mathrm{n}}s+\omega_{\mathrm{n}}^2=0$$
$$\lambda_{1,2}=-\xi\omega_{\mathrm{n}}\pm\omega_{\mathrm{n}}\sqrt{\xi^2-1}$$

系统有两个特征根。由特征根表达式可以看出:当阻尼比 ξ 不同时,特征根的性质不同。因此,二阶系统是按阻尼比 ξ 不同的取值进行分类的。

3.3.2 二阶系统的分类

二阶系统按照阻尼比 ξ 分类。

(1) $\xi=0$:零阻尼,$\lambda_{1,2}=\pm\mathrm{j}\omega_{\mathrm{n}}$。

(2) $0<\xi<1$:欠阻尼,$\lambda_{1,2}=-\xi\omega_{\mathrm{n}}\pm\mathrm{j}\sqrt{1-\xi^2}\,\omega_{\mathrm{n}}$。

(3) $\xi>1$:过阻尼,$\lambda_{1,2}=-\xi\omega_{\mathrm{n}}\pm\sqrt{\xi^2-1}\,\omega_{\mathrm{n}}$。

(4) $\xi=1$:临界阻尼,$\lambda_1=\lambda_2=-\omega_{\mathrm{n}}$。

当阻尼比 $\xi>1$ 时,系统称为过阻尼二阶系统。此二阶系统有两个不相等的负实根。

当阻尼比 $\xi = 1$ 时,系统称为临界阻尼二阶系统,此二阶系统具有两个相等的负实根。

当阻尼比 $0 < \xi < 1$ 时,系统称为欠阻尼二阶系统,此二阶系统的特征值是一对具有负实部的共轭复根。

当阻尼比 $\xi = 0$ 时,称为零阻尼二阶系统,闭环极点是一对纯虚根。

典型二阶系统的单位阶跃响应曲线如图 3.10 所示,过阻尼和临界阻尼的单位阶跃响应形式是单调递增曲线,欠阻尼的单位阶跃响应形式是振荡衰减,零阻尼的单位阶跃响应形式是等幅振荡。

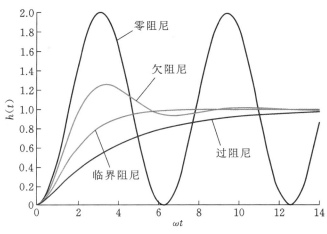

图 3.10　典型二阶系统的单位阶跃响应

3.3.3　过阻尼和临界阻尼二阶系统动态性能指标计算

写出闭环传递函数:

$$\Phi(s) = \frac{\omega_n^2}{s^2 + 2\xi\omega_n s + \omega_n^2}, \quad \xi \geq 1$$

过阻尼二阶系统有两个不相等的特征根,分别用 $-1/T_1$ 和 $-1/T_2$ 表述。如果 $T_1 > T_2$,那么闭环极点 $-1/T_1$ 比闭环极点 $-1/T_2$ 距离虚轴更近。

$$\lambda_1 = -\xi\omega_n + \sqrt{\xi^2 - 1}\,\omega_n = -1/T_1$$

$$\lambda_2 = -\xi\omega_n - \sqrt{\xi^2 - 1}\,\omega_n = -1/T_2$$

$$\Phi(s) = \frac{\omega_n^2}{\left(s + \dfrac{1}{T_1}\right)\left(s + \dfrac{1}{T_2}\right)} = \frac{\omega_n^2}{s^2 + \left(\dfrac{1}{T_1} + \dfrac{1}{T_2}\right)s + \dfrac{1}{T_1 T_2}}$$

从总特征方程可以得出无阻尼自然频率 ω_n 和 T_1、T_2 的关系,以及阻尼比 ξ 和 T_1、T_2 的关系。可以看出,阻尼比 ξ 是 T_1、T_2 的函数,可写出 $\xi = f\left(\dfrac{T_1}{T}\right)$。

$$\begin{cases} T_1 = \dfrac{1}{\omega_n} \cdot \dfrac{1}{\xi - \sqrt{\xi^2 - 1}} \\ T_2 = \dfrac{1}{\omega_n} \cdot \dfrac{1}{\xi + \sqrt{\xi^2 - 1}} \end{cases}, \quad T_1 > T_2$$

$$\begin{cases} \omega_n = \dfrac{1}{\sqrt{T_1 T_2}} \\ \xi = \dfrac{\dfrac{1}{T_1} + \dfrac{1}{T_2}}{2\omega_n} = \dfrac{1 + T_1/T_2}{2\sqrt{T_1/T_2}} = f_1(T_1/T_2) \end{cases}$$

输出的拉氏变换 $C(S) = \Phi(s) \times R(s)$，单位阶跃输入 $R(s) = 1/s$，对 $C(s)$ 求拉氏反变换，得出过阻尼二阶系统的单位阶跃响应的表达式。

$$C(s) = \Phi(s)\frac{1}{s} = \frac{\omega_n^2}{s\left(s + \dfrac{1}{T_1}\right)\left(s + \dfrac{1}{T_2}\right)}$$

$$= \frac{1}{s} + \frac{1}{\dfrac{T_2}{T_1} - 1} \cdot \frac{1}{s + \dfrac{1}{T_1}} + \frac{1}{\dfrac{T_1}{T_2} - 1} \cdot \frac{1}{s + \dfrac{1}{T_2}}$$

由表达式可以看出，过阻尼二阶系统的阶跃响应形式是无振荡且单调上升的曲线。超调量等于零，只需要计算调节时间。如果令响应值等于 0.95，则可以推出无量纲的调节时间 t_s/T_1 的值是 T_1/T_2 的函数。T_1/T_2 取不同的值，将无量纲的调节时间 t_s/T_1 的值化为图 3.11 所示的曲线，就得到过阻尼二阶系统的调节时间的特性。

$$h(t) = 1 + \frac{1}{\dfrac{T_2}{T_1} - 1} \cdot e^{-\frac{1}{T_1}t} + \frac{1}{\dfrac{T_1}{T_2} - 1} \cdot e^{-\frac{1}{T_2}t}$$

$$h(t_s) = 1 + \frac{1}{\dfrac{T_2}{T_1} - 1} \cdot e^{-\frac{t_s}{T_1}} + \frac{1}{\dfrac{T_1}{T_2} - 1} \cdot e^{-\frac{T_1}{T_2}\frac{t_s}{T_1}} = 0.95$$

$$\frac{t_s}{T_1} = f_2\left(\frac{T_1}{T_2}\right) = f(\xi)$$

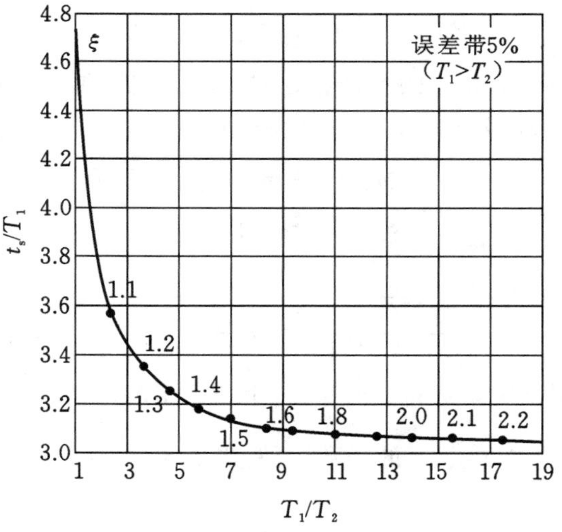

图 3.11　过阻尼二阶系统的调节时间特性

曲线上的点是对应的阻尼比 ξ 的值。因此，对于过阻尼二阶系统，调节时间的计算方法是：先求出 T_1/T_2 的值，查图 3.11 得出 t_s/T_1 的值，再乘以 T_1 就是调节时间 t_s。该方法对临界阻尼系统也适用，临界阻尼 $T_1/T_2=1$，查图 3.11，无量纲的调节时间 t_s/T_1 是 4.75，调节时间就等于 $4.75 \times T_1$。

下面分析过阻尼二阶系统调节时间与阻尼比 ξ 的关系。当无阻尼自然频率 ω_n 为 1 时，由图 3.12 可以看出，当阻尼比 ξ 增加时，调节时间 t_s 增加；当阻尼比 ξ 减小时，调节时间 t_s 减小；当阻尼比 $\xi=1$ 时，调节时间 t_s 最小。当自然频率 $\omega_n=1$，阻尼比 $\xi=1、2、3、4$ 时，系统的单位阶跃响应曲线如图 3.13 所示。从图 3.13 中可以看出，当阻尼比越来越大时，调节时间越来越长；当阻尼比越来越小时，调节时间越来越短；当阻尼比等于 1，即处于临界阻尼状态时，调节时间最短。

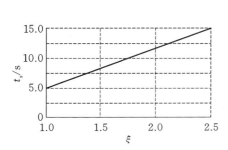

图 3.12　调节时间随阻尼比变化的规律（$\omega_n=1$）

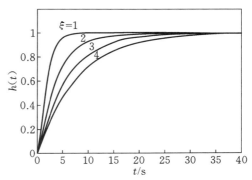

图 3.13　$\omega_n=1$，$\xi=1、2、3、4$ 时系统的
单位阶跃响应

【例 3.4】　某系统闭环传递函数为 $\Phi(s)=\dfrac{16}{s^2+10s+16}$，计算系统的动态性能指标。

解

$$\Phi(s)=\frac{16}{s^2+10s+16}=\frac{16}{(s+2)(s+8)}=\frac{\omega_n^2}{(s+1/T_1)(s+1/T_2)}$$

$$\begin{cases}\omega_n=4 \\ 2\xi\omega_n=10\end{cases} \rightarrow \xi=1.25>1$$

$$T_1=\frac{1}{2}=0.5 \text{ s}, \quad T_2=\frac{1}{8}=0.125 \text{ s}$$

$$T_1/T_2=0.5/0.125=4$$

$$\xi=\frac{1+(T_1/T_2)}{2\sqrt{T_1/T_2}}=1.25$$

查图 3.11 可得

$$\frac{t_s}{T_1}=3.3$$

$$t_s=3.3T_1=3.3\times0.5=1.65 \text{ s}$$

由闭环传递函数可以求出两个闭环的极点：一个是 -2，另一个是 -8。将传递函数化成首 1 标准型，得到 $\omega_n=4$，进而推出阻尼比 $\xi=1.25$。$\xi>1$，系统处在过阻尼状态，取 $T_1=1/2$，当 $T_2=1/8$，$T_1/T_2=4$ 时，由阻尼比 ξ 公式求出阻尼比 $\xi=1.25$，和前面求出的结果一致。查图 3.11 可得 $T_1/T_2=4$ 时，$t_s/T_1=3.3$，$t_s=3.3T_1=1.65 \text{ s}$。

3.3.4 欠阻尼二阶系统动态性能指标计算

1.欠阻尼二阶系统极点的表示方法

欠阻尼二阶系统极点如图 3.14 所示。它有两种表示方法。第一种为直角坐标的表示方法，闭环极点用实部、虚部来表示。实部是 $-\xi\omega_n$，用 σ 表示；虚部是 $\sqrt{1-\xi^2}\,\omega_n$，用 ω_d 表示，$\sqrt{1-\xi^2}\,\omega_n$ 也称为阻尼振荡频率。

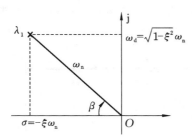

$$\lambda_{1,2}=\sigma\pm j\omega_d=-\xi\omega_n\pm j\sqrt{1-\xi^2}\,\omega_n$$

第二种是极坐标的表示方法。闭环极点到原点的模是无阻尼自然频率 ω_n，极点与正实轴的夹角称为阻尼角，阻尼角方向沿正实轴顺时针方向，不是传统意义上的极坐标。由图 3.14 可知，$\cos\beta=\xi$，$\sin\beta=\sqrt{1-\xi^2}$，β 越大，ξ 越小，β 越小，ξ 越大。

图 3.14 欠阻尼二阶系统极点表示

$$\begin{cases} |\lambda|=\omega_n \\ \angle\lambda=\beta \end{cases} \qquad \begin{cases} \cos\beta=\xi \\ \sin\beta=\sqrt{1-\xi^2} \end{cases}$$

2.欠阻尼二阶系统的单位阶跃响应

要求欠阻尼二阶系统的单位阶跃响应，需要先写出输出的拉氏变换式，$\Phi(s)$ 用标准型代入，$R(s)$ 为单位阶跃 $1/s$，将该式用部分分式法表示，则乘积运算变换成加减运算，如下所示。

$$C(s)=\Phi(s)R(s)=\frac{\omega_n^2}{s^2+2\xi\omega_n s+\omega_n^2}\cdot\frac{1}{s}$$

$$=\frac{[s^2+2\xi\omega_n s+\omega_n^2]-s(s+2\xi\omega_n)}{s(s^2+2\xi\omega_n s+\omega_n^2)}$$

$$=\frac{1}{s}-\frac{s+2\xi\omega_n}{(s+\xi\omega_n)^2+(1-\xi^2)\omega_n^2}$$

$$=\frac{1}{s}-\frac{s+\xi\omega_n}{(s+\xi\omega_n)^2+(1-\xi^2)\omega_n^2}-\frac{\xi\omega_n}{(s+\xi\omega_n)^2+(1-\xi^2)\omega_n^2}$$

$$=\frac{1}{s}-\frac{s+\xi\omega_n}{(s+\xi\omega_n)^2+(1-\xi^2)\omega_n^2}-\frac{\xi}{\sqrt{1-\xi^2}}\cdot\frac{\sqrt{1-\xi^2}\,\omega_n}{(s+\xi\omega_n)^2+(1-\xi^2)\omega_n^2}$$

由 $\sin\omega t$、$\cos\omega t$ 的拉氏变换公式及复位移定理，得到系统单位阶跃响应 $h(t)$ 的表达式。由于 $\xi=\cos\beta$、$\sqrt{1-\xi^2}=\sin\beta$，再利用三角函数公式，就得到 $h(t)$ 表达式。

$$h(t)=1-e^{-\xi\omega_n t}\cos(\sqrt{1-\xi^2}\,\omega_n t)-\frac{\xi}{\sqrt{1-\xi^2}}e^{-\xi\omega_n t}\sin(\sqrt{1-\xi^2}\,\omega_n t)$$

$$=1-\frac{e^{-\xi\omega_n t}}{\sqrt{1-\xi^2}}\left[\sqrt{1-\xi^2}\cos(\sqrt{1-\xi^2}\,\omega_n t)+\xi\sin(\sqrt{1-\xi^2}\,\omega_n t)\right]$$

$$=1-\frac{e^{-\xi\omega_n t}}{\sqrt{1-\xi^2}}\sin\left(\sqrt{1-\xi^2}\,\omega_n t+\arctan\frac{\sqrt{1-\xi^2}}{\xi}\right)$$

由上述表达式可以看出，系统单位阶跃响应呈振荡衰减。图 3.15 是典型欠阻尼二阶系统的单位阶跃响应，ξ 为不同值的单位阶跃响应曲线。可以看出，ξ 越小，振荡的幅度越大，$\xi=0$

时,是零阻尼,呈等幅振荡。

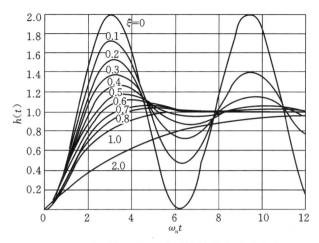

图 3.15　典型欠阻尼二阶系统的单位阶跃响应

3.欠阻尼二阶系统动态性能指标计算

（1）峰值时间 t_p。

$$h'(t)=k(t)=0$$

前面学过,单位阶跃响应一阶导数是单位脉冲响应,单位脉冲响应是传递函数的拉氏反变换,代入二阶系统传递函数的标准型,由于峰值点是极值点,因此,$h'(t)=0$,得到

$$\sin(1-\sqrt{1-\xi^2}\,\omega_n t)=0$$

由峰值时间定义得到

$$t_p=\frac{\pi}{\sqrt{1-\xi^2}\,\omega_n}$$

峰值时间 t_p 与阻尼比 ξ 和自然频率 ω_n 都有关系。

（2）超调量 $\sigma\%$。

将峰值时间 t_p 代入 $h(t)$ 表达式,得出峰值

$$h(t_p)=1+e^{-\xi\pi/\sqrt{1-\xi^2}}$$

根据超调量的定义,得出超调量的表达式

$$\sigma\%=\frac{h(t_p)-h(\infty)}{h(\infty)}\times100\%=e^{-\xi\pi/\sqrt{1-\xi^2}}\times100\%$$

由上述表达式可以看出,超调量只与阻尼比 ξ 有关。

作出欠阻尼二阶系统超调量 $\sigma\%$ 与阻尼比 ξ 的关系曲线,如图 3.16 所示。由图 3.16 可看出,阻尼比 ξ 越大,超调量 $\sigma\%$ 越小;阻尼比 ξ 越小,超调量 $\sigma\%$ 越大。

（3）调节时间 t_s。

在二阶系统单位阶跃响应 $h(t)$ 的表达式中,当正弦函数取极值 ±1 时,得到二阶系统单位阶跃响应的上下包络线,系统真实的响应在上下包络线之间。为了计算方便,调节时间定义为包络线进入 $\pm5\%$ 误差带的时间,因为实际响应在包络线之间,所以实际调节时间要小于包络线调节时间。令上包络线等于 1.05,或令下包络线等于 0.95,推导出调节时间的计算公式。当

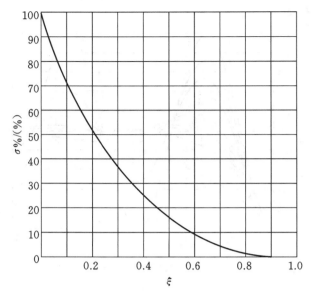

图 3.16 欠阻尼二阶系统 $\sigma\%$ 与 ξ 的关系曲线

$0.3 < \xi = 0 < 0.8$ 时,有

$$\left| 1 + \frac{\mathrm{e}^{-\xi\omega_\mathrm{n}t}}{\sqrt{1-\xi^2}} - 1 \right| = \frac{\mathrm{e}^{-\xi\omega_\mathrm{n}t}}{\sqrt{1-\xi^2}} = 0.05$$

$$t_\mathrm{s} = -\frac{\ln 0.05 + \dfrac{1}{2}\ln(1-\xi^2)}{\xi\omega_\mathrm{n}} \approx \frac{3.5}{\xi\omega_\mathrm{n}} \quad (0.3 < \xi < 0.8)$$

可以看出,调节时间与阻尼比 ξ 和无阻尼自然频率 ω_n 都有关系。

按上式计算出的调节时间比较保守。当 $\xi\omega_\mathrm{n}$ 一定时,调节时间 t_s 实际上随阻尼比 ξ 有所变化。图 3.17 给出了当 $T = 1/\omega_\mathrm{n}$ 时,t_s 与 ξ 的关系曲线。可以看出,当 $\xi = 0.707(\beta = 45°)$ 时,$t_\mathrm{s} \approx 2T$,实际调节时间最短,超调量又不大($\sigma\% = 4.33\% \approx 5\%$),所以一般称 $\xi = 0.707$ 为最佳阻尼比。

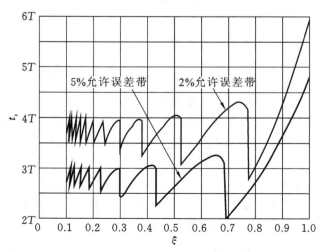

图 3.17 t_s 与 ξ 之间的关系曲线

【**例 3.5**】 控制系统结构图如图 3.18 所示,开环增益 $K=10$ 时,求系统的动态性能指标,确定使系统阻尼比 $\xi=0.707$ 的 K 值。

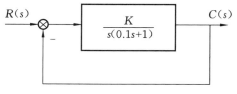

图 3.18 控制系统结构图

解 (1) 由系统结构图写出开环传递函数 $G(s)$ 为

$$G(s)=\frac{K}{s(0.1s+1)}$$

系统单位负反馈,写出闭环传递函数 $\Phi(s)$,并将 $K=10$ 代入,得

$$\Phi(s)=\frac{G(s)}{1+G(s)}=\frac{100}{s^2+10s+100}$$

跟二阶系统闭环传递函数标准型比较,得到 ξ 和 ω_n 的值

$$\begin{cases}\omega_n=\sqrt{100}=10\\\xi=\dfrac{10}{2\times10}=0.5\quad(\beta=60°)\end{cases}$$

$\xi=0.5$,是欠阻尼,将 ξ 和 ω_n 代入在欠阻尼状态下峰值时间、超调量、调节时间的公式,计算出系统的动态性能指标,有

$$t_p=\frac{\pi}{\sqrt{1-\xi^2}\,\omega_n}=0.363$$

$$\sigma\%=e^{-\xi\pi/\sqrt{1-\xi^2}}=16.3\%$$

$$t_s\approx\frac{3.5}{\xi\omega_n}=0.7$$

作出系统单位阶跃响应曲线,如图 3.19 所示。可看出,系统单位阶跃响应曲线呈振荡衰减。

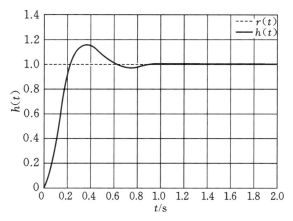

图 3.19 系统单位阶跃响应

(2)写出闭环传递函数 $\Phi(s)$,并跟二阶系统闭环传递函数标准型作比较。

$$\Phi(s)=\frac{10K}{s^2+10s+10K}=\frac{\omega_n^2}{s^2+2\xi\omega_ns+\omega_n^2}$$

得到

$$\begin{cases} \omega_n = \sqrt{10K} \\ \xi = \dfrac{10}{2\sqrt{10}\,K} \end{cases}$$

令 $\qquad\qquad\qquad\qquad\qquad \xi = 0.707$

得 $\qquad\qquad\qquad\qquad\qquad K = \dfrac{100\times 2}{4\times 10} = 5$

令 $\xi = 0.707$，算出 $K = 5$。$\xi = 0.707$ 称为最佳阻尼比。

4.欠阻尼二阶系统动态性能随闭环极点位置分布的变化规律

欠阻尼二阶系统动态性能随闭环极点位置分布的变化规律如图 3.20 所示。

当闭环极点位于 λ_1 时，为了方便分析，将单极点对应的欠阻尼二阶系统时域的响应曲线图应用到复平面。闭环极点的横坐标 $\sigma = -\xi\omega_n$，纵坐标 $\sigma = -\xi\omega_n$。从欠阻尼单位阶跃响应 $h(t)$ 表达式可以看出，闭环极点的横坐标决定了包络线的收敛速度。闭环极点离虚轴越远，包络线衰减的速度越快，调节时间就越短；闭环极点离虚轴越近，包络线衰减的速度越慢，调节时间就越长。闭环极点的纵坐标是欠阻尼二阶系统的振荡频率，闭环极点的纵坐标距离实轴越远，振荡频率越大，峰值时间 t_p 越短。

当闭环极点位于 λ_2 时，同样，为了方便分析，将时域的响应曲线图应用到复平面。此时，λ_2 和 λ_1 的横坐标一样，包络线衰减的速度一样，调节时间相同，λ_2 比 λ_1 的纵坐标扩大 1 倍，说明 λ_2 比 λ_1 的振荡频率快，在同样的时间内，λ_1 波动 1 次，λ_2 波动 2 次。所以，峰值时间 t_p 会提前，λ_2 比 λ_1 阻尼角大，阻尼比 ξ 减小，λ_2 比 λ_1 超调量大。

当闭环极点位于 λ_3 时，由于 λ_3 和 λ_1 位于等阻尼线上，阻尼角、阻尼比相同，所以两个系统的超调量是一样的，λ_3 比 λ_1 横坐标大 1 倍，包络线衰减的速度快，调节时间缩短。同时，λ_3 比 λ_1 纵坐标大 1 倍，对应的振荡频率也快一些，峰值时间 t_p 也会提前。

当闭环极点位于 λ_4 时，跟 λ_1 比较，两者纵坐标一样，对应的振荡频率一样，峰值时间 t_p 也一样，横坐标距离增大 1 倍，包络线衰减的速度快，调节时间缩短。因此，可以通过闭环极点位置的变化来分析系统动态性能指标的变化。

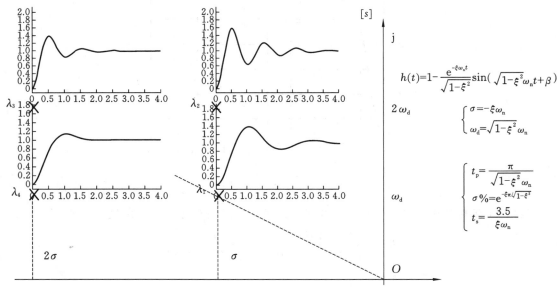

$$h(t) = 1 - \frac{e^{-\xi\omega_n t}}{\sqrt{1-\xi^2}}\sin\left(\sqrt{1-\xi^2}\,\omega_n t + \beta\right)$$

$$\begin{cases} \sigma = -\xi\omega_n \\ \omega_d = \sqrt{1-\xi^2}\,\omega_n \end{cases}$$

$$\begin{cases} t_p = \dfrac{\pi}{\sqrt{1-\xi^2}\,\omega_n} \\ \sigma\% = e^{-\xi\pi/\sqrt{1-\xi^2}} \\ t_s = \dfrac{3.5}{\xi\omega_n} \end{cases}$$

图 3.20　欠阻尼二阶系统动态性能随闭环极点位置分布的变化规律

对欠阻尼二阶系统动态性能随极点位置的变化规律进行总结,如图 3.21、图 3.22 所示。从直角坐标角度来看,当纵坐标固定、横坐标增加时,调节时间缩短,阻尼角越来越小,阻尼比 ξ 增大,超调量减小;当横坐标固定、纵坐标增加时,调节时间不变,阻尼角越来越大,阻尼比 ξ 减小,超调量增大。从极坐标角度来看,当固定无阻尼自然频率 ω_n、增大阻尼角时,横坐标越来越小,调节时间越来越大,阻尼角越来越大,阻尼比 ξ 减小,超调量增大;当固定阻尼角、增大无阻尼自然频率 ω_n 时,横坐标越来越大,调节时间越来越小,阻尼角不变,阻尼比不变,超调量也不变。

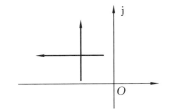

图 3.21　系统极点轨迹(直角坐标)　　　图 3.22　系统极点轨迹(极坐标)

从直角坐标的角度来看:

$$\begin{cases} \xi\omega_n\uparrow \Rightarrow \begin{cases} t_s=\dfrac{3.5}{\xi\omega_n}\downarrow \\ \beta\downarrow \Rightarrow \xi\uparrow \Rightarrow \sigma\%\downarrow \end{cases} \\ \sqrt{1-\xi^2}\,\omega_n\uparrow \Rightarrow \begin{cases} t_s=\dfrac{3.5}{\xi\omega_n}\rightarrow \\ \beta\uparrow \Rightarrow \xi\downarrow \Rightarrow \sigma\%\uparrow \end{cases} \end{cases}$$

从极坐标的角度来看:

$$\begin{cases} \beta\uparrow \Rightarrow \begin{cases} \xi\omega_n\downarrow \Rightarrow t_s=\dfrac{3.5}{\xi\omega_n}\uparrow \\ \beta\uparrow \Rightarrow \xi\downarrow \Rightarrow \sigma\%\uparrow \end{cases} \\ \omega_n\uparrow \Rightarrow \begin{cases} \xi\omega_n\uparrow \Rightarrow t_s=\dfrac{3.5}{\xi\omega_n}\downarrow \\ \beta\rightarrow \Rightarrow \xi\rightarrow \Rightarrow \sigma\%\rightarrow \end{cases} \end{cases}$$

【例 3.6】　已知典型欠阻尼二阶系统要求 $\begin{cases} 5\%\leqslant\sigma\%<16.3\% \\ 2<\omega_n\leqslant5 \end{cases}$,试确定满足要求的系统极点分布范围。

解　依题意,由于超调量 5% 对应的 $\xi=0.707$,超调量 16.3% 对应的 $\xi=0.5$,因此,得到 $0.5<\xi\leqslant0.707$,$\xi=0.5$ 对应的阻尼角是 $60°$,$\xi=0.707$ 对应的阻尼角是 $45°$,所以 $45°\leqslant\beta<60°$。

$$\begin{cases} 0.5<\xi\leqslant0.707 \\ 2<\omega_n\leqslant5 \end{cases}$$
$$\begin{cases} 45°\leqslant\beta<60° \\ 2<\omega_n\leqslant5 \end{cases}$$

在复平面上,作尼角为 $45°$ 的等阻尼线,再作阻尼角为 $60°$ 的等阻尼线,以 $\omega_n=2$ 为半径画弧,再以 $\omega_n=5$ 为半径画弧,满足已知系统性能要求的极点分布范围就是阴影所在区域,包括实线部分,如图 3.23 所示。

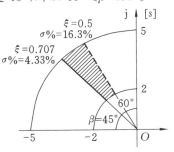

图 3.23　系统极点分布范围

5.改善二阶系统动态性能的措施以及附加闭环零/极点对系统性能的影响

【例3.7】 系统结构图如图 3.24 所示，求开环增益 K 分别为 10、0.5、0.09 时系统的动态性能指标。

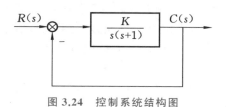

图 3.24　控制系统结构图

解　写出开环传递函数 $G(s)$

$$G(s)=\frac{K}{s(s+1)}$$

由单位负反馈再写出闭环传递函数 $\Phi(s)$，跟二阶系统闭环传递函数标准型作比较，得出 $\omega_n^2=K$，$2\xi\omega_n=1$。

闭环传递函数为

$$\Phi(s)=\frac{K}{s^2+s+K}$$

由表达式可看出，当开环增益 K 改变时，自然频率 ω_n 发生变化，ξ 也会发生变化，因此动态性能会随开环增益 K 改变而改变。

下面分别计算开环增益 K 为 10、0.5、0.09 时系统的动态性能指标，计算结果列于表3.3 中。

表 3.3　例 3.7 的计算结果

计算	K		
	10	0.5	0.09
特征参数	$\begin{cases}\omega_n=\sqrt{10}=3.16\\[4pt]\xi=\dfrac{1}{2\times3.16}=0.158\\[4pt]\beta=\arccos\xi=81°\end{cases}$	$\begin{cases}\omega_n=\sqrt{0.5}=0.707\\[4pt]\xi=\dfrac{1}{2\times0.707}=0.707\\[4pt]\beta=\arccos\xi=45°\end{cases}$	$\begin{cases}\omega_n=\sqrt{0.09}=0.3\\[4pt]\xi=\dfrac{1}{2\times0.3}=1.67\end{cases}$
特征根	$\lambda_{1,2}=-0.5\pm j3.12$	$\lambda_{1,2}=-0.5\pm j0.5$	$\begin{cases}\lambda_1=-0.1\\\lambda_2=-0.9\end{cases}\begin{cases}T_1=10\\T_2=1.11\end{cases}$
动态性能指标	$\begin{cases}t_p=\dfrac{\pi}{\sqrt{1-\xi^2}\,\omega_n}=1.01\text{ s}\\[4pt]\sigma\%=e^{-\xi\pi/\sqrt{1-\xi^2}}=60.4\%\\[4pt]t_s=\dfrac{3.5}{\xi\omega_n}=\dfrac{3.5}{5}=7\text{ s}\end{cases}$	$\begin{cases}t_p=\dfrac{\pi}{\sqrt{1-\xi^2}\,\omega_n}=6.238\text{ s}\\[4pt]\sigma\%=e^{-\xi\pi/\sqrt{1-\xi^2}}=5\%\\[4pt]t_s=\dfrac{3.5}{\xi\omega_n}=\dfrac{3.5}{5}=7\text{ s}\end{cases}$	$\begin{cases}T_1/T_2=\lambda_1/\lambda_2=9\\[4pt]t_s=(t_s/T_1)\cdot T_1=31\text{ s}\\[4pt]t_p=\infty,\quad\sigma\%=0\end{cases}$

当 $K=10$、0.5 时，计算出阻尼比 $\xi=0.158$ 和 0.707，$0<\xi<1$，此时系统为欠阻尼二阶系统，可以用欠阻尼二阶系统动态性能指标公式来计算动态性能指标。

当 $K=0.09$ 时，系统处于过阻尼状态，根据过阻尼动态性能指标计算方法，计算出调节时间 $t_s=31$ s，因为函数是单调递增的，所以 $t_p=\infty$，$\sigma\%=0$，将它们对应的闭环极点及单位阶跃响应曲线画出来，如图 3.25(a)所示。

当 $K=10$ 时，λ_1 的位置和 $K=0.5$ 时对应的 λ_1 位置相比，横坐标距离一样，因此两个系统的响应调节时间是一样的；$K=10$ 对应的阻尼角比 $K=0.5$ 所对应的阻尼角大，所以 $K=10$ 对应的超调量比 $K=0.5$ 所对应的超调量大，$K=10$ 对应的峰值时间更小。

当 $K=0.09$ 时，系统处于过阻尼状态，响应是单调递增曲线。可以看出，要使超调量小一点,即平稳性好一些,就要使 K 小一些;要想动态性能指标快速性好一点,就要使 K 大一些。通过调整参数,开环增益 K 可以在一定程度上改善系统动态性能,但改善程度有限,不能兼顾动态性能的快速性和平稳性。要想都兼顾,必须改善系统的结构。

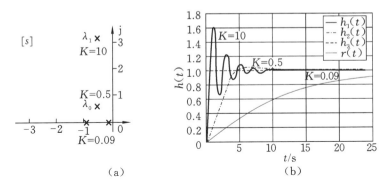

(a)　　　　　　　　　(b)

图 3.25　K 分别为 10、0.5、0.09 时系统极点的分布及单位阶跃响应

图 3.25(b)的绘制程序如下。

```
t=[0:0.2:25];Ch=[];K=[10 0.5 0.09];rh=ones(size(t));
for i=1:3
    n=[K(i)];d=[1 1 0];[num den]=cloop(n,d);
    ch=step(num,den,t);Ch=[Ch ch];
end
polt(t,Ch(:,1),'-',t,Ch(:,2),'.-',t,Ch(:,3),'.',t,rh,'k- -');
xlabel('t/s'),ylabel('h(t)');grid on;
```

3.3.5　改善二阶系统动态性能的措施

通过改变系统的结构来改善二阶系统动态性能的措施有两种,一种是加测速反馈,另一种是加比例-微分结构。

【例 3.8】　在图 3.26(a)所示的系统中,分别采用测速反馈和比例-微分控制,系统结构图分别如图 3.26(b)和图 3.26(c)所示。其中,$K=10$,$K_{\mathrm{t}}=0.216$。分别写出各系统的闭环传递函数,计算动态性能指标($\sigma\%$,t_{s})并进行对比分析。

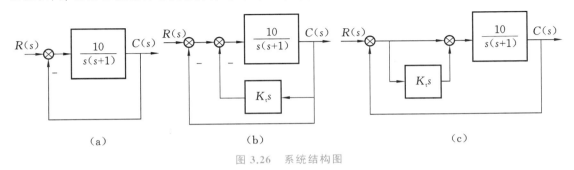

(a)　　　　　　　　　(b)　　　　　　　　　(c)

图 3.26　系统结构图

解　计算结果列入表 3.4 中。

加入测速反馈后,阻尼比 ξ 变成了 0.5,无阻尼自然频率 ω_{n} 没变,阻尼比 ξ 增加了,超调量会减小,调节时间会缩短。从计算结果来看,超调量从 60.4% 下降到 16.3%,调节时间从 7 s 减小到 2.2 s,因此,加入测速反馈以后,系统的快速性和平稳性都得到很大的改善。

再看加比例-微分控制的情况。从闭环传递函数看,比例-微分控制分子上多了个闭环零点,所以,前面推导的典型二阶系统动态性能指标公式对它不适用,可以用教材上高阶系统动态性能指标零极点估算法,估算出超调量是 21.4%,调节时间是 2.1 s。跟原系统相比,加了比例-微分控制后,系统的快速性和平稳性也都得到很大的改善。

所以,加测速反馈和比例-微分结构都可以改善系统的快速性和平稳性。本例中三个系统的闭环零极点分布及单位阶跃响应曲线如图 3.27 所示。由单位阶跃响应曲线可看出,采用测速反馈和比例-微分控制方式,都可以有效改善系统的动态性能。

比较两种控制方式可知,加测速反馈,物理本质上是增加了阻尼,抑制了振荡,改善了动态性能;加比例-微分控制,由于微分的提前性,相当于调节作用提前,因此抑制了过调,动态性能得到改善。在实际系统中采用哪种方法,应根据具体情况适当选择。

表 3.4 原系统、测速反馈和比例-微分控制方式下系统动态性能的计算及比较

		原系统	测速反馈	比例-微分控制
系统结构图		$R(s) \xrightarrow{\ \ } \otimes \xrightarrow{-} \boxed{\dfrac{K}{s(s+1)}} \xrightarrow{C(s)}$	$R(s) \to \otimes_{-} \to \otimes_{-} \to \boxed{\dfrac{K}{s(s+1)}} \to C(s)$, $\boxed{K_t s}$	$R(s) \to \otimes_{-} \to \otimes \to \boxed{\dfrac{K}{s(s+1)}} \to C(s)$, $\boxed{K_t s}$
开环传递函数		$G_a(s) = \dfrac{10}{s(s+1)}$	$G_b(s) = \dfrac{\dfrac{10}{s(s+1)}}{1 + \dfrac{10K_t}{s+1}}$ $= \dfrac{10}{s(s+1+10K_t)}$	$G_c(s) = \dfrac{10(K_t s + 1)}{s(s+1)}$ $K_t = 0.216$
闭环传递函数		$\Phi_a(s) = \dfrac{10}{s^2 + s + 10}$	$\Phi_b(s) = \dfrac{10}{s^2 + (1+10K_t)s + 10}$	$\Phi_c(s) = \dfrac{10(K_t s + 1)}{s^2 + (1+10K_t)s + 10}$
系统参数	ξ	0.158	$\dfrac{1+10\times0.216}{2\sqrt{10}} = 0.5$	$\dfrac{1+10\times0.216}{2\sqrt{10}} = 0.5$
	ω_n	$\sqrt{10} = 3.16$	$\sqrt{10} = 3.16$	$\sqrt{10} = 3.16$
开环	零点	—	—	$z = \dfrac{-1}{K_t} = \dfrac{-1}{0.216} = -4.63$
	极点	$0, -1$	$0, -1$	$0, -1$
闭环	零点	—	—	-4.63
	极点	$-0.5 \pm j3.12$	$-1.58 \pm j2.74$	$-1.58 \pm j2.74$
动态性能	t_p/s	1.01	1.15	0.9
	$\sigma\%$	60.4%	16.3%	21.4%
	t_s/s	7	2.2	2.1

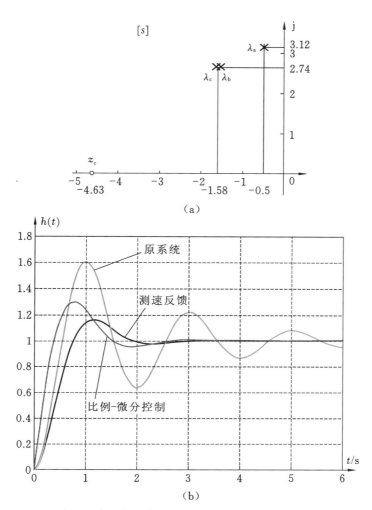

图 3.27　例 3.8 中三个系统的闭环零极点分布及单位阶跃响应曲线

图 3.27 的绘制程序如下。

```
t=[0:0.1:12];r=ones(size(t));im=1;xi=0.5;
numFa=[10];denFa=[1 1 10];ca=step(numFa,denFa,t);
numFb=[10];denFb=[1 3.16 10];cb= step(numFb,denFb,t);
numFc=[2.16 10];denFc=[1 3.16 10];cc= step(numFc,denFe,t);
ab= plot(t,ca,'r:',t,cb,'g-',t,cc,'b- -');set(ab,'LineWidth',2.5);
xlabel('t/s'),ylabel('h(t)');grid on;
legend('h_{(a)}(t)','h_{(b)}(t)','h_{(c)}(t)');
```

3.3.6　附加闭环零/极点对系统性能的影响

从闭环传递函数来看,加入比例-微分环节比加入测速反馈环节多了一个闭环零点,不会影响闭环极点,它们的极点相同,因而不会影响单位阶跃响应中的各模态,但它会改变单位阶跃响应中各模态的加权系数,从而影响系统的动态性能。

　　也可以通过响应合成示意图来理解,增加比例-微分环节相当于增加了一个闭环零点。当输入为单位阶跃信号时,二阶欠阻尼系统的响应曲线呈振荡衰减。经过一个比例环节,输出不变;经过一个微分环节,相当于对原曲线求一阶导数,是灰色的曲线,将蓝色曲线和灰色曲线合成,就得到比例-微分环节曲线(黑色)。可以看出,附加闭环零点后,峰值时间提前,超调量增大,附加闭环零点离虚轴越近,也就是 K_t 值越大,这种作用越强;附加闭环极点的作用和附加闭环零点的作用相反,峰值时间延迟,超调量减小,附加闭环极点离虚轴越近,这种作用越强。当附加一对零极点后,哪个离虚轴近,哪个作用就强。若零点近,零点作用就强;若极点近,极点作用就强。

　　附加闭环零点时,系统响应合成示意图如图 3.28 所示。附加闭环极点时,系统响应合成示意图如图 3.29 所示。

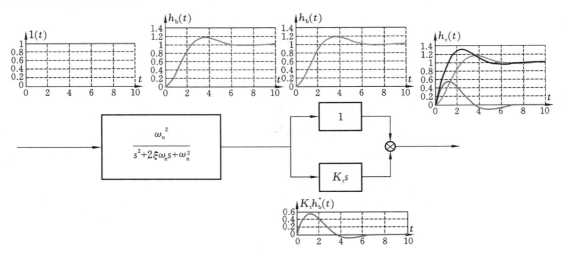

图 3.28　附加闭环零点时系统响应合成示意图

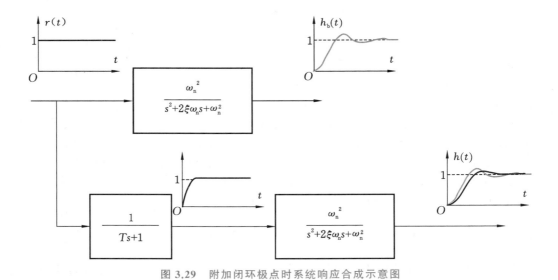

图 3.29　附加闭环极点时系统响应合成示意图

3.4　高阶系统的阶跃响应及动态性能

实际控制系统几乎都是由高阶微分方程来描述的高阶系统,对其进行研究和分析往往比较困难。为了将问题简化,常常需要忽略一些次要因素,即将高阶系统降阶,同时,希望将二阶系统的分析方法应用于高阶系统的分析中。为此,本节将对高阶系统的响应过程进行近似分析,并着重建立闭环主导极点的概念。

3.4.1　高阶系统单位阶跃响应

高阶系统传递函数一般可以表示为

$$\Phi(s) = \frac{M(s)}{D(s)} = \frac{b_m s^m + b_{m-1} s^{m-1} + \cdots + b_1 s + b_0}{a_n s^n + a_{n-1} s^{n-1} + \cdots + a_1 s + a_0}$$

$$= \frac{K \prod\limits_{i=1}^{m} (s - z_i)}{\prod\limits_{j=1}^{n} (s - \lambda_j) \prod\limits_{k=1}^{r} (s^2 + 2\xi_k \omega_k s + \omega_k^2)} \quad (n \geqslant m) \tag{3.3}$$

式中:$K = b_m / a_n$。

由于 $M(s)$、$D(s)$ 均为实系数多项式,因此闭环零点 z_i、极点 λ_j 只能是实根或共轭复根。系统单位阶跃响应的拉氏变换可表示为

$$C(s) = \Phi(s) \frac{1}{s} = \frac{K \prod\limits_{i=1}^{m} (s - z_i)}{s \prod\limits_{j=1}^{n} (s - \lambda_j) \prod\limits_{k=1}^{r} (s^2 + 2\xi_k \omega_k s + \omega_k^2)} \tag{3.4}$$

$$= \frac{A_0}{s} + \sum_{j=1}^{n} \frac{A_j}{s - \lambda_j} + \sum_{k=1}^{r} \frac{B_k s + C_k}{s^2 + 2\xi_k \omega_k s + \omega_k^2}$$

式中:$A_0 = \lim\limits_{n \to 0} s C(s) = \frac{M(0)}{D(0)}$,$A_j = \lim\limits_{s \to \lambda_j} (s - \lambda_j) C(s)$;

B_k 和 C_k 表示与 $C(s)$ 在闭环复数极点 $-\xi_k \omega_k \pm j\omega_k \sqrt{1 - \xi k^2}$ 处的留数有关的常系数。

对式(3.4)进行拉式反变换,求得高阶系统的单位阶跃响应为

$$c(t) = A_0 + \sum_{j=1}^{q} A_j e^{\lambda_j t} + \sum_{k=1}^{r} D_k e^{-\sigma_k t} \sin(\omega_{dk} t + \varphi_k) \tag{3.5}$$

式中:D_k 表示与 $C(s)$ 在闭环复数极点 $-\xi_k \omega_k \pm j\omega_k \sqrt{1 - \xi k^2}$ 处的留数有关的常系数;

$\sigma_k = \xi_k \omega_k$,$\omega_{dk} = \omega_k \sqrt{1 - \xi k^2}$。

可见,除常数项 $A_0 = M(0)/D(0)$ 外,高阶系统的单位阶跃响应一般含有指数函数分量和衰减正、余弦函数分量。如果系统的所有闭环极点都具有负的实部而位于左半 s 平面,则系统时间响应的各暂态分量都将随时间的增长而趋于零,这时称高阶系统是稳定的。显然,对于稳定的高阶系统,闭环极点负实部的绝对值越大,即闭环极点离虚轴越远,其对应的暂态分量衰

减越快；反之，衰减缓慢。

需要指出的是，虽然系统的闭环极点在 s 平面的分布决定了系统时间响应的类型和特性，但系统的闭环零点决定了系统时间响应的具体形状。

3.4.2　闭环主导极点

在稳定的高阶系统中，对其时间响应起主导作用的闭环极点称为闭环主导极点，其他闭环极点称为闭环非主导极点。闭环主导极点是满足如下条件的闭环极点：①它们距离 s 平面虚轴较近，且周围没有其他闭环极点和零点；②实部的绝对值是其他极点的实部绝对值的 $\dfrac{1}{5}$，甚至更小。

如果闭环控制系统的一个零点与一个极点彼此十分靠近，则称这样的闭环零、极点为偶极子，如图 3.30 所示圆圈中的就是一对偶极子。偶极子有实数偶极子和复数偶极子两种，复数偶极子必共轭出现。只要偶极子不十分靠近坐标原点，它们对系统性能的影响就很小，因而可忽略它们的存在。由于闭环主导极点离 s 平面的虚轴较近，其对应的暂态分量衰减缓慢；其附近没有闭环零点，不会构成闭环偶极子，主导极点对应的暂态分量将具有较大的幅值；闭环非主导极点具有较大的负实部，对应的响应分量将快速地衰减为零，因此，闭环主导极点主导着系统响应的变化过程。应用闭环主导极点的概念，可以把一些高阶系统近似为一阶或二阶系统，以实现对高阶系统动态性能的近似评估。

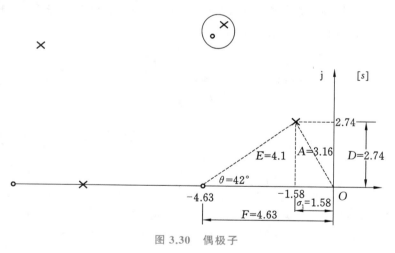

图 3.30　偶极子

3.4.3　估算高阶系统动态性能指标的零极点法

第一步，在 s 平面上绘制出闭环零、极点图。

第二步，略去非主导零极点和远离虚轴的偶极子，保留主导极点；两相邻零、极点间的距离比它们本身的模值小一个数量级时，其作用近似抵消，可以选留最靠近虚轴的一个或几个极点作为主导极点，略去比主导极点距虚轴远 5 倍以上的闭环零、极点。

第三步，按表 3.5 中相应的公式估算高阶系统的动态性能指标。

表 3.5　动态性能指标估算公式表

系统名称	闭环零、极点分布图	性能指标估算公式
振荡型 二阶系统		$t_p = \dfrac{\pi}{D}$,　$\sigma\% = 100\mathrm{e}^{-\sigma_1 t_p}\%$ $t_s = \dfrac{3 + \ln\left(\dfrac{A}{D}\right)}{\sigma_1}$
		$t_p = \dfrac{\pi - \theta}{D}$,　$\sigma\% = 100\dfrac{E}{F}\mathrm{e}^{-\sigma_1 t_p}\%$ $t_s = \dfrac{3 + \ln\left(\dfrac{A}{D}\right)\left(\dfrac{E}{F}\right)}{\sigma_1}$
振荡型 三阶系统		$t_p = \dfrac{\alpha}{D}$, $c_1 = -\left(\dfrac{A}{B}\right)^2$, $c_2 = \dfrac{A}{B}\cdot\dfrac{C}{D}$ $\sigma\% = 100\left(\dfrac{C}{B}\mathrm{e}^{-\sigma_1 t_p} + c_1\mathrm{e}^{-C t_p}\right)\%$ $t_s = \dfrac{3 + \ln c_2}{\sigma_1}$　　$(\sigma\% \neq 0$ 时$)$ $t_s = \dfrac{3 + \ln\lvert c_1 \rvert}{C}$　　$(\sigma\% = 0$ 时$)$
		$t_p = \dfrac{\alpha}{D}$, $c_1 = -\left(\dfrac{A}{B}\right)^2\left(1 - \dfrac{C}{F}\right)$, $c_2 = \dfrac{A}{B}\cdot\dfrac{C}{D}\cdot\dfrac{E}{F}$ $\sigma\% = 100\left(\dfrac{C}{B}\cdot\dfrac{E}{F}\mathrm{e}^{-\sigma_1 t_p} + c_1\mathrm{e}^{-C t_p}\right)\%$ $t_s = \dfrac{3 + \ln c_2}{\sigma_1}$　　$(C > \sigma_1, \sigma\% \neq 0$ 时$)$ $t_s = \dfrac{3 + \ln\lvert c_1 \rvert}{C}$　　$(C < \sigma_1, \sigma\% = 0$ 时$)$
非振荡型 三阶系统		$t_s = \dfrac{3 - \ln\left(1 - \dfrac{\sigma_1}{\sigma_2}\right) - \ln\left(1 - \dfrac{\sigma_1}{\sigma_1}\right)}{\sigma_1}$　$(\sigma_1 \neq \sigma_2 \neq \sigma_3)$
		$t_s = \dfrac{3 - \ln\left(1 - \dfrac{\sigma_1}{F}\right) - \ln\left(1 - \dfrac{\sigma_1}{\sigma_2}\right) - \ln\left(1 - \dfrac{\sigma_1}{\sigma_3}\right)}{\sigma_1}$ $(\sigma_1 \neq \sigma_2 \neq \sigma_3, F > 1.1\sigma_1$ 时$)$

　　需要特别强调的是,简化后的系统与原高阶系统应有相同的闭环增益,从而保证阶跃响应终值相同,否则,应用该方法会给分析结果带来较大的误差。

【例 3.9】 已知系统的闭环传递函数为

$$\Phi(s) = \frac{0.24s+1}{(0.25s+1)(0.04s^2+0.24s+1)(0.0625s+1)}$$

试估算系统的动态性能指标。

解 将闭环传递函数表示为零、极点的形式,即

$$\Phi(s) = \frac{383.693(s+4.17)}{(s+4)(s^2+6s+25)(s+16)}$$

可见,系统的主导极点为 $\lambda_{1,2} = -3 \pm j4$,忽略非主导极点 $\lambda_4 = -16$ 和一对偶极子($\lambda_3 = -4, z_1 = -4.17$)。注意,原系统闭环增益为 1。降阶后的系统闭环传递函数为

$$\Phi(s) = \frac{383.693 \times 4.17}{4 \times 16} \cdot \frac{1}{s^2+6s+25} \approx \frac{25}{s^2+6s+25}$$

可以利用相关公式近似估算系统的动态性能指标。这里 $\omega_n = 0.5, \xi = 0.6$,因此有

$$\sigma\% = e^{\frac{-\xi\pi}{\sqrt{1-\xi^2}}} = 9.5\%$$

$$t_s = \frac{3.5}{\xi\omega_n} = 1.17 \text{ s}$$

降阶前、后系统的阶跃响应曲线比较如图 3.31 所示。

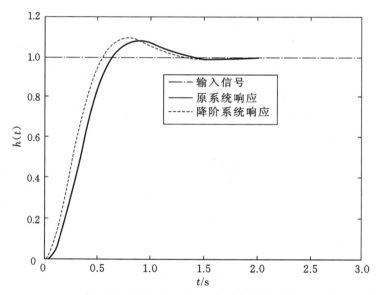

图 3.31 降阶前、后系统阶跃响应的比较

图 3.31 的绘制程序如下。

```
t=[0:0.02:3];rh=ones(size(t));
tf1=tf([0.24,1]),conv([0.25 1]),conv([0.04 0.24 1],[0.0625 1])));
c1=step(tf1,t);
tf2=tf(25,[1 6 25]);c2=step(tf2,t);
plot(t,th,'k-',t,c1,'k-',t,c2,'k- -');
legend(['输入信号'],['原系统响应'],['降阶系统响应']);
xlabel('t/s'),ylabel('h(t)');grid on;
```

3.5 线性系统的稳定性分析

3.5.1 稳定性的概念

稳定是对控制系统提出的基本要求,也是保证系统正常工作的首要条件。

分析、判定系统的稳定性,并提出确保系统稳定的条件是自动控制理论的基本任务之一。稳定、临界稳定、不稳定示例如图 3.32 所示。

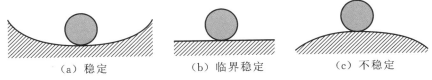

（a）稳定　　　　　　（b）临界稳定　　　　　　（c）不稳定

图 3.32　稳定、临界稳定、不稳定示例

小球位于凹面中,当给小球一个外力时,小球偏离原来的平衡状态。当外力消失后,经过一段时间,小球会在原来的平衡点稳定下来,这就是稳定。若小球位于平面当中,当给小球一个外力时,小球会偏离原来的平衡位置。当外力消失后,小球会在新位置达到平衡,但回不到原来的平衡点,这就是临界稳定。小球位于凸面中,当给小球一个外力时,小球会离开原来的平衡状态,外力消失后,小球再也回不到原来的平衡状态,这就是不稳定。

稳定的定义:如果在扰动作用下系统偏离了原来的平衡状态,当扰动消失后,系统能够以足够的准确度恢复到原来的平衡状态,则系统是稳定的;否则,系统不稳定。

3.5.2 稳定的充分必要条件

脉冲信号可以看成典型的扰动信号。根据系统稳定的定义,若单位脉冲响应收敛,即 $\lim\limits_{t \to \infty} k(t) = 0$,则系统是稳定的。

设系统闭环传递函数为

$$\Phi(s) = \frac{M(s)}{D(s)} = \frac{b_m(s-z_1)(s-z_2)\cdots(s-z_m)}{a_n(s-\lambda_1)(s-\lambda_2)\cdots(s-\lambda_n)}$$

设闭环极点为互不相同的单根,则脉冲响应的拉式变换为

$$C(s) = \Phi(s) = \frac{A_1}{s-\lambda_1} + \frac{A_2}{s-\lambda_2} + \cdots + \frac{A_3}{s-\lambda_n} = \sum_{i=1}^{n} \frac{A_i}{s-\lambda_i}$$

式中:$A_i = \lim\limits_{s \to \lambda} (s-\lambda_i)C(s)$。

对上式进行拉式反变换,得单位脉冲响应函数为

$$k(t) = A_1 e^{\lambda_1 t} + A_2 e^{\lambda_2 t} + \cdots + A_n e^{\lambda_n t} = \prod_{i=1}^{n} A_i e^{\lambda_i t}$$

根据稳态性定义,系统稳定时应有

$$\lim_{t \to \infty} k(t) = \lim_{t \to \infty} \sum_{i=1}^{n} A_i e^{\lambda_i t} = 0 \tag{3.6}$$

要使式(3.6)成立,必须有

$$\lim_{t \to \infty} e^{\lambda_i t} = 0 \quad (i = 1, 2, \cdots, n) \tag{3.7}$$

式(3.7)表明,所有特征根均具有负的实部是系统稳定的必要条件。同时可确定,如果系统的所有特征根均具有负的实部,则式(3.6)一定成立。所以,系统稳定的充分必要条件是:系统所有闭环特征根均具有负的实部,或所有闭环特征根均位于左半 s 平面。

如果系统存在纯虚根,单位脉冲响应呈现等幅振荡,由于等幅振荡不能持续下去,工程实际当中,这一类系统也不能正常工作,因此控制理论把临界稳定归到不稳定的范畴。

简单证明一下充要条件。

首先看必要性:

$$\Phi(s) = \frac{M(s)}{D(s)} = \frac{b_m(s - z_1)(s - z_2) \cdots (s - z_m)}{a_n(s - \lambda_1)(s - \lambda_2) \cdots (s - \lambda_n)}$$

$$C(s) \overset{R(s)=1}{=} \Phi(s) = \frac{A_1}{s - \lambda_1} + \frac{A_2}{s - \lambda_2} + \cdots + \frac{A_n}{s - \lambda_n} = \sum_{i=1}^{n} \frac{A_i}{s - \lambda_i}$$

$$k(t) = L^{-1}[C(s)] = A_1 e^{\lambda_1 t} + A_2 e^{\lambda_2 t} + \cdots A_n e^{\lambda_n t} = \sum_{i=1}^{n} A_i e^{\lambda_i t}$$

$$\lim_{t \to \infty} k(t) = \lim_{t \to \infty} \sum_{i=1}^{n} A_i e^{\lambda_i t} = 0 \quad \Rightarrow \quad \lambda_i < 0 \quad (i = 1, 2, \cdots, n)$$

闭环传递函数写成零极点的形式,有 m 个闭环零点、n 个闭环极点。当输入是单位脉冲信号时,输出的拉氏变换式就是闭环传递函数 $\Phi(s)$。假设 n 个闭环特征根是 n 个不相等的单根,闭环传递函数可以写成部分分式的形式,单位脉冲响应是传递函数的拉氏反变换,得出的函数是模态的一个线性组合。根据稳定的定义,单位脉冲响应是收敛的,因此,求和项的每一项的时间 t 趋近于无穷时,$A_i e^{\lambda_i t}$ 都为 0,只有当特征根具有负实部时,时间 t 趋近于无穷时,每一个模态才有可能趋近于 0。因此,必要性得证。

然后看充分性:

$$\lambda_i < 0 \quad (i = 1, 2, \cdots, n) \Rightarrow \lim_{t \to \infty} k(t) = \lim_{t \to \infty} \sum_i A_i e^{\lambda_i t} = 0$$

若所有闭环特征根具有负实部,当时间 t 趋近于无穷时,每一个模态都趋近于 0,因此,单位脉冲响应是收敛的,充分性得证。

稳定是系统的自身属性,只与系统内部参数有关,与系统的外作用和初始条件都无关。已知系统的特征根,可以根据系统的充要条件判断系统的稳定性。在系统的闭环特征根未知的情况下,可以利用特征方程系数的运算来判断稳定性,这时需要用到稳定判据。

3.5.3　稳定判据

设系统特征方程为

$$D(s) = a_n s^n + a_{n-1} s^{n-1} + \cdots + a_1 s + a_0 = 0 \quad (a_n > 0)$$

1.判定稳定的必要条件

$$a_i > 0 \quad (i = 0, 1, 2, \cdots, n-1)$$

不满足必要条件,系统一定不稳定;满足必要条件的一、二阶系统一定稳定;满足必要条件的高阶系统,未必稳定。因此,高阶系统的稳定性还需要用劳斯判据来判断。劳斯判据是充分必要条件。

【例 3.10】 已知系统的特征方程，判断系统的稳定性。

(1) $D(s) = s^5 + 6s^4 + 9s^3 - 2s^2 + 8s + 12 = 0$；

(2) $D(s) = s^5 + 4s^4 + 6s^2 + 9s + 8 = 0$；

(3) $D(s) = -s^4 - 5s^3 - 7s^2 - 2s - 10 = 0$；

解 由第 1 个系统特征方程可以看出，系数不满足必要条件，系统一定不稳定。

由第 2 个系统特征方程可以看出，系数缺 s^3 项，也不满足必要条件，系统也不稳定。

由第 3 个系统特征方程可以看出，虽然特征方程系数全为负数，但方程两边可以同时乘以 —1，这样系统就满足了必要条件，但是它是高阶系统，满足必要条件的高阶系统稳不稳定需要用劳斯判据来判定，系统可能稳定也可能不稳定。

2.劳斯判据

表 3.6 所示是劳斯判据的表格形式。通过构造劳斯表，由劳斯表第 1 列的元素来判定稳定性。下面通过例题来说明劳斯表的构造。

表 3.6 劳斯表

s^n	a_n	a_{n-2}	a_{n-4}	a_{n-6}	...
s^{n-1}	a_{n-1}	a_{n-3}	a_{n-5}	a_{n-7}	...
s^{n-2}	$b_1 = \dfrac{a_{n-1}a_{n-2} - a_n a_{n-3}}{a_{n-1}}$	$b_2 = \dfrac{a_{n-1}a_{n-4} - a_n a_{n-5}}{a_{n-1}}$	b_3	b_4	...
s^{n-3}	$c_1 = \dfrac{b_1 a_{n-3} - a_{n-1} b_2}{b_1}$	$c_2 = \dfrac{b_1 a_{n-5} - a_{n-1} b_3}{b_1}$	c_3	c_4	...
$\vdots$	$\vdots$	$\vdots$	$\vdots$	$\vdots$	
s^0	a_0				

劳斯判据指出：系统稳定的充分必要条件是劳斯表中第一列系数都大于零，否则系统不稳定，而且第一列系数符号改变的次数就是系统特征方程中正实部根的个数。

【例 3.11】 已知系统的特征方程 $D(s) = s^4 + 5s^3 + 7s^2 + 2s + 10 = 0$，试判断系统的稳定性。

解 通过系统的特征方程判断，系统满足必要条件，但它是高阶系统，稳不稳定需要用劳斯判据来判定。

列劳斯表如图 3.33 所示。

计算程序及结果如下。

```
Roots([1 2 3 4 5])
0.2878+ 1.4161i
0.2878- 1.4161i
- 1.2878+ 0.8579i
- 1.2878- 0.8679i
```

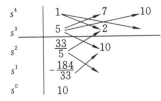

图 3.33 例 3.11 劳斯表

劳斯表的最左列依次是 s 的高次幂到低次幂，直到 s_0，劳斯表的前两行元素根据特征方程系数按照规律得到，除左列表头外第 1 行第 1 列是 s 的最高次系数，第 1 行第 2 列是 s 的最高次降 2 次的系数，第 3 列是最高次降 4 次的系数，以此类推；第 2 行第 1 列是 s 的次高次系数，第 2 行第 2 列是 s 的次高次降 2 次的系数，以此类推。

该例表头第 1 行是 1、7、10，第 2 行是 5、2，后面没了可不写，或写 0。第 3 行元素需要计算，规律如下，$(5\times7-1\times2)/5=33/5$，$(5\times10-1\times0)/5=10$，填在第 3 行，按照这个规律，计算第 4 行元素，第 5 行元素。这样，劳斯表就填写完整了，接下来看劳斯表中最高次系数，若最高次系数均大于零则系统稳定，否则系统不稳定，且最高次系数符号改变的次数就是特征方程中正实部根的个数。这就是劳斯判据。该例中，第 1 列元素出现 1 个负值，说明系统不稳定，符号改变 2 次，因此有 2 个闭环极点在右半 s 平面。

3.劳斯判据的特殊情况

使用劳斯判据时，有以下两种特殊情况需要处理。

（1）某行第一列元素为零而该行元素不全为零时：用一个很小的正数 ε 代替第一列的零元素参与计算，表格计算完成后再令 $\varepsilon\to0$。

【例 3.12】 已知系统特征方程 $D(s)=s^3-3s+2=0$，判断系统右半 s 平面中的极点个数。

解 显然，该系统的特征方程不满足稳定必要条件，系统不稳定，需要判断在右半 s 平面内闭环极点数，因此，需要列劳斯表，如表 3.7 所示。

表 3.7　例 3.12 劳斯表

s^3	1	-3
s^2	0	2
s^1	$c_1=\dfrac{-3\varepsilon-1\times2}{\varepsilon}$ $c_1\to-\infty$	0
s^0	$\dfrac{2c_1-\varepsilon\times0}{c_1}=2$	0

第 2 行第 1 列元素为 0，而该行元素不全为 0，将 0 元素改为无穷小正数 ε，继续运算。将 ε 代入继续计算，得到 $-\infty$，继续运算，得到完整的劳斯表。

劳斯表第一列元素变号 2 次，有 2 个正根，说明系统不稳定。

（2）某行元素全部为零时：利用上一行元素构成辅助方程，对辅助方程求导得到新方程，用新方程的系数代替该行的零元素继续计算。当系统中存在对称于原点的极点时，即当特征多项式包含形如 $(s+\sigma)(s-\sigma)$ 或 $(s+j\omega)(s-j\omega)$ 的因子时，劳斯表会出现全零行，此时辅助方程的根就是特征方程根的一部分。

【例 3.13】 设系统特征方程 $D(s)=s^5+3s^4+12s^3+20s^2+35s+25=0$，判断系统稳定性。

解 特征方程满足必要条件，但它是高阶系统，稳不稳定需要用劳斯判据来判定。列写劳斯表（见表 3.8），同样按照前面的方法求出劳斯表元素，第 5 行元素全部为 0。出现这种情况时，用上一行元素组成辅助方程，将其对 s 求导一次，用新方程的系数代替该行 0 元素继续运算。该例中，列辅助方程为 $5s^2+25=0$，对 s 求导一次，得到 $10s=0$，用 10、0 代替原来的 0、0。继续运算。

表 3.8　例 3.13 劳斯表

s^5	1	12	35
s^4	3	20	25
s^3	16/3	80/3	0
s^2	5	25	0
s^1	$\begin{cases}0\\10\end{cases}$	$\begin{cases}0\\0\end{cases}$	
s^0	25	0	

计算程序及结果如下。

```
D=[1 3 12 20 35 25];
roots(D)
0.0000+2.2361i
0.0000-2.2361i
-1.0000+2.0000i
-1.0000-2.0000i
-1.0000
```

可以看出,劳斯表第 1 列元素符号没有改变,系统没有右半 s 平面的特征根,但出现了全 0 行,说明系统有纯虚根,系统临界稳定,工程上划归为不稳定。通过求解辅助方程可以得到系统的一对纯虚根。将所有的根求出来,得到一对纯虚根、一个负实根、一对实部为负数的共轭虚根,右半 s 平面没有根。

4.劳斯判据的应用

【例 3.14】　系统结构图如图 3.34 所示。

(1) 确定使系统稳定的开环增益 K 与阻尼比 ξ 的取值范围;

(2) 当 $\xi=2$ 时,确定使闭环极点均位于 $s=-1$ 之左的 K 值范围。

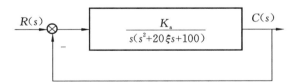

图 3.34　控制系统结构图

解　写出开环传递函数,化成尾 1 标准型,得到开环增益 $K=K_a/100$。

$$G(s)=\frac{K_a}{s(s^2+20\xi s+100)}, \quad K=\frac{K_a}{100}$$

由于是标准的单位负反馈,因此特征方程可以用分子＋分母＝0 的形式来表示。

$$D(s)=s^3+20\xi s^2+100s+100K=0$$

可知,该系统是高阶系统,要知系统是否稳定,需要用劳斯判据,列劳斯表(见表 3.9),并将劳斯表补充完整。

表 3.9　例 3.14 劳斯表（一）

s^3	1	100
s^2	20ξ	$100K$
s^1	$(2000\xi-100K)/(20\xi)$	0
s^0	$100K$	0

（1）要使系统稳定，劳斯表第 1 列的元素要全部大于 0，因此得出 $\xi>0,K>0,K<20\xi$。将 ξ 作为横坐标、K 作为纵坐标，作 $K=20\xi$ 的直线，则稳定的参数范围为图 3.35 中阴影部分。

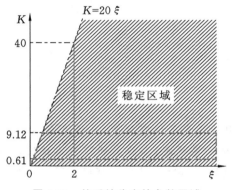

图 3.35　使系统稳定的参数区域

（2）当 $\xi=2$ 时，确定使闭环极点均位于 $s=-1$ 之左的 K 值范围。当 $\xi=2$ 时，进行坐标平移，令 $s=\hat{s}-1$，将虚轴向右平移（蓝色实线位置），从 s 平面移到 $\hat{s}$ 平面，$\hat{s}$ 平面系统稳定，系统所有闭环极点必须位于左半 $\hat{s}$ 平面，在 $\hat{s}$ 平面用劳斯判据，特征方程中，用 $s=\hat{s}-1$ 代入，得到新平面特征方程，化简后，对新特征方程列劳斯表，如表 3.10 所示。

表 3.10　例 3.14 劳斯表（二）

$\hat{s}^3$	1	23
$\hat{s}^2$	37	$100K-61$
$\hat{s}^1$	$\dfrac{912-100K}{37}$	0
$\hat{s}^0$	$100K-61$	0

要使系统稳定，劳斯表第 1 列的元素要全部大于 0，由此得出 $K<9.12,K>0.61$，满足条件的 K 值范围为图 3.35 中蓝色虚线框所圈出的阴影区域。

劳斯判据解决的是绝对稳定性的问题，在设计中，不仅要知道是否稳定，还要知道稳定的程度，即离系统临界稳定还有多少余量。实际分析中，常用实部最大的根与虚轴的距离来衡量系统稳定的裕度，此题中，第 2 问就是求裕度。

3.6　线性系统的稳态误差

稳态精度是控制系统的重要技术指标,稳态误差是控制系统稳态精度的一种度量。稳态误差在允许的范围内,控制系统才有使用价值。例如,工业加热炉的炉温误差如果超出了限度,产品质量就会不过关。又如,导弹跟踪系统的跟踪误差如果超出了范围,就失去了跟踪的意义。

控制系统设计的任务之一,就是尽量减小系统稳态误差。由于系统自身结构参数不同、外作用的类型不同,以及外作用的形式不同,系统不可能在任何情况下,都保持稳态的输出值与输入值一致,这就会产生原理性稳态误差。通常把在阶跃输入作用下,没有原理性稳态误差的系统称为无差系统,而把有原理性稳态误差的系统称为有差系统。研究稳定系统的稳态误差才有意义,所以计算稳态误差应以系统稳定为前提。

3.6.1　误差与稳态误差

误差的定义方式有两种,一种是按输入端定义的误差,另一种是按输出端定义的误差。

(1) 按输入端定义的误差,即把偏差定义为误差。

$$E(s) = R(s) - H(s)C(s)$$

如图 3.36(a)所示,按输入端定义的误差是将偏差信号 $E(s)$ 定义为误差,按输入端定义的误差在实际当中是可以测量的,因此它有一定的物理意义,但是按输入端定义的误差,其理论定义不十分明确。

(2) 按输出端定义的误差。

$$E'(s) = \frac{R(s)}{H(s)} - C(s)$$

将图 3.36(a)进行结构图等效变换,把比较点移到反馈环节的前面,得出图 3.36(b),按输出端定义,误差是输出的期望值 $R'(s)$ 与输出的实际值 $C(s)$ 之差,$E'(s)$ 为输出端定义的误差。按输出端定义的误差比较接近理论含义,但是不能实际测量,只有数学意义,两种定义的关系是 $E'(s) = \dfrac{E(s)}{H(s)}$。当系统是单位反馈时,两种定义是一致的。

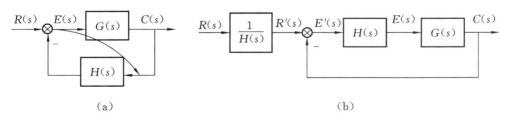

图 3.36　系统结构图及误差定义

除特别说明外,本书以后讨论的误差都是指按输入端定义的误差(即偏差)。

稳态误差通常是指时间趋于无穷大时误差的值,即 $e_{ss} = \lim\limits_{t \to \infty} e(t)$。

3.6.2 计算稳态误差的一般方法

如图 3.37 所示,控制系统通常有两个外作用,$R(s)$ 是控制输入,$N(s)$ 是干扰输入。计算稳态误差一般方法的实质是利用终值定理。它适用于各种情况下的稳态误差计算,既可用于求控制输入作用下的稳态误差,也可用于求干扰作用下的稳态误差。

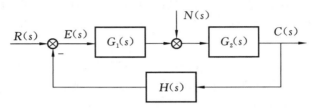

图 3.37 控制系统结构图

计算稳态误差的方法分以下三步。

(1) 判定系统的稳定性。对一个稳定的系统判定稳态误差才有意义。

(2) 求误差传递函数。分别求控制作用下的误差传递函数和干扰作用下的稳态误差传递函数,$\Phi_e(s) = \dfrac{E(s)}{R(s)}$,$\Phi_{en}(s) = \dfrac{E(s)}{N(s)}$。

(3) 用终值定理公式求稳态误差。

$$e_{ss} = \lim_{s \to 0} s[\Phi_e(s)R(s) + \Phi_{en}(s)N(s)] \tag{3.8}$$

稳态误差等于控制输入作用下的稳态误差与干扰作用下的稳态误差之和。

用终值定理求稳态误差要注意用终值定理求稳态误差的条件。

【例 3.15】 系统结构图如图 3.38 所示。已知 $r(t) = n(t) = t$,求系统的稳态误差。

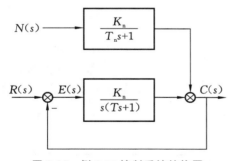

图 3.38 例 3.15 控制系统结构图

解 首先求控制作用下的稳态误差,令 $N(s) = 0$,写出控制作用下的稳态误差传递函数。

根据梅森增益公式,得到

$$\Phi_e(s) = \frac{E(s)}{R(s)} = \frac{1}{1 + \dfrac{K}{s(Ts+1)}} = \frac{s(Ts+1)}{s(Ts+1) + K}$$

误差传递函数的分母是特征多项式,写出特征方程

$$D(s) = Ts^2 + s + K = 0$$

该系统是二阶系统,只要满足必要条件,该系统就是稳定的,因此当 $T > 0$、$K > 0$ 时,该系统稳定。

用终值定理求控制作用下的稳态误差,代入终值定理公式,化简得到 $1/K$。

$$e_{ssr} = \lim_{s \to 0} s\Phi_e(s)R(s) = \lim_{s \to 0} s \cdot \frac{s(Ts+1)}{s(Ts+1) + K} \cdot \frac{1}{s^2} = \frac{1}{K}$$

下面求干扰作用下的稳态误差。令 $R(s) = 0$,写出干扰作用下的稳态误差传递函数,根据梅森增益公式,分母是一样的,经整理得到

$$\Phi_{en}(s)=\frac{E(s)}{N(s)}=\frac{-\dfrac{K_n}{T_n s+1}}{1+\dfrac{K}{s(Ts+1)}}=\frac{-K_n s(Ts+1)}{(T_n s+1)[s(Ts+1)+K]}$$

代入终值定理公式[式(3.8)]，$N(s)=1/s^2$，化简得到

$$e_{ssn}=\lim_{s\to 0}s\Phi_{en}(s)N(s)=\lim_{s\to 0}s\cdot\frac{-K_n s(Ts+1)}{(T_n s+1)[s(Ts+1)+K]}\cdot\frac{1}{s^2}=\frac{-K_n}{K}$$

系统总的稳态误差等于控制输入作用下的稳态误差与干扰作用下的稳态误差之和，最终得到

$$e_{ss}=e_{ssr}+e_{ssn}=\frac{1-K_n}{K}$$

【**例 3.16**】　系统结构图如图 3.39 所示，求 $r(t)$ 分别为 $A\times 1(t)$、At、$At^2/2$ 时系统的稳态误差。

解　写出系统的传递函数为

$$\Phi_e(s)=\frac{E(s)}{R(s)}=\frac{s(Ts+1)}{s(Ts+1)+K}$$

分母是特征多项式，写出特征方程为

$$D(s)=Ts^2+s+K=0$$

该系统是二阶系统，只要满足必要条件，该系统就是稳定的，因此当 $T>0$、$K>0$ 时，该系统稳定。

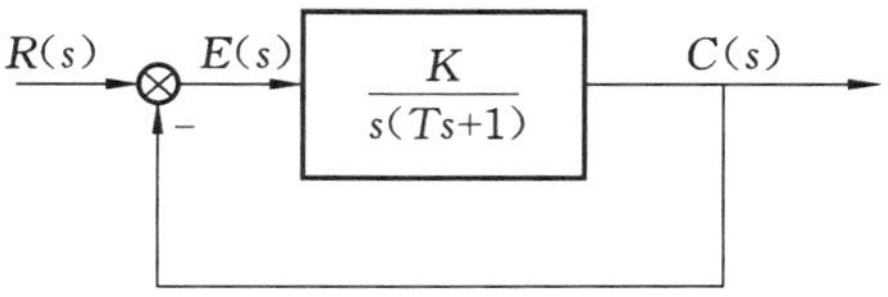

图 3.39　例 3.16 控制系统结构图

当输入信号是阶跃信号时，代入终值定理公式，化简求出稳态误差是 0。

$$r(t)=A\cdot 1(t),\quad e_{ss1}=\lim_{s\to 0}s\cdot\frac{s(Ts+1)}{s(Ts+1)+K}\cdot\frac{A}{s}=0$$

当输入信号是斜坡信号时，代入终值定理公式，化简求出稳态误差是 A/K。

$$r(t)=A\cdot t,\quad e_{ss2}=\lim_{s\to 0}s\cdot\frac{s(Ts+1)}{s(Ts+1)+K}\cdot\frac{A}{s^2}=\frac{A}{K}$$

当输入信号是加速度信号时，代入终值定理公式，化简求出稳态误差是无穷大。

$$r(t)=\frac{A}{2}\cdot t^2,\quad e_{ss3}=\lim_{s\to 0}s\cdot\frac{s(Ts+1)}{s(Ts+1)+K}\cdot\frac{A}{s^3}=\infty$$

由此可见，影响稳态误差的因素有三个：一是系统自身的结构参数，二是外作用的类型，三是外作用的形式。

3.6.3　静态误差系数法

在分析过程中，通常会遇到求解控制作用下稳态误差的问题，分析研究不同典型输入下的稳态误差及系统结构参数之间的关系并且找出规律性，就十分有必要。

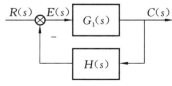

图 3.40　控制系统结构图

控制系统结构图如图 3.40 所示。

写出该系统的开环传递函数，用尾 1 标准型表示，有

$$G(s)=G_1(s)H(s)=\frac{K(\tau_1 s+1)\cdots(\tau_m s+1)}{s^v(T_1 s+1)\cdots(T_{n-v}s+1)}=\frac{K}{s^v}G_0(s)$$

将后面的部分用 $G_0(s)$ 表示，有

$$G_0(s) = \frac{(\tau_1 s + 1)\cdots(\tau_m s + 1)}{(T_1 + 1)\cdots(T_{n-v} + 1)}, \quad \lim_{s \to 0} G_0(s) = 1$$

在开环传递函数中,含有纯积分环节的个数用 v 表示,v 称为系统的型别,也称为系统的无差度。当 $s \to 0$ 时,$G_0(s) = 1$,意味着 $G_0(s)$ 对误差没有影响。写出误差传递函数,为

$$\Phi_e(s) = \frac{E(s)}{R(s)} = \frac{1}{1 + G_1(s)H(s)} = \frac{1}{1 + \dfrac{K}{s^v}G_0(s)}$$

找到前向通路、回路,利用梅森增益公式得到 $\Phi_e(s) = \dfrac{1}{1 + G_1(s)H(s)}$,再代入开环传递函数。最后代入终值定理公式求出稳态误差,有

$$e_{ss} = \lim_{s \to 0} s\Phi_e(s)R(s) = \lim_{s \to 0} s \cdot R(s) \cdot \frac{1}{1 + \dfrac{K}{s^v}G_0(s)}$$

可以看出,稳态误差与输入 $R(s)$ 及系统结构参数 (v, K) 有关。

接下来看当控制输入信号分别为不同典型输入时的稳态误差。

当输入是阶跃信号时,代入终值定理公式求稳态误差。此时,$R(s) = A/s$,求极限时,得到

$$r(t) = A \cdot 1(t)$$

$$e_{ssp} = \lim_{s \to 0} s\Phi_e(s)R(s) = \lim_{s \to 0} s \cdot \frac{A}{s} \cdot \frac{1}{1 + G_1(s)H(s)} = \frac{A}{1 + \lim\limits_{s \to 0} G_1(s)H(s)}$$

可见,只需要对 $G_1(s)H(s)$ 求极限,定义这部分为静态位置误差系数。

$$K_p = \lim_{s \to 0} G_1(s)H(s) = \lim_{s \to 0} \frac{K}{s^v}$$

所以,阶跃输入时,稳态误差 $e_{ss} = \dfrac{A}{1 + K_p}$。

当输入是斜坡信号时,代入终值定理公式求稳态误差。此时,$R(s) = A/s^2$,求极限时,得到

$$r(t) = A \cdot t$$

$$e_{ssv} = \lim_{s \to 0} s\Phi_e(s)R(s) = \lim_{s \to 0} s \cdot \frac{A}{s^2} \cdot \frac{1}{1 + G_1(s)H(s)} = \frac{A}{\lim\limits_{s \to 0} sG_1(s)H(s)}$$

对 $sG_1(s)H(s)$ 求极限,定义这部分为静态速度误差系数。

$$K_v = \lim_{s \to 0} sG_1(s)H(s) = \lim_{s \to 0} \frac{K}{s^{v-1}}$$

所以斜坡输入时,稳态误差 $e_{ss} = \dfrac{A}{K_v}$。

当输入是加速度信号时,代入终值定理公式求稳态误差。此时,$R(s) = A/s^3$,求极限时,得到

$$r(t) = \frac{A}{2}t^2$$

$$e_{ssa} = \lim_{s \to 0} s\Phi_e(s)R(s) = \lim_{s \to 0} s \cdot \frac{A}{s^3} \cdot \frac{1}{1 + G_1(s)H(s)} = \frac{A}{\lim\limits_{s \to 0} s^2 G_1(s)H(s)}$$

对 $s^2 G_1(s)H(s)$ 求极限,定义这部分为静态加速度误差系数。

$$K_a = \lim_{s \to 0} s^2 G_1(s) H(s) = \lim_{s \to 0} \frac{K}{s^{v-2}}$$

所以加速度输入时,稳态误差 $e_{ss} = \dfrac{A}{K_a}$。

在不同典型输入作用下,稳态误差与系统型别之间存在对应关系,如表 3.11 所示。

表 3.11　典型输入信号作用下的稳态误差

系统型别	静态误差系数			阶跃输入 $r(t) = A \times 1(t)$	斜坡输入 $r(t) = At$	加速度输入 $r(t) = \dfrac{1}{2} At^2$
	K_p	K_v	K_a	$e_{ss} = \dfrac{A}{1+K_p}$	$e_{ss} = \dfrac{A}{K_v}$	$e_{ss} = \dfrac{A}{K_a}$
0	K	0	0	$\dfrac{A}{1+K}$	∞	∞
I	∞	K	0	0	$\dfrac{A}{K}$	∞
II	∞	∞	K	0	0	$\dfrac{A}{K}$

当输入为阶跃信号时,对于 0 型系统,由于稳态误差为 $A/(1+K)$,因此 0 型系统也称为有差系统;对于 I 型系统,$K_p = \infty$,稳态误差 $e_{ss} = 0$, I 型系统又称为一阶无差系统;对于 II 型系统,$K_p = \infty$,稳态误差 $e_{ss} = 0$, II 型系统又称为二阶无差系统。

当输入为斜坡信号时,对于 0 型系统,稳态误差为 ∞;对于 I 型系统,由于静态速度误差系数是 K,因此稳态误差 $e_{ss} = A/K$;对于 II 型系统,稳态误差 $e_{ss} = 0$,当系统型别与输入档次匹配时,稳态误差是一个常值。

也就是说,对于 0 型系统,在阶跃输入情况下,稳态误差是常值;对于 I 型系统,在斜坡输入情况下,稳态误差是常值;对于 II 型系统,在加速度输入情况下,稳态误差是常值。稳态误差是常值时,增大开环增益,可以减小稳态误差。当系统型别比输入档次高,稳态误差是 0;当输入档次高于系统型别,稳态误差是 ∞。

表 3.11 所示的特性也可以用图 3.41 来理解。

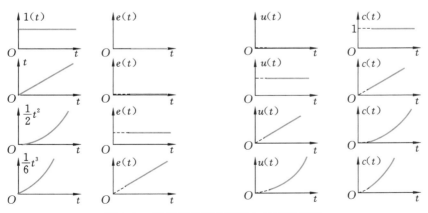

图 3.41　稳态误差随典型输入的变化规律

图 3.42 所示是一个 II 型系统的结构图,开环传递函数中有两个积分环节,写出闭环传递

函数后可发现,特征多项式缺项,因此系统结构不稳定。为了使系统稳定,增加一个比例-微分环节。当系统达到稳态时,比例-微分环节相当于放大倍数是 1 的比例环节,对放大倍数没有影响。当输入端是不同典型输入,系统达到稳态时,输出一定是与输入信号当中时间 T 的最高阶次是相同的。例如,输入为斜坡信号,系统达到稳态时,输出一定是斜坡信号,并且斜率是一样的。若稳态时输出信号与输入信号斜率不同,则在主反馈口会产生至少一次方的偏差,t 的一次方信号经过两次积分后,不可能得到与假设一致的信号。

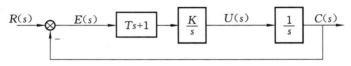

图 3.42 Ⅱ型系统

对于Ⅱ型系统,输出为稳态时的稳态误差在不同输入下有不同的值:阶跃输入时,稳态误差为 0;斜坡输入时,稳态误差也是 0;加速度输入时,稳态误差为常值。可以看出,系统型别是跟随输入信号能力的一个储备,积分环节越多,跟随能力越强,但积分环节越多,系统越不容易稳定。实际应用中,二阶以上的系统较为少见。

【例 3.17】 系统结构图如图 3.43 所示。已知输入 $r(t)=2t+4t^2$,求系统的稳态误差。

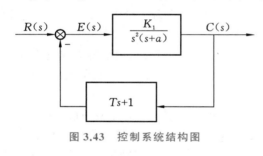

图 3.43 控制系统结构图

解 系统开环传递函数为

$$G(s)=\frac{K_1(Ts+1)}{s^2(s+a)}$$

根据线性系统的叠加性,分别求斜坡信号的稳态误差和加速度信号的稳态误差,进行叠加。写出开环传递函数,化成尾 1 标准型,得到开环增益 $K=\dfrac{K_1}{a}$,系统型别 $v=2$。

写出闭环传递函数,为

$$\Phi(s)=\frac{K_1}{s^2(s+a)+K_1(Ts+1)}$$

列出特征方程,可看出是高阶系统。

$$D(s)=s^3+as^2+K_1Ts+K_1=0$$

系统稳定需要用劳斯判据来判断,列劳斯表(见表 3.12),保证第 1 列元素都大于 0。

表 3.12 例 3.17 劳斯表

s^3	1	K_1T
s^2	a	K_1
s^1	$\dfrac{(aT-1)K_1}{a}$	0
s^0	K_1	

在稳定的前提下求稳态误差。

斜坡输入时,Ⅱ阶系统稳态误差为 0。

$$r_1(t) = 2t, \quad e_{ss1} = 0$$

加速度输入时,稳态误差为常值,代入得

$$r_2(t) = 4t^2 = 8 \cdot \frac{1}{2}t^2, \quad e_{ss2} = \frac{A}{K} = \frac{8a}{K_1}$$

系统总的稳态误差为两个稳态误差之和,因此得到

$$e_{ss} = e_{ss1} + e_{ss2} = \frac{8a}{K_1}$$

根据静态误差系数法很容易求出系统静态误差,系统静态误差可按表 3.13 中的规律推导。

表 3.13　系统静态误差

v	$r(t) = A \times 1(t)$	$r(t) = At$	$r(t) = \frac{1}{2}At^2$
0	$\frac{A}{1+K}$	∞	∞
1	0	$\frac{A}{K}$	∞
2	0	0	$\frac{A}{K}$

静态误差系数法有其使用条件,具体如下。

（1）系统必须稳定。

（2）误差是按输入端定义的。

（3）只能用于计算典型控制输入时的终值误差,有干扰信号时不能用,并且输入信号不能有其他前馈通道。

例如,图 3.44 所示系统有主干路前向通路,但是上面还有一条前向通路,所以该系统不能用静态误差系数法求稳态误差。

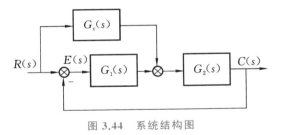

图 3.44　系统结构图

3.6.4　干扰作用引起的稳态误差分析

控制系统的扰动不可避免,所以通常会遇到求干扰作用引起的稳态误差的问题。分析干扰作用下的稳态误差与系统结构及参数之间的关系,找出其规律,可为设计控制系统的结构、确定参数、提高系统的抗干扰能力提供参考。

【例 3.18】　系统结构图如图 3.45 所示。已知输入 $r(t) = t^2/2$ 和干扰 $n(t) = At$,求系统的稳态误差。

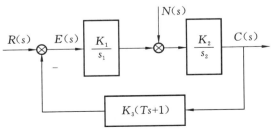

图 3.45　控制系统结构图

解 写出系统开环传递函数,为

$$G(s) = \frac{K_1 K_2 K_3 (Ts+1)}{s_1 s_2}$$

得到开环增益 $K = K_1 K_2 K_3$,系统型别 $v = 2$。

写出控制输入作用下误差传递函数,为

$$\Phi_e(s) = \frac{E(s)}{R(s)} = \frac{s_1 s_2}{s_1 s_2 + K_1 K_2 K_3 (Ts+1)}$$

分母是特征多项式,列出特征方程,为

$$D(s) = s_1 s_2 + K_1 K_2 K_3 Ts + K_1 K_2 K_3$$

该系统是二阶系统,满足必要条件,系统稳定,因此得到 $\begin{cases} K_1 K_2 K_3 > 0 \\ T > 0 \end{cases}$。

代入终值定理公式,求控制输入作用下的稳态误差。控制输入是加速度输入,故 $R(s) = A/s^3$,故有

$$e_{ssr} = \lim_{s \to 0} s\Phi_e(s)\frac{1}{s^3} = \lim_{s \to 0} \frac{1}{s^2} \frac{s_1 s_2}{s_1 s_2 + K_1 K_2 K_3 Ts + K_1 K_2 K_3} = \frac{1}{K_1 K_2 K_3}$$

由上式可以看出,增大 K_1、K_2、K_3,都可以减小控制输入作用下的稳态误差。

下面求干扰输入作用下的稳态误差。

写出干扰输入作用下误差传递函数,化简得到

$$\Phi_{en}(s) = \frac{E(s)}{N(s)} = \frac{K_2 K_3 s_1 (Ts+1)}{s_1 s_2 + K_1 K_2 K_3 Ts - K_1 K_2 K_3}$$

结构不变,分母是一样的。代入终值定理公式求稳态误差。干扰输入是斜坡输入,故 $N(s) = A/s^2$,得到

$$e_{ssn} = \lim_{s \to 0} s\Phi_{en}(s)N(s) = -A/K_1$$

可以看出,要想减小干扰作用下的稳态误差只能增加 K_1。

由此得到如下结论:在主反馈口到干扰作用点之间的前向通道中提高增益和设置积分环节,均有利于减小或消除控制输入和干扰作用下产生的稳态误差。

3.7 线性系统时域校正

从前面的学习中可以看出,控制系统控制要求不同,其性能指标就会不同,校正系统可以调整的参数和方式也不同,需要综合考虑不同性能的指标要求,如开环增益 K。调整性能指标只能在有限范围内改善动态性能,若仍然不能满足控制要求,就需要采用其他方式,如在系统中加入参数和结构可调整的装置(校正装置),从而进一步提高系统的性能,使系统满足指标要求。

系统校正时,在不改变系统基本结构的情况下,需适当选择校正装置,使系统性能指标达到要求。校正的方式有 3 种,即串联校正、反馈校正、复合校正。

本节重点介绍反馈校正和复合校正,串联校正在第 5 章介绍。

3.7.1　反馈校正

反馈校正一般是指在主反馈环内,为改善系统的性能而加入反馈装置的校正方式。这是工程控制中广泛采用的校正方式之一。反馈校正有以下 3 个作用。

(1) 比例负反馈可以减小被包围环节的时间常数,提高其响应的快速性,如图 3.46 所示。

当没有构成负反馈作用时,传递函数为 $G(s)=\dfrac{K}{Ts+1}$,T 为时间常数;当构成比例负反馈时,传递函数变成 $G'(s)=\dfrac{K}{Ts+1+KK_h}=\dfrac{K'}{T's+1}$,化成尾 1 标准型,时间常数为 T'。此时,由于构成比例负反馈后时间常数比原系统小,$T'=\dfrac{T}{1+KK_h}<T$,$K'=\dfrac{K}{1+KK_h}$,系统的快速性得到提高,但是增益也变小,需要补偿。

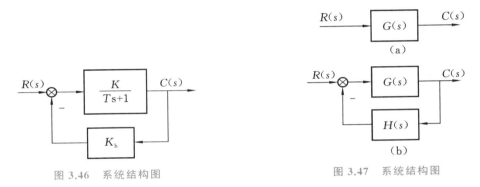

图 3.46　系统结构图　　　　图 3.47　系统结构图

(2) 负反馈可以降低参数变化或抑制某些特性(如某些非线性特性等)对系统的影响,如图 3.47 所示。

$$C(s)+\Delta C(s)=[G(s)+\Delta G(s)]R(s)$$

当原系统的传递函数 $G(s)$ 的参数发生变化而产生增量 $\Delta G(s)$ 时,输出也会变化 $\Delta C(s)$,产生的输出增量 $\Delta C(s)=\Delta G(s)R(s)$。

显然,负反馈可以大大减小 $\Delta G(s)$ 所引起的输出增量 $\Delta C(s)$。

构成负反馈以后,闭环的传递函数为

$$\frac{G(s)+\Delta G(s)}{1+[G(s)+\Delta G(s)]\cdot H(s)}$$

系统输出就变成

$$C(s)+\Delta C'(s)=\Phi(s)\cdot R(s)=\frac{G(s)+\Delta G(s)}{1+[G(s)+\Delta G(s)]\cdot H(s)}\cdot R(s)$$

由于 $\Delta G(s)$ 比 $G(s)$ 小,分母上 $\Delta G(s)$ 可以忽略,输出的变化量 $\Delta C'\approx\dfrac{\Delta G(s)}{1+G(s)H(s)}R(s)<\Delta C$,跟没有构成负反馈引起的变化 $\Delta C(s)$ 相比要小,因为分母上除了一个大于 1 的数,当深度负反馈时,$|[G(s)+\Delta G(s)]H(s)|\gg 1$,因此 $\Phi(s)\approx 1/H(s)$,也就是说,ΔG 对系统几乎没

有影响。在实际系统中，若某一环节对系统性能产生不利的影响，则可以用负反馈环节包围此环节来削弱该环节的不利影响。

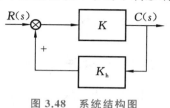

图 3.48　系统结构图

（3）合理利用正反馈可以提高放大倍数。

图 3.48 所示系统前向通路放大倍数为 K，当它采用比例正反馈后，闭环放大倍数为 $\dfrac{K}{1-KK_h}$，若取 $K_h \approx \dfrac{1}{K}$，闭环放大倍数可以大幅度提高。注意，利用正反馈提高放大倍数时，一定要考虑正反馈带来的不利影响。

3.7.2　复合校正

为了进一步减小稳态误差，可以在主回路以外加入按给定输入作用或按扰动作用进行补偿的前馈控制，以构成复合校正。通过适当选择补偿装置和作用点，就可以达到减小或消除稳态误差的目的。

（1）按给定输入作用进行补偿的复合校正。

为了消除给定输入作用引起的稳态误差，可在原反馈控制的基础上，从给定输入处引出前馈量经补偿装置对系统进行复合控制。

图 3.49 所示系统有两个前向通路、一个回路。利用梅森增益公式，得到系统误差信号的拉氏变化为

$$E(s)=\Phi_e(s) \cdot R(s)=\frac{1-G_c(s)G_2(s)}{1+G_1(s)G_2(s)} \cdot R(s)$$

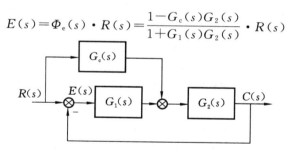

图 3.49　按输入补偿的顺馈控制系统结构图

如果选择补偿装置的传递函数为 $G_c(s)=\dfrac{1}{G_2(s)}$，则给定输入作用下的稳态误差为零。

（2）按扰动作用进行补偿的复合校正。

按干扰补偿的顺馈控制系统结构图如图 3.50 所示。为了消除由干扰作用引起的稳态误差，可在原反馈控制的基础上，从扰动输入处引出前馈量经补偿装置 $G_c(s)$ 对系统进行复合控制。令 $R(s)=0$，$N(s)$ 为输入，前向通路有两条，回路还是与前面一样的回路，利用梅森增益公式，得到系统输出的拉氏变化为

$$C(s)=\Phi_n(s) \cdot N(s)=\frac{G_2(s)\,[1-G_c(s)G_1(s)]}{1+G_1(s)G_2(s)} \cdot N(s)$$

如果选择补偿装置的传递函数为 $G_c(s)=\dfrac{1}{G_1(s)}$，则扰动对系统的输出没有影响。

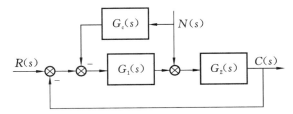

图 3.50　按干扰补偿的顺馈控制系统结构图

【例 3.19】　控制系统结构图如图 3.51 所示。

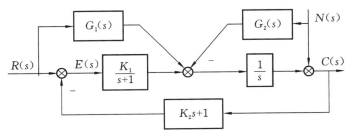

图 3.51　系统结构图

(1) 试确定参数 K_1、K_2,使系统极点配置在 $\lambda_{1,2} = -5 \pm j5$ 处;

(2) 设计 $G_1(s)$,使 $r(t)$ 作用下的稳态误差恒为零;

(3) 设计 $G_2(s)$,使 $n(t)$ 作用下的稳态误差恒为零。

解　(1)由结构图可以得出系统特征方程为

$$D(s) = s^2 + (1 + K_1 K_2)s + K_1 = 0$$

取 $K_1 > 0$,$K_2 > 0$,以保证系统稳定。令

$$D(s) = s^2 + (1 + K_1 K_2)s + K_1 = (s + 5 - j5)(s + 5 + j5) = s^2 + 10s + 50$$

比较系数得 $\begin{cases} K_1 = 50 \\ 1 + K_1 K_2 = 10 \end{cases}$,联立求解得 $\begin{cases} K_1 = 50 \\ K_2 = 0.18 \end{cases}$°

(2) 当 $r(t)$ 作用时,令系统误差传递函数为

$$\Phi_e(s) = \frac{E(s)}{R(s)} = \frac{1 - \dfrac{K_2 s + 1}{s} G_1(s)}{1 + \dfrac{K_1(K_2 s + 1)}{s(s + 1)}} = \frac{(s + 1)\left[s - (K_2 s + 1)G_1(s)\right]}{s(s + 1) + K_1(K_2 s + 1)} = 0$$

得出 $G_1(s) = \dfrac{s}{K_2 s + 1}$,这样可以使 $r(t)$ 作用下的稳态误差恒为零。

(3) 当 $n(t)$ 作用时,令系统误差传递函数为

$$\Phi_e(s) = \frac{E(s)}{N(s)} = \frac{-(K_2 s + 1) + \dfrac{K_2 s + 1}{s} G_2(s)}{1 + \dfrac{K_1(K_2 s + 1)}{s(s + 1)}} = \frac{-(K_2 s + 1)(s + 1)\left[s - G_2(s)\right]}{s(s + 1) + K_1(K_2 s + 1)} = 0$$

得出 $G_2(s) = s$,这样可以使 $n(t)$ 作用下的稳态误差恒为零。

本章小结

1.自动控制系统的时域分析方法是一种根据控制系统传递函数直接分析系统的稳定性、动态性能和稳态性能的方法，是通过直接求解系统在典型输入信号作用下的时域响应来分析系统性能的。它通常是以系统阶跃响应的超调量、调节时间和稳态误差等性能指标来评价系统性能的优劣。

本章主要学习在时域里对系统进行分析与校正。

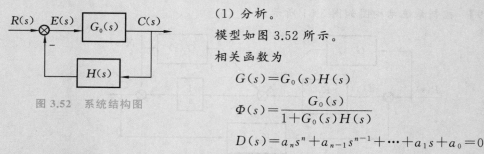

图 3.52 系统结构图

(1) 分析。

模型如图 3.52 所示。

相关函数为

$$G(s)=G_0(s)H(s)$$

$$\Phi(s)=\frac{G_0(s)}{1+G_0(s)H(s)}$$

$$D(s)=a_n s^n+a_{n-1}s^{n-1}+\cdots+a_1 s+a_0=0$$

具体指标如图 3.53、图 3.54、图 3.55 所示。

稳(基本要求)
- (1)稳定的概念：$\lim\limits_{t\to\infty}k(t)=0$
- (2)稳定的充要条件：$\mathrm{Re}[\lambda_1]<0 \quad i=1,2,\cdots$
- (3)稳定判据
  - 必要条件 $a_i>0$
  - 劳斯判据
    - 劳斯表
    - 特殊情况处理
    - 劳斯判据应用

图 3.53 系统指标(一)

准(稳态要求)
- 误差概念
  - 误差定义：从输入端定义；从输出端定义
  - 稳态误差：静态误差 e_{ss}；动态误差 $e_s(t)$
- 误差计算
  - 一般方法
    - 判定稳定性
    - 求 $\Phi_e(s)=\dfrac{E(s)}{R(s)}$，$\Phi_m(s)=\dfrac{E(s)}{N(s)}$
    - $e_{ss}=\lim\limits_{s\to 0}s[\Phi_e(s)R(s)+\Phi_m(s)N(s)]$
  - 静态误差系数法

v	$r=At(t)$	$r=At$	$r=Ar^2/2$
0	$\frac{A}{1+K}$	∞	
Ⅰ	0	$\frac{A}{K}$	∞
Ⅱ	0	0	$\frac{A}{K}$

图 3.54 系统指标(二)

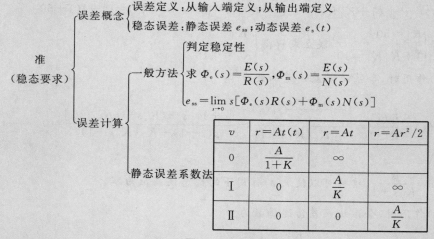

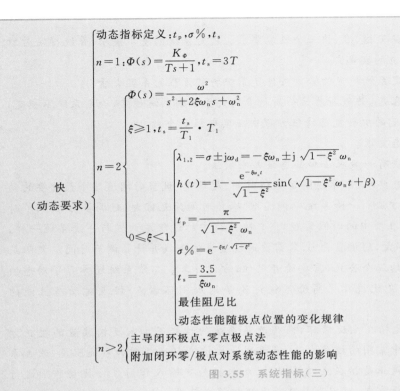

$$\text{快} \atop (\text{动态要求}) \begin{cases} \text{动态指标定义}: t_p, \sigma\%, t_s \\ n=1 : \Phi(s) = \dfrac{K_\Phi}{Ts+1}, t_s = 3T \\ n=2 \begin{cases} \Phi(s) = \dfrac{\omega^2}{s^2 + 2\xi\omega_n s + \omega_n^2} \\ \xi \geq 1, t_s = \dfrac{t_s}{T_1} \cdot T_1 \\ 0 \leq \xi < 1 \begin{cases} \lambda_{1,2} = \sigma \pm j\omega_d = -\xi\omega_n \pm j\sqrt{1-\xi^2}\,\omega_n \\ h(t) = 1 - \dfrac{e^{-\xi\omega_n t}}{\sqrt{1-\xi^2}}\sin(\sqrt{1-\xi^2}\,\omega_n t + \beta) \\ t_p = \dfrac{\pi}{\sqrt{1-\xi^2}\,\omega_n} \\ \sigma\% = e^{-\xi\pi/\sqrt{1-\xi^2}} \\ t_s = \dfrac{3.5}{\xi\omega_n} \\ \text{最佳阻尼比} \\ \text{动态性能随极点位置的变化规律} \end{cases} \end{cases} \\ n>2 \begin{cases} \text{主导闭环极点},\text{零点极点法} \\ \text{附加闭环零/极点对系统动态性能的影响} \end{cases} \end{cases}$$

图 3.55　系统指标(三)

(2) 校正。

校正方式如图 3.56 和表 3.14 所示。

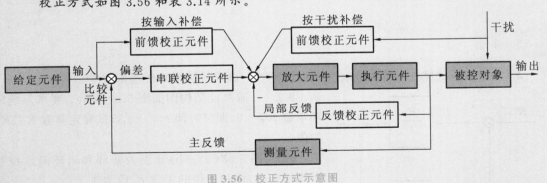

图 3.56　校正方式示意图

表 3.14　不同校正方式对比

序号	校正方式	实例	作用	说明
1	串联校正	比例-微分	提前控制,减小超调量	不损失稳态精度
2	反馈校正	测速反馈	增加阻尼,减小超调量	会降低开环增益,增加稳态误差
3	复合校正	按输入补偿	主要用于提高稳态精度,减小或消除稳态误差	对提高动态性能有利
		按干扰补偿		

2.控制系统必须满足稳、准、快三个性能要求。稳是系统的基本要求,系统稳定时所有闭环特征根均具有负的实部。

3.稳定判据中判定系统稳定的必要条件是系统特征方程的系数大于0。

4.劳斯判据的内容是:若劳斯表第一列元素均大于零则系统稳定,否则系统不稳定,且第一列元素符号改变的次数就是特征方程中正实部根的个数。

5.准是系统的稳态要求。

6.误差的计算方法有一般求法和静态误差系数法。

7.快是系统的动态要求,本章讲解了峰值时间、超调量、调节时间这3个最重要的动态指标的定义及求解方法。一阶系统单调递增,峰值时间为无穷大,超调量为0,调节时间为$3T$(T为尾1标准型中的时间常数)。二阶系统中的过阻尼曲线与一阶系统一样,所以,峰值时间为无穷大,超调量为0,只需要通过查表法查找并计算调节时间。欠阻尼分析推导了动态性能的三个公式,需要读者记住,方便计算。二阶系统还学习了动态性能随闭环极点位置的变化规律。高阶系统讨论了附加闭环零点/极点对动态性能的影响。

8.反馈校正一般是指在主反馈环内,为改善系统的性能而加入反馈装置的校正方式。反馈校正是工程中常用的校正方法,采用测速反馈可以有效增加系统阻尼,改善系统的动态性能。复合校正是指在主回路以外,加入按给定输入作用或按扰动作用进行补偿的前馈控制的校正方式,可以有效改善系统的稳态精度。

 习题 3

3.1 已知系统脉冲响应为 $k(t)=0.0125e^{-1.25t}$,试求系统闭环传递函数 $\Phi(s)$。

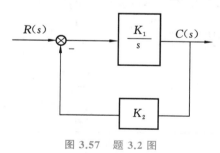

图 3.57 题 3.2 图

3.2 一阶系统结构图如图 3.57 所示。要求系统闭环增益 $K_\Phi=2$,调节时间 $t_s \leq 0.4$ s,试确定参数 K_1、K_2 的值。

3.3 图 3.58(a)、(b)分别为开环和闭环温度控制系统结构图,两种系统的正常 K 值为 1。

(1)若 $r(t)=1(t)$,$n(t)=0$,求两种系统从开始反应至温度达到稳态值的 63.2% 各需多长时间。

(2)当有阶跃扰动 $n(t)=0.1$ 时,求扰动对两种系统的温度的影响。

3.4 已知单位负反馈系统的开环传递函数 $G(s)=\dfrac{4}{s(s+5)}$,求单位阶跃响应 $h(t)$ 和调节时间 t_s。

3.5 设速度随动系统结构图如图 3.59 所示,开环增益 $K=1$。若要求系统单位阶跃响应无超调,且调节时间尽可能短,问 T 应取何值? 调节时间 t_s 是多少?

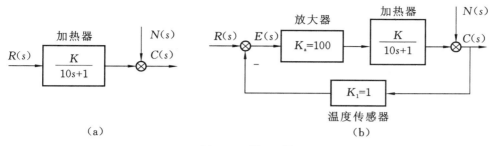

（a）　　　　　　　　　　　　　　　（b）

图 3.58　题 3.3 图

3.6　电子心脏起搏器心律控制系统结构图如图 3.60 所示,其中模仿心脏的传递函数相当于一纯积分环节。

（1）若 $\xi=0.5$ 对应最佳响应,问起搏器增益 K 应取多大?

（2）若期望心速为 60 次/min,并突然接通起搏器,问 1 s 后实际心速为多少? 瞬时最大心速是多大?

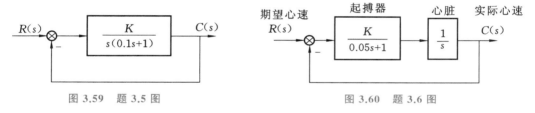

图 3.59　题 3.5 图　　　　　　　　　图 3.60　题 3.6 图

3.7　机器人位置控制系统结构图如图 3.61 所示。试确定参数 K_1、K_2 值,使系统阶跃响应的峰值时间 $t_p=0.5$ s,超调量 $\sigma\%=2\%$。

3.8　某典型二阶系统的单位阶跃响应如图 3.62 所示,试确定系统的闭环传递函数。

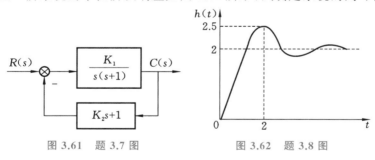

图 3.61　题 3.7 图　　　　　　　　图 3.62　题 3.8 图

3.9　设图 3.63(a)所示系统的单位阶跃响应如图 3.63(b)所示,试确定系统参数 K_1、K_2 和 a。

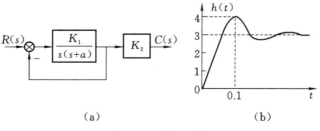

（a）　　　　　　　　　　（b）

图 3.63　题 3.9 图

3.10 已知系统的特征方程,试判别系统的稳定性,并确定在右半 s 平面内根的个数及纯虚根。

(1) $D(s)=s^5+2s^4+2s^3+4s^2+11s+10=0$;

(2) $D(s)=s^5+2s^4-s-2=0$;

(3) $D(s)=s^5+2s^4+24s^3+48s^2-25s-50=0$。

3.11 试确定图 3.64 中使系统稳定的 K 值范围。

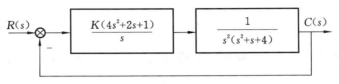

图 3.64　题 3.11 图

3.12 单位反馈系统的开环传递函数为

$$G(s)=\frac{K(s+1)}{s(Ts+1)(2s+1)}$$

试在满足 $T>0$、$K>1$ 的条件下,确定使系统稳定的 T 和 K 的取值范围,并以 T 和 K 为坐标画出使系统稳定的参数区域图。

3.13 系统结构图如图 3.65 所示。试求局部反馈加入前后,系统的静态位置误差系数、静态速度误差系数和静态加速度误差系数。

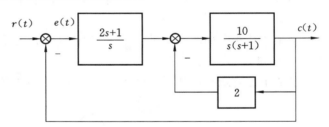

图 3.65　题 3.13 图

3.14 已知单位反馈系统的开环传递函数为

$$G(s)=\frac{7(s+1)}{s(s+4)(s^2+2s+2)}$$

试分别求出当输入信号 $r(t)=1(t)$、t、t^2 时系统的稳态误差[$e(t)=r(t)-c(t)$]。

3.15 系统结构图如图 3.66 所示。已知 $r(t)=n_1(t)=n_2(t)=1(t)$,试分别计算 $r(t)$、$n_1(t)$ 和 $n_2(t)$ 作用时的稳态误差,并说明积分环节设置位置对减小输入和干扰作用下的稳态误差的影响。

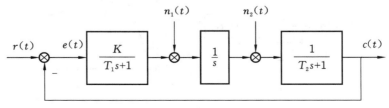

图 3.66　题 3.15 图

3.16　系统结构图如图 3.67 所示。要使系统对 $r(t)$ 而言是 Ⅱ 型系统,试确定参数 K 的值。

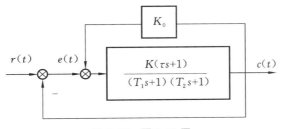

图 3.67　题 3.16 图

3.17　设复合校正控制系统结构图如图 3.68 所示,其中 $N(s)$ 为可测量扰动。若要求系统输出完全不受 $N(s)$ 的影响,且跟踪阶跃指令的稳态误差为零,试确定前馈补偿装置 $G_{c_1}(s)$ 和串联校正装置 $G_{c_2}(s)$。

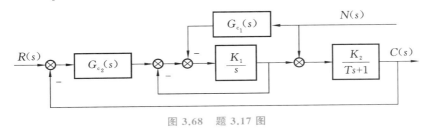

图 3.68　题 3.17 图

3.18　已知控制系统结构图如图 3.69(a)所示,其单位阶跃响应如图 3.69(b)所示,系统的稳态位置误差 $e_{ss}=0$。试确定 K、v 和 T 的值。

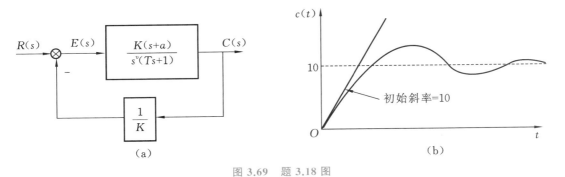

图 3.69　题 3.18 图

3.19　系统结构图如图 3.70 所示。已知系统单位阶跃响应的超调量 $\sigma\%=16.3\%$,峰值时间 $t_p=1\ \mathrm{s}$。

(1) 求系统的开环传递函数 $G(s)$;

(2) 求系统的闭环传递函数 $\Phi(s)$;

(3) 根据已知的性能指标 $\sigma\%$、t_p,确定系统参数 K 及 r。

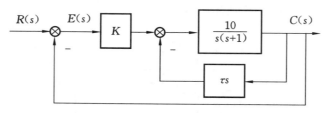

图 3.70　题 3.19 图

3.20　系统结构图如图 3.71 所示。

(1) 为确保系统稳定,如何取 K 值?

(2) 为使系统特征根全部位于 s 平面 $s=-1$ 的左侧,K 应取何值?

(3) 若 $r(t)=2t+2$ 时,要求系统稳态误差 $e_{ss}\leqslant 0.25$,K 应取何值?

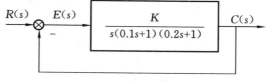

图 3.71　题 3.20 图

第4章 线性系统的复域分析

基本要求 ////

1.理解根轨迹的基本概念。

2.掌握根轨迹方程及幅值条件与相角条件的应用。

3.重点掌握常规根轨迹及其基本绘制规则,能够利用根轨迹定性分析系统性能随参数变化的趋势。

4.理解参数根轨迹、零度根轨迹及其基本绘制规则。

5.重点掌握应用根轨迹分析参数变化对系统性能的影响。

学习本章之前,我们回顾一下本课程的课程体系,如图4.1所示。

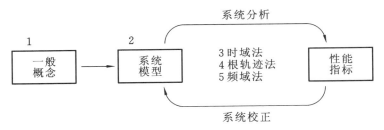

图 4.1 课程体系结构图

第1章学习了自动控制系统的一般概念。第2章学习了自动控制系统的数学模型。有了数学模型,就可以对控制系统进行分析和校正。分析是通过系统模型来确定系统的性能指标的过程。校正的目的是根据需要在系统中加入参数或参数可变的装置,使系统的性能指标提高,达到系统性能指标要求。第3章学习了在时间域里对系统进行分析和校正的方法。

第3章的时域分析方法中,控制系统的性能取决于系统的闭环传递函数,可以根据系统闭环传递函数的零、极点研究控制系统性能。对于高阶系统,采用解析法求取系统的闭环特征根(闭环极点)比较困难。1948年,伊万思根据反馈系统中开、闭环传递函数间的内在联系,提出了比较简易的求解闭环特征根的图解方法,也就是线性系统的复域分析,也称为根轨迹法。

本章主要介绍根轨迹的基本概念及绘制简单系统根轨迹的一些基本规则。在此基础上,利用根轨迹来定性地分析系统参数的变化对系统性能的影响。

4.1 根 轨 迹 法

本节主要介绍根轨迹的基本定义,根轨迹与系统性能之间的关系,如何根据闭环零、极点与开环零、极点之间的关系推导出根轨迹方程,并由此给出根轨迹的相角条件和幅值条件。

4.1.1 根轨迹的特点及定义

根轨迹法也称为复域分析法,是三大分析与校正方法之一。它具有以下 3 个特点:①属图解方法,直观、形象;②适用于研究当系统中某一参数变化时系统性能的变化趋势,这个特点是它的一个优势;③属近似方法,不十分精确。

根轨迹的定义:当开环系统某一参数(如根轨迹增益 K^*)从零变化到无穷大时,闭环极点(闭环特征根)在 s 平面相应变化所呈现出来的轨迹。

根轨迹增益 K^* 是首 1 标准型开环传递函数对应的系数。

下面我们通过一道例题来巩固根轨迹的定义,以及根据根轨迹能解决什么问题。

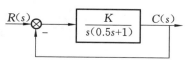

图 4.2　控制系统结构图

【例 4.1】 系统结构图如图 4.2 所示。分析 λ 随开环增益 K 变化的趋势。

解 该系统是一个典型单位负反馈系统,可以直接写出开环传递函数 $G(s)$,即 $G(s)=\dfrac{K}{s(0.5s+1)}$,化为首 1 标准型,得到 $\dfrac{K^*}{s(s+2)}$,其中 K 称为开环增益,K^* 称为根轨迹增益。可以看出 $K^*=2K$。写出系统闭环传递函数,即 $\Phi(s)=\dfrac{C(s)}{R(s)}=\dfrac{K^*}{s^2+2s+K^*}$。可以看出它是一个典型二阶系统,无闭环零点,列出系统特征方程,解该特征方程,得到系统的闭环极点,即 $\lambda_{1,2}=-1\pm\sqrt{1-K^*}$。当 K^* 从零变化到无穷大时,闭环极点(闭环特征根)在 s 平面怎样变化呢?我们先在 s 平面标出开环零、极点,该系统没有开环零点,只有 1、-2 两个开环极点。我们列出表 4.1。

表 4.1　闭环极点的变化情况

$K^*=2K$		λ_1	λ_2
0		0	-2
0.64		-0.4	-1.6
1		-1	-1
2		-1+j	-1-j
5		-1+j2	-1-j2
17		-1+j4	-1-j4
⋮		⋮	⋮
∞		-1+j∞	-1-j∞

当 K^* 取如下几个特殊值时,计算出闭环极点。当 $K^*=0$ 时,$\lambda_1=0$,$\lambda_2=-2$,在 s 平面标出 λ_1、λ_2 的位置,如图 4.3 所示。当 $K^*=0.64$ 时,$\lambda_1=-0.4$,$\lambda_2=-1.6$,在 s 平面标出 λ_1、λ_2 的位置。当 $K^*=1$ 时,$\lambda_1=-1$,$\lambda_2=-1$,两个极点在 -1 处重合。当 $K^*=2$ 时,$\lambda_1=-1+\mathrm{j}$,$\lambda_2=-1-\mathrm{j}$,两个极点分离。依次类推,$K^*=5$、17,一直到 ∞,两个极点往相反的方向延伸。把 λ_1 所有的解连起来,形成 λ_1 的轨迹;把 λ_2 所有的解连起来,形成 λ_2 的轨迹,得到如图 4.3 所示的两条曲线,这就是该系统闭环极点的轨迹。

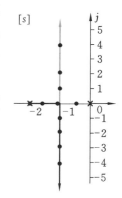

该系统的开环传递函数为

$$G(s)=\frac{K}{s(0.5s+1)}=\frac{K^*}{s(s+2)}$$

图 4.3　系统根轨迹图

根轨迹增益 $K^*=2K$。

闭环传递函数为

$$\Phi(s)=\frac{C(s)}{R(s)}=\frac{K^*}{s^2+2s+K^*}$$

闭环特征方程为

$$s^2+2s+K^*=0$$

特征根为

$$\lambda_1=-1+\sqrt{1-K^*}\,,\quad \lambda_2=-1-\sqrt{1-K^*}$$

如图 4.3 所示,根轨迹用粗实线表示,箭头表示 K(或 K^*)增大时两条根轨迹移动的方向。

根轨迹图直观地表示了参数 K(或 K^*)变化时闭环极点变化的情况,全面地描述了参数 K 对闭环极点分布的影响。

4.1.2　根轨迹与系统性能的关系

根轨迹与系统性能的关系如图 4.4 所示。

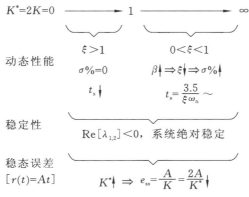

图 4.4　根轨迹与系统性能的关系

1.根轨迹与稳定性的关系

开环增益从零变化到无穷大时,图 4.3 所示的根轨迹全部落在左半 s 平面,因此,当 $K>0$

时,图 4.2 所示系统是稳定的;如果系统根轨迹越过虚轴进入右半 s 平面,在相应 K 值下则系统是不稳定的。根轨迹与虚轴交点处的 K 值,就是临界开环增益。

2.根轨迹与稳态性能的关系

稳态性能的稳态误差,要从系统的型别和开环增益 K 来看。由图 4.3 可见,开环控制系统在坐标原点有一个极点,属于 Ⅰ 型系统,因而根轨迹上的 K 值就等于静态误差系数 K_v。

当 $r(t)=1(t)$ 时,$e_{ss}=0$;当 $r(t)=t$ 时,$e_{ss}=1/K=2/K^*$。随着 K^* 增大,稳态误差减小。

3.根轨迹与动态性能的关系

由图 4.3 可见,当 K^* 从 0 变化至 1 时,闭环极点在实轴上是两个不相等的实根。此时,$\xi>1$,系统处于过阻尼状态,所以超调量 $\sigma\%=0$。随着 K^* 增大,两个极点距离越来越近。在 $\xi>1$ 的情况下,调节时间 t_s 越来越小。

当 K^* 从 1 变化到 ∞ 时,闭环极点离开实轴,在复平面上,是一对共轭复数。此时,$0<\xi<1$,系统处于欠阻尼状态。随着 K^* 增大,两个极点距离实轴越来越远,因此阻尼角 β 越来越大,所以 $\beta\uparrow\Rightarrow\xi\downarrow\Rightarrow\sigma\%\uparrow$,由于两个根的实部不变,因此 $t_s=\dfrac{3.5}{\xi\omega_n}$ 不变。

上述分析表明,根轨迹与系统性能之间有着密切的联系,利用根轨迹可以分析当系统参数 K（或 K^*）增大时系统动态性能的变化趋势。可以根据已知的开环零、极点迅速地绘出闭环系统的根轨迹。为此,需要研究闭环零、极点与开环零、极点之间的关系。

4.1.3 闭环零、极点与开环零、极点之间的关系

在第 3 章中我们学习了系统的性能,了解到动态性能是由闭环极点和闭环零点共同决定的。本小节我们学习闭环零、极点和开环零、极点的关系。

控制系统的一般结构图如图 4.5 所示,相应开环传递函数为 $G(s)H(s)$。假设

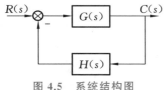

图 4.5 系统结构图

$$G(s)=\frac{K_G^* \prod\limits_{i=1}^{f}(s-z_i)}{\prod\limits_{j=1}^{g}(s-p_j)} \tag{4.1}$$

$$H(s)=\frac{K_H^* \prod\limits_{i=f+1}^{m}(s-z_i)}{\prod\limits_{j=g+1}^{n}(s-p_j)} \tag{4.2}$$

系统闭环传递函数为

$$\Phi(s)=\frac{G(s)}{1+G(s)H(s)}=\frac{K_G^* \prod\limits_{i=1}^{f}(s-z_i) \prod\limits_{j=g+1}^{n}(s-p_j)}{\prod\limits_{j=1}^{n}(s-p_j)+K^* \prod\limits_{i=1}^{m}(s-z_i)} \tag{4.3}$$

由式(4.3)可知:

(1) 闭环零点由前向通路传递函数 $G(s)$ 的零点和反馈通路传递函数 $H(s)$ 的极点组成。

(2) 闭环极点与开环零点、开环极点以及根轨迹增益 K^* 均有关。闭环极点随 K^* 变化而

变化,所以研究闭环极点随 K^* 的变化规律是有必要的。

根轨迹法的任务在于:由已知的开环零、极点的分布及根轨迹增益,通过图解法找出闭环极点。一旦闭环极点确定,再补上闭环零点,系统性能便可以确定。

【例 4.2】　系统结构图如图 4.6 所示,试确定闭环零点。

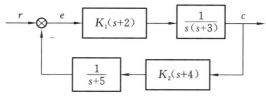

图 4.6　例 4.2 系统结构图

解　系统的开环传递函数为

$$G(s) = \frac{K_1 K_2 (s+2)(s+4)}{s(s+3)(s+5)}$$

故有

$$\begin{cases} K^* = K_1 K_2 \\ K = \dfrac{8}{15} K_1 K_2 \\ v = 1 \end{cases}$$

系统的闭环传递函数为

$$\Phi(s) = \frac{\dfrac{K_1(s+2)}{s(s+3)}}{1 + \dfrac{K_1 K_2 (s+2)(s+4)}{s(s+3)(s+5)}} = \frac{K_1(s+2)(s+5)}{s(s+3)(s+5) + K_1 K_2 (s+2)(s+4)}$$

闭环零点＝前向通道零点＋反馈通道极点。

闭环极点与开环零点、开环极点及 K^* 均有关。

4.1.4　根轨迹方程

根轨迹所满足的条件称为根轨迹方程。根轨迹描述的是闭环极点,也就是闭环特征根的方程式。

一般情况下,系统结构图如图 4.5 所示。系统的开环传递函数可以写成 $G(s)H(s) = \dfrac{K^*(s-z_1)\cdots(s-z_m)}{(s-p_1)(s-p_2)\cdots(s-p_n)}$,它有 m 个开环零点、n 个开环极点,可以用乘积符号来表示。

系统的开环传递函数为 $G(s)H(s) = \dfrac{K^* \prod\limits_{i=1}^{m}(s-z_i)}{\prod\limits_{j=1}^{n}(s-p_j)}$,已经是首 1 标准型,所以根轨迹增

益就是 K^*。将开环传递函数化成尾 1 标准型,得到系统增益,系统增益＝根轨迹增益×所有

开环零点的模值的积÷所有非 0 的开环极点模值的积,即 $K = K^* \dfrac{\prod\limits_{i=1}^{m}|z_i|}{\prod\limits_{j=1}^{n}|p_j|}$。

系统的闭环传递函数为

$$\Phi(s)=\frac{G(s)}{1+G(s)H(s)} \tag{4.4}$$

系统的闭环特征方程为

$$1+G(s)H(s)=0 \tag{4.5}$$

即

$$G(s)H(s)=\frac{K^*\prod\limits_{i=1}^{m}(s-z_i)}{\prod\limits_{j=1}^{n}(s-p_j)}=-1 \tag{4.6}$$

显然，在 s 平面上凡是满足式(4.6)的点，都是根轨迹上的点。式(4.6)称为根轨迹方程。式(4.6)可以用幅值条件和相角条件来表示。

幅值条件：

$$|G(s)H(s)|=K^*\frac{\prod\limits_{i=1}^{m}|(s-z_i)|}{\prod\limits_{j=1}^{n}|(s-p_j)|}=1$$

相角条件：

$$\angle G(s)H(s)=\sum_{i=1}^{m}\angle(s-z_i)-\sum_{j=1}^{n}\angle(s-p_i)$$
$$=\sum_{i=1}^{m}\varphi_i-\sum_{j=1}^{n}\theta_j$$
$$=(2k+1)\pi \quad (k=0,\pm1,\pm2,\cdots) \tag{4.7}$$

式中：$\sum\varphi_i$、$\sum\theta_j$ 分别代表所有开环零点、极点到根轨迹上某一点的向量相角之和。

幅值条件式与根轨迹增益 K^* 有关，而相角条件式与 K^* 无关，所以，s 平面上的某个点，只要满足相角条件，则必在根轨迹上。该点所对应的 K^* 值，需由幅值条件得出。也就是说，在 s 平面上满足相角条件的点，必定同时满足幅值条件，因此，相角条件是确定根轨迹 s 平面上一点是否在根轨迹上的充分必要条件。

【例 4.3】 系统结构图如图 4.7(a)所示，求根轨迹。

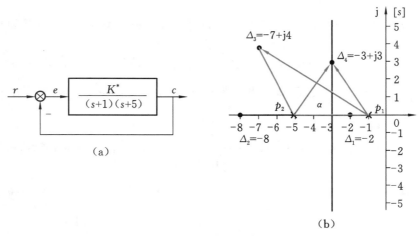

图 4.7　例 4.3 图

解

$$G(s) = \frac{K^*}{(s+1)(s+5)}$$

幅值条件：$\qquad K^* = |s+1||s+5|$

相角条件：$\qquad -\angle(s-p_1) - \angle(s-p_2) = (2k+1)\pi$

$\Delta_1 = -2 \quad \begin{cases} K^*_{\Delta_1} = |-2+1||-2+5| = 3 \\ -\angle(-2+1) - \angle(-2+5) = -180° - 0 = -180° \qquad \checkmark \end{cases}$

$\Delta_2 = -8 \quad \begin{cases} K^*_{\Delta_2} = |-8+1||-8+5| = 21 \\ -\angle(-8+1) - \angle(-8+5) = -180° - 180° = -360° \qquad \times \end{cases}$

$\Delta_3 = -7+j4 \quad \begin{cases} K^*_{\Delta_3} = |-7+j4+1||-7+j4+5| \\ \qquad = \sqrt{6^2+4^2} \cdot \sqrt{2^2+4^2} = 32.25 \qquad \times \\ -\angle(-7+j4+1) - \angle(-7+j4+5) \neq (2k+1)\pi \end{cases}$

$\Delta_4 = -3+j3 \quad \begin{cases} K^*_{\Delta_4} = |-3+j3+1||-3+j3+5| \\ \qquad = \sqrt{2^2+3^2} \cdot \sqrt{2^2+3^2} = 13 \qquad\qquad \checkmark \\ -\angle(-3+j3+1) - \angle(-3+j3+5) = -(180°-\alpha) - \alpha = -180° \end{cases}$

根轨迹如图 4.7(b)所示。

4.2　绘制根轨迹的八大法则

本节讨论根轨迹增益 K^*（或开环增益 K）变化时绘制根轨迹的法则。熟练地掌握这些法则，可以帮助我们方便、快速地绘制系统的闭环极点随 K^* 变化的大致轨迹，将有助于分析和设计系统。

法则 1　根轨迹的起点和终点：根轨迹起始于开环极点，终止于开环零点；如果开环零点个数 m 少于开环极点个数 n，则有 $n-m$ 条根轨迹终止于无穷远处。

根轨迹的起点、终点分别是指根轨迹增益 $K^*=0$ 和 $K^* \to \infty$ 时的根轨迹点。将幅值条件式改写为

$$K^* = \frac{\prod\limits_{j=1}^{n} |(s-p_j)|}{\prod\limits_{i=1}^{m} |(s-z_i)|} = \frac{s^{n-m}\prod\limits_{j=1}^{n}\left|1-\dfrac{p_j}{s}\right|}{\prod\limits_{i=1}^{m}\left|1-\dfrac{z_i}{s}\right|}$$

当 $s=p_j$ 时，$K^*=0$；当 $s=z_i$ 时，$K^* \to \infty$；当 $|s| \to \infty$ 且 $n \geq m$ 时，$K^* \to \infty$。

$$K^* = \frac{|s-p_1|\cdots|s-p_n|}{|s-z_1|\cdots|s-z_m|} = \frac{s^{n-m}\left|1-\dfrac{p_1}{s}\right|\cdots\left|1-\dfrac{p_n}{s}\right|}{\left|1-\dfrac{z_1}{s}\right|\cdots\left|1-\dfrac{z_m}{s}\right|} = 0, \quad s=p_j, \quad j=1,2,\cdots,n$$

$$K^* = \frac{|s-p_1|\cdots|s-p_n|}{|s-z_1|\cdots|s-z_m|} = \frac{s^{n-m}\left|1-\dfrac{p_1}{s}\right|\cdots\left|1-\dfrac{p_n}{s}\right|}{\left|1-\dfrac{z_1}{s}\right|\cdots\left|1-\dfrac{z_m}{s}\right|} = \infty, \quad \begin{cases} s=z_i, \quad i=1,2,\cdots,m \\ s=\infty \end{cases}$$

法则 2　根轨迹的分支数、对称性和连续性：根轨迹的分支数＝闭环极点数＝系统阶次＝

开环极点数；根轨迹连续且对称于实轴。

根轨迹是开环系统某一参数从零变化到无穷大时，闭环极点在 s 平面上的变化轨迹。因此，根轨迹的分支数必与闭环特征方程根的数目一致，即根轨迹分支数等于系统的阶数。实际系统都存在惯性，反映在传递函数上必有 $n \geqslant m$。所以，根轨迹分支数就等于开环极点数。

因为 $K^* = \infty$ 是连续的，所以根轨迹是连续的，特征根要么在实轴上，要么是共轭复数，所以对称于实轴。由对称性，只需画出 s 平面上半部和实轴上的根轨迹，下半部的根轨迹即可对称画出。

法则 3 实轴上的根轨迹：实轴上的某一区域右边的实数零、极点个数之和为奇数时，该区域必是根轨迹的一部分。

设系统开环零、极点分布如图 4.8 所示。

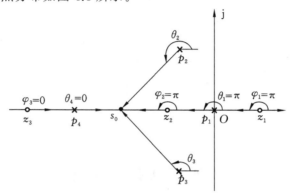

图 4.8 实轴上的根轨迹

在图 4.8 中，s_0 是实轴上的点，$\varphi_i(i=1,2,3)$ 是各开环零点到 s_0 点向量的相角，$\theta_j(j=1,2,3,4)$ 是各开环极点到 s_0 点向量的相角。s_0 点位于根轨迹上的充分必要条件是

$$\sum_{i=1}^{m_0} \varphi_i - \sum_{j=1}^{n_0} \theta_j = (2k+1)\pi, \quad (k=0,\pm1,\pm2,\cdots)$$

由于 π 与 $-\pi$ 表示的方向相同，因此等效有

$$\sum_{i=1}^{m_0} \varphi_i + \sum_{j=1}^{n_0} \theta_j = (2k+1)\pi, \quad (k=0,\pm1,\pm2,\cdots)$$

式中：m_0，n_0 分别表示在 s_0 点右侧实轴上的开环零点个数和开环极点个数，$(2k+1)$ 表示奇数。

可以得知，在图 4.8 所示实轴上，区段 $[p_1, z_1]$，$[p_4, z_2]$ 以及 $(-\infty, z_3]$ 均为实轴上的根轨迹。

【例 4.4】 某单位反馈系统的开环传递函数为 $G(s) = \dfrac{K^*(s+2)}{s(s+1)}$，证明复平面的根轨迹为圆弧（见图 4.9）。

解 由 $G(s) = \dfrac{K^*(s+2)}{s(s+1)}$ 得出

$$\begin{cases} K = 2K^* \\ v = 1 \end{cases}$$

$$D(s) = s(s+1) + K^*(s+2) = s^2 + (1+K^*)s + 2K^*$$

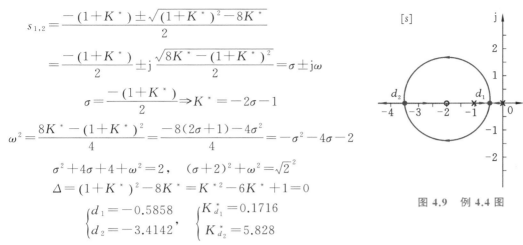

$$s_{1,2} = \frac{-(1+K^*) \pm \sqrt{(1+K^*)^2 - 8K^*}}{2}$$

$$= \frac{-(1+K^*)}{2} \pm j\frac{\sqrt{8K^* - (1+K^*)^2}}{2} = \sigma \pm j\omega$$

$$\sigma = \frac{-(1+K^*)}{2} \Rightarrow K^* = -2\sigma - 1$$

$$\omega^2 = \frac{8K^* - (1+K^*)^2}{4} = \frac{-8(2\sigma+1) - 4\sigma^2}{4} = -\sigma^2 - 4\sigma - 2$$

$$\sigma^2 + 4\sigma + 4 + \omega^2 = 2, \quad (\sigma+2)^2 + \omega^2 = \sqrt{2}^2$$

$$\Delta = (1+K^*)^2 - 8K^* = K^{*2} - 6K^* + 1 = 0$$

$$\begin{cases} d_1 = -0.5858 \\ d_2 = -3.4142 \end{cases}, \quad \begin{cases} K_{d_1}^* = 0.1716 \\ K_{d_2}^* = 5.828 \end{cases}$$

图 4.9　例 4.4 图

系统性能分析如图 4.10 所示。

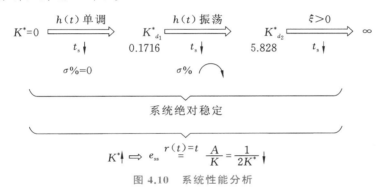

图 4.10　系统性能分析

由例 4.4 可得到如下定理。

定理 1　对于一个具有 2 个开环极点和 1 个开环零点的系统,在复平面存在根轨迹的情况下,如果以该系统的开环零点为圆心画一个圆,则该圆的一段弧是这个系统的根轨迹,如图 4.11 所示。

法则 4　根之和:当系统开环传递函数 $G(s)H(s)$ 的分子、分母阶次差 $(n-m)$ 大于或等于 2 时,如果系统存在闭环,则闭环极点之和等于系统开环极点之和且保持一个常值。

$$\sum_{i=1}^{n} \lambda_i = \sum_{i=1}^{n} p_i = C, \quad n-m \geqslant 2$$

式中:λ_i 表示系统的闭环极点(特征根);

p_i 表示系统的开环极点。

证明　设系统开环传递函数

$$G(s)H(s) = \frac{K^*(s-z_1)(s-z_2)\cdots(s-z_m)}{(s-p_1)(s-p_2)\cdots(s-p_n)} = \frac{K^* s^m + K^* b_{m-1} s^{m-1} + \cdots + K^* b_0}{s^n + a_{n-1} s^{n-1} + a_{n-2} s^{n-2} + \cdots + a_0}$$

由代数定理得

$$-a_{n-1} = \sum_{i=1}^{n} p_i = \sum_{i=1}^{n} \lambda_i = C \tag{4.8}$$

设 $n-m = 2$,即 $m = n-2$,系统闭环特征方程为

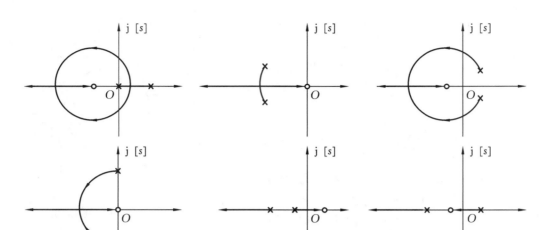

图 4.11 系统的根轨迹

$$D(s) = (s^n + a_{n-1}s^{n-1} + a_{n-2}s^{n-2} + \cdots + a_0) + (K^* s^m + K^* b_{m-1}s^{m-1} + \cdots + K^* b_0)$$
$$= s^n + a_{n-1}s^{n-1} + (a_{n-2} + K^*)s^{n-2} + \cdots + (a_0 + K^* b_0)$$
$$= (s - \lambda_1)(s - \lambda_2) \cdots (s - \lambda_n) = 0$$

根据闭环系统 n 个闭环特征根 $\lambda_1, \lambda_2, \cdots, \lambda_n$，可得系统闭环特征方程为

$$D(s) = s^n + \sum_{i=1}^{n}(-\lambda_i)s^{n-1} + \cdots + \prod_{i=1}^{n}(-\lambda_i) = 0$$

当 $n-m \geqslant 2$ 时，特征方程第二项系数与 K^* 无关，进而得到

$$\sum_{i=1}^{n}(-\lambda_i) = \sum_{i=1}^{n}(-p_i) = a_{n-1} = C \tag{4.9}$$

式(4.9)表明，当 $n-m \geqslant 2$ 时，对于通过负反馈控制的系统，随着增益 K^* 的增大，如果一部分极点向右移动，那么另一部分极点会向左移动，并且这两部分极点的移动距离之和为 0。所以，利用根之和法则可以确定闭环极点的位置，判定分离点所在范围。

法则 5　根轨迹的渐近线：当系统开环极点个数 n 大于开环零点个数 m 时，有 $n-m$ 条根轨迹分支沿着与实轴夹角为 φ_a、交点为 σ_a 的一组渐近线趋向于无穷远处，且有

$$\begin{cases} \varphi_a = \dfrac{(2k+1)\pi}{n-m} \\ \sigma_a = \dfrac{\displaystyle\sum_{j=1}^{n} p_j - \sum_{i=1}^{m} z_i}{n-m} \end{cases}, \quad k = 0, \pm 1, \pm 2, \cdots, \pm(n-m-1) \tag{4.10}$$

证明略。

【例 4.5】　单位反馈系统开环传递函数为

$$G(s) = \frac{K^*(s+1)}{s(s+4)(s^2+2s+2)}$$

试根据已知的基本法则，绘制根轨迹的渐近线。

　　解　将开环零、极点标在 s 平面上，如图 4.12 所示。根据法则，系统有 4 条根轨迹分支，且有 $n-m=3$ 条根轨迹趋于无穷远处，其渐近线与实轴的交点及夹角分别为

$$\begin{cases} \sigma_a = \dfrac{-4-1+j1-1-j1+1}{4-1} = -\dfrac{5}{3} \\[3mm] \varphi_a = \dfrac{(2k+1)\pi}{4-1} = \pm\dfrac{\pi}{3}, \pi \end{cases}$$

三条渐近线如图 4.12 所示。

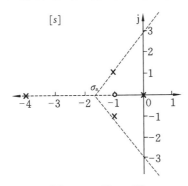

图 4.12　例 4.5 图

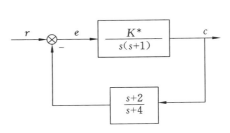

图 4.13　例 4.6 图一

【例 4.6】　系统结构图如图 4.13 所示。

（1）绘制当 $K^* = 0 \to \infty$ 时系统的根轨迹；

（2）当 $\mathrm{Re}[\lambda_1] = -1$ 时，求 λ_3。

解　（1）由 $G(s) = \dfrac{K^*(s+2)}{s(s+1)(s+4)}$ 得到

$$\begin{cases} K = K^*/2 \\ v = 1 \end{cases}$$

① 实轴上的根轨迹：$[-4, -2], [-1, 0]$。

② 渐近线：$\begin{cases} \sigma_a = \dfrac{0-1-4+2}{3-1} = -\dfrac{3}{2} \\[3mm] \varphi_a = \dfrac{(2k+1)\pi}{3-1} = \pm\dfrac{\pi}{2} \end{cases}$

用根之和法则分析绘制根轨迹，如图 4.14 所示。

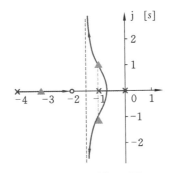

图 4.14　例 4.6 图二

（2）$a_{n-1} = 0-1-4 = -5 = \lambda_1 + \lambda_2 + \lambda_3$
$= 2(-1) + \lambda_3$

$$\lambda_3 = -5 + 2 = -3$$

法则 6　根轨迹的分离点：两条或两条以上根轨迹分支在 s 平面上相遇又分离的点，称为根轨迹的分离点，分离点的坐标 d 是方程

$$\sum_{j=1}^{n} \frac{1}{d-p_j} = \sum_{i=1}^{m} \frac{1}{d-z_i}$$

的解。

证明略。

【例 4.7】　某单位反馈系统开环传递函数为

$$G(s) = \frac{K^*}{s(s+1)(s+2)}$$

试概略绘制系统根轨迹，并求临界根轨迹增益及与该增益对应的 3 个闭环极点。

解　系统有 3 条根轨迹分支,且有 $n-m=3$ 条根轨迹趋于无穷远处。绘制根轨迹步骤如下。

（1）实轴上的根轨迹:$(-\infty,-2]$,$[-1,0]$。

（2）渐近线:

$$\begin{cases}\sigma_n=\dfrac{-1-2}{3}=-1\\[2mm]\varphi_n=\dfrac{(2k+1)\pi}{3}=\pm\dfrac{\pi}{3},\pi\end{cases}$$

（3）分离点:

$$\frac{1}{d}+\frac{1}{d+1}+\frac{1}{d+2}=0$$

经整理得

$$3d^2+6d+2=0$$

解得

$$d_1=-1.577,\quad d_2=-0.423$$

显然,分离点位于实轴上 $[-1,0]$ 间,故取 $d=-0.423$。

由于满足 $n-m\geqslant2$,闭环根之和为常数,当 K^* 增大时,两支根轨迹向右移动的速度慢于一支向左移动的根轨迹速度,因此分离点 $|d|<0.5$ 是合理的。

（4）与虚轴交点:系统闭环特征方程为

$$D(s)=s^3+3s^2+2s+K^*=0$$

令 $s=\mathrm{j}\omega$,则

$$\begin{aligned}D(\mathrm{j}\omega)&=(\mathrm{j}\omega)^3+3(\mathrm{j}\omega)^2+2(\mathrm{j}\omega)+K^*\\&=-\mathrm{j}\omega^3-3\omega^2+2\mathrm{j}\omega+K^*=0\end{aligned}$$

令实部、虚部分别为零,有

$$\begin{cases}K^*-3\omega^2=0\\2\omega-\omega^3=0\end{cases}$$

解得

$$\begin{cases}\omega=0\\K^*=0\end{cases},\quad\begin{cases}\omega=\pm\sqrt2\\K^*=6\end{cases}$$

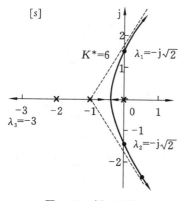

图 4.15　例 4.7 图

显然,第一组解是根轨迹的起点,故舍去。根轨迹与虚轴的交点为 $\lambda_{1,2}=\pm\mathrm{j}\sqrt2$,对应的根轨迹增益为 $K^*=6$。因为当 $0<K^*<6$ 时系统稳定,所以 $K^*=6$ 为临界根轨迹增益。根轨迹与虚轴的交点为对应的两个闭环极点,第三个闭环极点可由根之和法则求得:

$$0-1-2=\lambda_1+\lambda_2+\lambda_3=\lambda_3+\mathrm{j}\sqrt2-\mathrm{j}\sqrt2$$
$$\lambda_3=-3$$

系统根轨迹如图 4.15 所示。

图 4.15 的绘制程序如下。

```
num=[1];
den=conv([1,0],conv([1,1],[1 2]));
rlocus(num,den);
```

【例 4.8】 单位反馈系统的开环传递函数为

$$G(s) = \frac{K^*}{s(s+1)(s+2)}$$

试绘制根轨迹。

解 由 $G(s) = \dfrac{K^*}{s(s+1)(s+2)}$ 得到

$$\begin{cases} K = K^*/2 \\ v = 1 \end{cases}$$

(1) 实轴上的根轨迹:$[-\infty, -2]$,$[-1, 0]$。

(2) 渐近线:

$$\begin{cases} \sigma_a = \dfrac{0-1-2}{3} = -1 \\ \varphi_a = \dfrac{(2k+1)\pi}{3} = \pm\dfrac{\pi}{3}, \pi \end{cases}$$

(3) 分离点:

$$\frac{1}{d} + \frac{1}{d+1} + \frac{1}{d+2} = 0$$

整理得

$$3d^2 + 6d + 2 = 0$$

解得

$$\begin{cases} d_1 = -0.423 \quad \checkmark \\ d_2 = -1.577 \quad \times \end{cases}$$

④ 与虚轴交点:

$$K_d^* = |d||d+1||d+2|\Big|^{d=-0.423} = 0.385$$

系统根轨迹如图 4.16 所示。

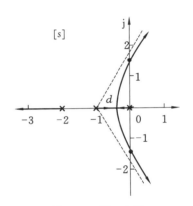

图 4.16 例 4.8 图

法则 7 根轨迹与虚轴的交点代表着闭环系统特征方程具有纯虚根,且此时系统处于临界稳定状态。

求解该交点的方法是,在闭环特征方程中令 $s = j\omega$,然后分别令实部和虚部都等于零,从中求得交点的坐标及相应的增益值 K^*。也可以通过劳斯判据求出交点对应的坐标和 K^* 值。在这个临界状态下,根轨迹增益被称为临界根轨迹增益。

接上例。$G(s) = \dfrac{K^*}{s(s+1)(s+2)}$

$$D(s) = s(s+1)(s+2) + K^* = s^3 + 3s^2 + 2s + K^* = 0$$

$$D(j\omega) = -j\omega^3 - 3\omega^2 + j2\omega + K^* = 0$$

$$\begin{cases} \operatorname{Re}[D(j\omega)] = -3\omega^2 + K^* = 0 \\ \operatorname{Im}[D(j\omega)] = -\omega^3 + 2\omega = 0 \end{cases}, \quad \begin{cases} \omega = \pm\sqrt{2} \\ K^* = 6 \end{cases}$$

系统根轨迹如图 4.17 所示。

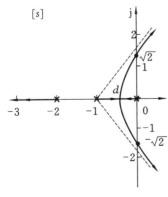

图 4.17 系统根轨迹

【例 4.9】 某单位反馈系统开环传递函数为

$$G(s) = \frac{K^*}{s(s+1)(s+5)}$$

试概略绘制系统根轨迹。

解 根轨迹绘制步骤如下。

（1）实轴上的根轨迹：$(-\infty, -5]$，$[-1, 0]$。

（2）渐近线：

$$\begin{cases} \sigma_a = \dfrac{-1-5}{3} = -2 \\ \varphi_a = \dfrac{(2k+1)\pi}{3} = \pm\dfrac{\pi}{3}, \pi \end{cases}$$

（3）分离点：

$$\frac{d[s(s+1)(s+5)]}{ds} = 0$$

经整理得

$$3d^2 + 12d + 5 = 0$$

解得

$$d_1 = -3.53, \quad d_2 = -0.47$$

显然，分离点位于实轴上 $[-1, 0]$ 间，故取 $d = -0.47$。

（4）与虚轴交点。

方法 1 系统闭环特征方程为

$$D(s) = s^3 + 6s^2 + 5s + K^* = 0$$

令 $s = j\omega$，并令方程实部、虚部分别为零，有

$$\begin{cases} \mathrm{Re}[D(j\omega)] = -6\omega^2 + K^* = 0 \\ \mathrm{Im}[D(j\omega)] = -\omega^3 + 5\omega = 0 \end{cases}$$

解得

$$\begin{cases} \omega = 0 \\ K^* = 0 \end{cases}, \quad \begin{cases} \omega = \pm\sqrt{5} \\ K^* = 30 \end{cases}$$

第一组解是根轨迹的起点，故舍去。根轨迹与虚轴的交点为 $s = \pm\sqrt{5}$，对应的根轨迹增益 $K^* = 30$。

方法 2 用劳斯判据求根轨迹与虚轴的交点。列劳斯表，如表 4.2 所示。

表 4.2 劳斯表

s^3	1	5
s^2	6	K^*
s^1	$(30-K^*)/6$	0
s^0	K^*	

当 $K^* = 30$ 时，s^1 行元素全为零，系统存在共轭虚根。共轭虚根可由 s^2 行的辅助方程得

出,辅助方程为

$$F(s)=6s^2+K^*\big|_{K^*=30}=0$$

解得 $s=\pm\mathrm{j}\sqrt{5}$,为根轨迹与虚轴的交点。根据上述讨论,可绘制出系统根轨迹如图 4.18 所示。

图 4.18 的绘制程序如下。

```
num=[1];
den=conv([1,0],conv([1  1],[1  5]));
rlocus(num,den);
```

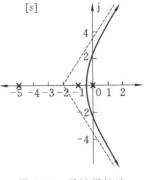

图 4.18　系统根轨迹

法则 8　在根轨迹上,离开开环复数极点的切线与正实轴的夹角被称为起始角,也称为出射角,进入开环复数零点处切线与正实轴的夹角则被称为终止角,也称为入射角。这些角度可以直接用相角条件计算得出。

起始角和终止角的计算式为

$$\sum_{i=1}^{m}\angle(s-z_i)-\sum_{j=1}^{n}\angle(s-p_j)=(2k+1)\pi$$

【例 4.10】　设系统开环传递函数为

$$G(s)=\frac{K^*(s+1.5)(s+2+\mathrm{j})(s+2-\mathrm{j})}{s(s+2.5)(s+0.5+\mathrm{j}1.5)(s+0.5-\mathrm{j}1.5)}$$

试概略绘制系统根轨迹。

解　将开环零、极点标于 s 平面上,绘制根轨迹步骤如下。

(1) 实轴上的根轨迹:$(-\infty,-2.5]$,$[-1.5,0]$。

(2) 起始角和终止角:先求起始角。由相角条件式得

$$\sum_{i=1}^{m}\varphi_i-\sum_{j=1}^{n}\theta_j=(\varphi_1+\varphi_2+\varphi_3)-(\theta_{p_2}+\theta_1+\theta_2+\theta_3)=(2k+1)\pi$$

$$56.5°+19°+59°-[\theta_{p_2}+108.5°+90°+37°]=-180°$$

解得起始角 $\theta_{p_2}=79°$(见图 4.19)。

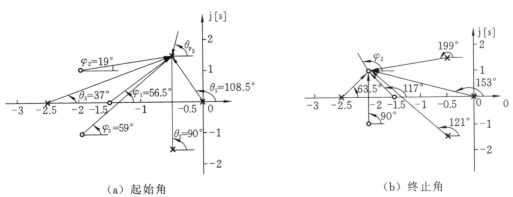

(a) 起始角　　　　　　　　　　　　　　(b) 终止角

图 4.19　根轨迹的起始角和终止角

同理,作各开环零、极点到复数零点 $(-2+\mathrm{j})$ 的向量[图 4.19(b)],列出 $[117°+\varphi_2+90°]-$

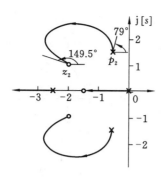

图 4.20 系统根轨迹

$[199°+121°+153°+63.5]=-180°$，得到终止角 $\varphi_2=149.5°$。作出系统的根轨迹如图 4.20 所示。

图 4.20 的绘制程序如下。

```
zero=[-1.5 -2-i -2+i];
pole=[0 -2.5 -0.5+j*1.5 -0.5-j*1.5];
g=zpk(zero,pole,1);rlocus(g);
```

根据绘制根轨迹的 8 条法则，可以绘出系统的根轨迹。具体绘制某一根轨迹时，这 8 条法则并不一定全部用到，要根据具体情况确定选用哪几条法则。为了便于查阅，我们将这些法则统一归纳在表 4.3 中。

表 4.3 绘制根轨迹的基本法则

序号	内容	法则
1	根轨迹的起点和终点	根轨迹起始于开环极点，终止于开环零点或无穷远处
2	根轨迹的分支数、对称性和连续性	根轨迹的分支数＝闭环极点数＝系统阶次＝开环极点数；根轨迹连续且对称于实轴
3	实轴上的根轨迹	实轴上的某一区域，若其右端开环实数零、极点个数之和为奇数，则该区域必是 180° 根轨迹。 ＊实轴上的某一区域，若其右端开环实数零、极点个数之和为偶数，则该区域必是 0° 根轨迹
4	根之和	$\sum_{i=1}^{n}\lambda_i=\sum_{i=1}^{n}p_i, \quad n-m\geqslant 2$
5	根轨迹的渐近线	渐近线与实轴的交点 $\sigma_a=\dfrac{\sum_{j=1}^{n}p_j-\sum_{i=1}^{m}z_i}{n-m}$ 渐近线与实轴的夹角 $\begin{cases}\varphi_a=\dfrac{(2k+1)\pi}{n-m}(180° \text{根轨迹})\\ *\varphi_a=\dfrac{2k\pi}{n-m}(0° \text{根轨迹})\end{cases}, \quad k=0,\pm 1,\pm 2,\cdots$
6	根轨迹的分离点	分离点的坐标 d 是方程 $\sum_{j=1}^{n}\dfrac{1}{d-p_j}=\sum_{i=1}^{m}\dfrac{1}{d-z_i}$ 的解
7	根轨迹与虚轴的交点	根轨迹与虚轴的交点坐标 ω 及其对应的 K^* 值可用劳斯判据确定，也可令闭环特征方程中 $s=j\omega$，然后分别令其实部和虚部为零求解得到
8	根轨迹的起始角和终止角	$\sum_{i=1}^{m}\varphi_i-\sum_{j=1}^{n}\theta_j=(2k+1)\pi, \quad k=0,\pm 1,\pm 2,\cdots$ $*\sum_{i=1}^{m}\varphi_i-\sum_{j=1}^{n}\theta_j=2k\pi, \quad k=0,\pm 1,\pm 2,\cdots$

注：以"＊"标明的法则是绘制 0° 根轨迹的法则（与绘制常规根轨迹的法则不同），其余法则不变。

【例 4.11】 单位反馈系统的开环传递函数为

$$G(s)=\frac{K^*}{s(s+20)(s^2+4s+20)}$$

试绘制根轨迹。

解　由 $G(s)=\dfrac{K^*}{s(s+20)(s+2\pm\mathrm{j}4)}$ 得到

$$\begin{cases}K=K^*/400\\v=1\end{cases}$$

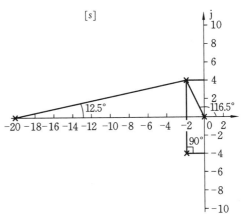

图 4.21　例 4.11 图（一）

（1）实轴上的根轨迹：$[-20,0]$（见图 4.21）。

（2）渐近线：

$$\sigma_{\mathrm{a}}=\frac{0-20-2-2}{4}=-6$$

$$\varphi_{\mathrm{a}}=\frac{(2k+1)\pi}{4}=\pm\frac{\pi}{4},\pm\frac{3}{4}\pi$$

（3）起始角：

$$-[\theta_1+90°+116.5°+12.5°]=-180°\Rightarrow\theta_1=-39°$$

（4）分离点：

$$\frac{1}{d}+\frac{1}{d+20}+\frac{1}{d+2+\mathrm{j}4}+\frac{1}{d+2-\mathrm{j}4}=0$$

$$\frac{1}{d}+\frac{1}{d+20}+\frac{2(d+2)}{(d+2)^2+4^2}=0$$

试根得

$$d=-15.1$$

$$K_d^*=|d||d+20||(d+2)^2+4^2|\Big|^{d=-15.1}=13881$$

（5）与虚轴的交点：

$$D(s)=s^4+24s^3+100s^2+400s+K^*=0$$

$$\begin{cases}\mathrm{Re}\,[D(\mathrm{j}\omega)]=\omega^4-100\omega^2+K^*=0\\\mathrm{Im}[D(\mathrm{j}\omega)]=-24\omega^3+400\omega=0\end{cases},\quad\begin{cases}\omega=\sqrt{400/24}\\K^*=1389\end{cases}$$

稳定的开环增益范围：$0<K<3.4725$。

系统根轨迹如图 4.22 所示。

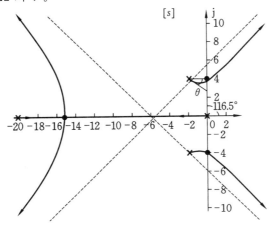

图 4.22　例 4.11 图（二）

4.3　参数根轨迹与零度根轨迹

我们在前面介绍的仅是系统以根轨迹增益 K^* 为变量的负反馈系统的根轨迹绘制方法。在实际系统中，有时需要分析正反馈条件下或除系统的根轨迹增益 K^* 以外的其他参数变化对系统性能的影响。我们称不以根轨迹增益 K^* 为变量时非负反馈系统的根轨迹（参数根轨迹和零度根轨迹）为广义根轨迹。

1.参数根轨迹

除了开环增益外，还常常分析系统其他参数的变化对系统性能的影响，所以以非开环增益为可变参数绘制的根轨迹被称为参数根轨迹。

绘制参数根轨迹的法则与绘制常规根轨迹的法则完全相同。只需要在绘制参数根轨迹前引入等效单位反馈系统和等效传递函数的概念，将绘制参数根轨迹的问题转化为绘制 K^* 变化时根轨迹的问题来处理。

【例 4.12】　单位反馈系统开环传递函数为

$$G(s) = \frac{\frac{1}{4}(s+a)}{s^2(s+1)}$$

试绘制 $a = 0 \to \infty$ 时的根轨迹。

解　系统的闭环特征方程为

$$D(s) = s^3 + s^2 + \frac{1}{4}s + \frac{1}{4}a = 0$$

构造等效开环传递函数，把含有可变参数的项放在分子上，即

$$G^*(s) = \frac{\frac{1}{4}a}{s\left(s^2 + s + \frac{1}{4}\right)} = \frac{\frac{1}{4}a}{s\left(s + \frac{1}{2}\right)^2}$$

由于等效开环传递函数对应的闭环特征方程与原系统闭环特征方程一样，因此称 $G^*(s)$ 为等效开环传递函数。通过 $G^*(s)$ 的形式，可以采用常规根轨迹的绘制方法绘制系统的根轨迹。但等效开环传递函数 $G^*(s)$ 对应的闭环零点与原系统的闭环零点并不一致，系统性能与闭环零、极点都有关，所以在确定系统闭环零点、估算系统动态性能时，需要结合由等效系统的根轨迹得到的闭环极点与原系统的闭环零点进行系统分析。

等效开环传递函数有 3 个开环极点，即 $p_1 = 0, p_2 = p_3 = -\frac{1}{2}$；系统有 3 条根轨迹，均趋于无穷远处。

（1）实轴上的根轨迹：$\left[-\infty, -\frac{1}{2}\right], \left[-\frac{1}{2}, 0\right]$。

（2）渐近线：

$$\begin{cases} \sigma_a = \dfrac{-\dfrac{1}{2} - \dfrac{1}{2}}{3} = -\dfrac{1}{3} \\ \varphi_a = \dfrac{(2k+1)\pi}{3} = \pm\dfrac{\pi}{3}, \pi \end{cases}$$

（3）分离点：

$$\frac{1}{d} + \frac{1}{d + \dfrac{1}{2}} + \frac{1}{d + \dfrac{1}{2}} = 0$$

解得

$$d = -\frac{1}{6}$$

由幅值条件得分离点处的 a 值为

$$\frac{a_d}{4} = |d| \, |d + \frac{1}{2}|^2 = \frac{1}{54}$$

$$a_d = \frac{2}{27}$$

（4）与虚轴的交点：将 $s = j\omega$ 代入闭环特征方程，得

$$D(j\omega) = (j\omega)^3 + (j\omega)^2 + \frac{1}{4}(j\omega) + \frac{a}{4} = \left(-\omega^2 + \frac{a}{4}\right) + j\left(-\omega^3 + \frac{1}{4}\omega\right) = 0$$

于是有

$$\begin{cases} \mathrm{Re}\,[D(j\omega)] = -\omega^2 + \dfrac{a}{4} = 0 \\ \mathrm{Im}\,[D(j\omega)] = -\omega^3 + \dfrac{1}{4}\omega = 0 \end{cases}$$

解得

$$\begin{cases} \omega = \pm\dfrac{1}{2} \\ a = 1 \end{cases}$$

根轨迹如图 4.23 所示。从图 4.23 中可以看出参数 a 变化对系统性能的影响。

（1）当 $0 < a \leqslant 2/27$ 时，闭环极点落在实轴上，系统阶跃响应为单调过程。

（2）当 $2/27 < a < 1$ 时，距离虚轴较近的一对复数闭环极点逐渐向虚轴靠拢，系统阶跃响应为振荡收敛过程。

（3）当 $a > 1$ 时，有闭环极点落在右半 s 平面，系统不稳定，阶跃响应振荡发散。

图 4.23 的绘制程序如下。

```
num=[1];
den=conv([1 0],[1 1 1/4]);
rlocus(num,den);
```

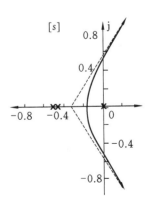

图 4.23　根轨迹图

从原系统开环传递函数可见，$s=-a$ 为系统的一个闭环零点，其位置是不断变化的，故系统性能的计算必须考虑其变化带来的影响。

2.零度根轨迹

在负反馈条件下根轨迹方程为 $G(s)H(s)=-1$，相角条件为 $\angle G(s)H(s)=(2k+1)\pi$，$k=0,\pm1,\pm2,\cdots$，因此称相应的常规根轨迹为 180° 根轨迹。如果所研究的控制系统为非最小相位系统（右半平面具有开环零、极点的控制系统），有时不能采用常规根轨迹绘制方法来绘制根轨迹，因其系统特征方程为 $D(s)=1-G(s)H(s)=0$，根轨迹方程为 $G(s)H(s)=1$，相角条件为 $\angle G(s)H(s)=2k\pi$，而非 $\angle G(s)H(s)=(2k+1)\pi$，相应绘制的根轨迹一般被称为零度（或 0°）根轨迹。

零度根轨迹绘制法则与常规根轨迹的绘制法则略有不同。以系统开环传递函数 $G(s)H(s)$ 表达式为例，零度根轨迹方程为

$$\frac{K^*\prod\limits_{i=1}^{m}(s-z_i)}{\prod\limits_{j=1}^{n}(s-p_j)}=1 \tag{4.11}$$

幅值条件为

$$|G(s)H(s)|=K^*\frac{\prod\limits_{i=1}^{m}|(s-z_i)|}{\prod\limits_{j=1}^{n}|(s-p_j)|}=1 \tag{4.12}$$

相角条件为

$$\angle G(s)H(s)=\sum_{i=1}^{m}\angle(s-z_i)-\sum_{j=1}^{n}\angle(s-p_j)=\sum_{i=1}^{m}\varphi_i-\sum_{j=1}^{n}\theta_j=2k\pi \tag{4.13}$$
$$k=0,\pm1,\pm2,\cdots$$

零度根轨迹的幅值条件与 180° 根轨迹的幅值条件一致，而相角条件不同。因此，常规根轨迹的绘制法则原则上可以应用于零度根轨迹的绘制，而与相角条件有关的法则 3、法则 5、法则 8 则需要相应修改。修改调整后的法则如下：

法则3* 实轴上的根轨迹：实轴上的某一区域，若其右边开环实数零、极点个数之和为偶数，则该区域必是根轨迹。

法则5* 根轨迹的渐近线与实轴的夹角应改为

$$\varphi_n=\frac{2k\pi}{n-m},\quad k=0,\pm1,\pm2,\cdots$$

法则8* 根轨迹的起始角和终止角用式(4.13)计算。

除上述三个法则之外，其他法则不变。为了便于使用，也将绘制 0° 根轨迹法则归纳于表 4.3 中，与 180° 根轨迹不同的绘制法则以"*"标明。

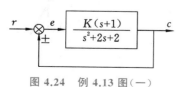

图 4.24 例 4.13 图（一）

【例 4.13】 系统结构图如图 4.24 所示，$K^*=0\to\infty$，试分别绘制 0°、180° 根轨迹。

解

$$G(s)=\frac{K(s+1)}{s^2+2s+2}=\frac{K(s+1)}{(s+1+j)(s+1-j)},\quad\begin{cases}K^*=K/2\\v=0\end{cases}$$

① 实轴轨迹：0°根轨迹，$[-1,\infty]$；180°根轨迹，$(-\infty,-1]$。

② 起始角：180°根轨迹，$90°-(\theta+90°)=-180°\Rightarrow\theta=180°$；0°根轨迹，$90°-(\theta+90°)=0°\Rightarrow\theta=0°$。

③ 分离点：

$$\frac{1}{d+1+\mathrm{j}}+\frac{1}{d+1-\mathrm{j}}=\frac{2(d+1)}{d^2+2d+2}=\frac{1}{d+1}$$

整理得

$$d^2+2d=d(d+2)=0$$

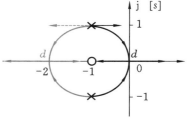

图 4.25　例 4.13 图（二）

解根

$$\begin{cases}d_1=-2\\K_{d_1}=\dfrac{|d+1+\mathrm{j}||d+1-\mathrm{j}|}{|d+1|}\Big|^{d=-2}=2\end{cases}\qquad\begin{cases}d_2=0\\K_{d_2}=\dfrac{|d+1+\mathrm{j}||d+1-\mathrm{j}|}{|d+1|}\Big|^{d=0}=2\end{cases}$$

根轨迹如图 4.25 所示。

【例 4.14】　设系统结构图如图 4.26 所示，其中

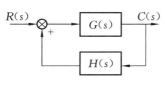

$$G(s)=\frac{K^*(s+2)}{(s+3)(s^2+2s+2)},\quad H(s)=1$$

试绘制根轨迹。

图 4.26　例 4.14 图

解　系统为正反馈，应绘制 0°根轨迹。系统开环传递函数为

$$G(s)H(s)=\frac{K^*(s+2)}{(s+3)(s^2+2s+2)}$$

根轨迹绘制步骤如下：

(1) 实轴上的根轨迹：$(-\infty,-3]$，$[-2,\infty)$。

(2) 渐近线：

$$\begin{cases}\sigma_a=\dfrac{-3-1-\mathrm{j}-1-\mathrm{j}+2}{3-1}=-\dfrac{3}{2}\\\varphi_a=\dfrac{2k\pi}{3-1}=0,\pi\end{cases}$$

(3) 分离点：

$$\frac{1}{d+3}+\frac{1}{d+1-\mathrm{j}}+\frac{1}{d+1+\mathrm{j}}=\frac{1}{d+2}$$

经整理得

$$(d+0.8)(d^2+4.7d+6.24)=0$$

显然，分离点位于实轴上，故取 $d=-0.8$。

(4) 起始角：根据绘制 0°根轨迹的法则 8*，对应极点 $p_1=-1+\mathrm{j}$，根轨迹的起始角为

$$\theta_{p_1}=0°+45°-(90°+26.6°)=-71.6°$$

根据其对称特性，极点 $p_2=-1-\mathrm{j}$ 的起始角为 $\theta_{p_2}=71.6°$。系统根轨迹如图 4.27 所示。

(5) 临界开环增益：由图 4.27 可见，根轨迹过原点坐标，坐标原点对应的根轨迹增益为

$$K_c^*=\frac{|0-(-1+\mathrm{j})||0-(-1-\mathrm{j})||0-(-3)|}{|0-(-2)|}=3$$

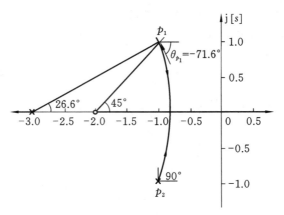

图 4.27　系统根轨迹

由于 $K = K^*/3$，于是临界开环增益 $K_c = 1$，因此，为了使该正反馈系统稳定，开环增益应小于 1。

4.4　用根轨迹法分析系统性能

使用根轨迹可以分析当控制系统的某个参数变化时，系统的动态性能如何随之改变，在给定某个参数值时，可以根据根轨迹图确定相应的闭环极点，结合闭环零点，可以得到相应零极点形式的闭环传递函数。本节通过讨论如何利用根轨迹分析、估算系统性能，同时分析附加开环零、极点对根轨迹及系统性能的影响。

4.4.1　用闭环极点分析系统性能

利用根轨迹法分析系统性能有以下 4 个基本步骤。

（1）绘制系统根轨迹。

（2）依题意确定闭环极点位置。

（3）确定闭环零点。

（4）保留主导极点，利用零极点法估算系统性能。

【例 4.15】　已知系统结构图如图 4.28 所示，$K^* = 0 \rightarrow \infty$，绘制系统根轨迹并完成以下作业。

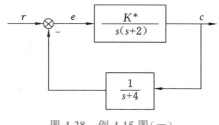

图 4.28　例 4.15 图（一）

（1）确定使系统稳定且为欠阻尼状态时开环增益 K 的取值范围；

（2）确定复极点对应 $\xi = 0.5(\beta = 60°)$ 时的 K 值及闭环极点位置；

（3）当 $\lambda_3 = -5$ 时，求 λ_1、λ_2 及相应 K 值；

（4）当 $K^* = 4$ 时，求 λ_1、λ_2、λ_3 并估算系统的动态指标($\sigma\%$, t_s)。

解　绘制系统根轨迹。

$$G(s) = \frac{K^*}{s(s+2)(s+4)}, \qquad \begin{cases} K = K^*/8 \\ v = 1 \end{cases}$$

① 实轴上的根轨迹：$[-\infty, -4]$，$[-2, 0]$。

② 渐近线：

$$\begin{cases} \sigma_a = (-2-4)/3 = -2 \\ \varphi_a = \pm 60°, 180° \end{cases}$$

③ 分离点：

$$\frac{1}{d} + \frac{1}{d+2} + \frac{1}{d+4} = 0$$

整理得

$$3d^2 + 12d + 8 = 0$$

解根：

$$d_1 = -0.845 \quad \checkmark, \quad d_2 = -3.155 \quad \times$$

$$K_d^* = |d||d+2||d+4| \Big|^{d=-0.845} = 3.08$$

④ 与虚轴的交点：

$$D(s) = s(s+2)(s+4) + K^* = s^3 + 6s^2 + 8s + K^* = 0$$

$$\begin{cases} \mathrm{Im}[D(\mathrm{j}\omega)] = -\omega^3 + 8\omega = 0 \\ \mathrm{Re}[D(\mathrm{j}\omega)] = -6\omega^2 + K^* = 0 \end{cases}, \qquad \begin{cases} \omega = \sqrt{8} = 2.828 \\ K_\omega^* = 48 \end{cases}$$

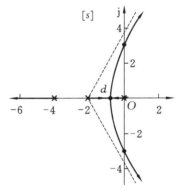

图 4.29　例 4.15 图（二）

系统根轨迹如图 4.29 所示。

（1）确定使系统稳定且为欠阻尼状态时开环增益 K 的取值范围。

依题，对应 $0 < \xi < 1$ 有

$$\begin{cases} K_d^* = 3.08 < K^* < 48 = K_\omega^* \\ \dfrac{3.08}{8} < K = \dfrac{K^*}{8} < \dfrac{48}{8} = 6 \end{cases}$$

（2）确定复极点对应 $\xi = 0.5 (\beta = 60°)$ 时的 K 值及闭环极点位置。

绘出系统根轨迹，如图 4.30 所示。设

$$\lambda_{1,2} = -\xi \omega_n \pm \mathrm{j}\sqrt{1-\xi^2}\,\omega_n$$

由根之和

$$C = 0 - 2 - 4 = -6 = -2\xi\omega_n + \lambda_3$$

$$\lambda_3 = -6 + 2\xi\omega_n \Big|^{\xi=0.5} = -6 + \omega_n$$

应有

$$D(s) = s(s+2)(s+4) + K^* = s^3 + 6s^2 + 8s + K^*$$
$$= (s-\lambda_1)(s-\lambda_2)(s-\lambda_3)$$
$$= (s^2 + 2\xi\omega_n s + \omega_n^2)(s + 6 - \omega_n)$$
$$= s^3 + 6s^2 + 6\omega_n s + \omega_n^2(6 - \omega_n)$$

比较系数

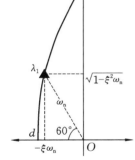

图 4.30　例 4.15 图（三）

$$\begin{cases} 6\omega_n = 8 \\ \omega_n^2(6-\omega_n) = K^* \end{cases}$$

解根：

$$\begin{cases} \omega_n = 4/3 \\ K^* = 8.296 \end{cases}, \qquad \begin{cases} K = K^*/8 = 1.037 \\ \lambda_{1,2} = -0.667 \pm j1.155 \\ \lambda_3 = -6 + \omega_n = -4.667 \end{cases}$$

（3）当 $\lambda_3 = -5$ 时，求 λ_1、λ_2 及相应的 K 值。

$$D(s) = s^3 + 6s^2 + 8s + K^* = (s+5)(s^2 + s + 3)$$

$$\lambda_{1,2} = -0.5 \pm j1.6583$$

$$K^* = 15$$

$$K = K^*/8 = 15/8 = 1.875$$

（4）当 $K^* = 4$ 时，求 λ_1、λ_2、λ_3 并估算系统的动态指标（$\sigma\%$，t_s）。

令 $K^* = |\lambda_3||\lambda_3 + 2||\lambda_3 + 4| = 4$，试根得 $\lambda_3 = -4.383$。

$$\frac{D(s)}{s+4.383} = \frac{s^3 + 6s^2 + 8s + K^*}{s+4.383}$$

$$= s^2 + 1.617s + 0.913$$

解根：

$$\begin{cases} \lambda_{1,2} = -0.808 \pm j0.509 \\ \lambda_3 = -4.383 \end{cases}$$

视 $\lambda_{1,2}$ 为主导极点：

$$\begin{cases} \lambda_{1,2} = -0.808 \pm j0.509 \\ \lambda_3 = -4.383 \\ z = -4 \end{cases}$$

$$\Phi(s) = \frac{\dfrac{K^*}{s(s+2)}}{1 + \dfrac{K^*}{s(s+2)(s+4)}} = \frac{K^*(s+4)}{s(s+2)(s+4) + K^*}$$

$$\xlongequal{K^*=4} \frac{K^*(s+4)}{(s+4.383)[s^2 + 0.808 \pm j0.509]}$$

$$= \frac{4(s+4)}{(s+4.383)[s^2 + 1.617s + 0.913]}$$

$$= \frac{4 \times 0.913}{s^2 + 1.617s + 0.913}$$

$$\begin{cases} \omega_n = \sqrt{0.913} = 0.955 \\ \xi = 1.617/(2 \times 0.955) = 0.846 \end{cases}$$

$$\begin{cases} \sigma\% = e^{-\xi\pi/\sqrt{1-\xi^2}} = 0.689\% \\ t_s = 3.5/\xi\omega_n = 3.5/0.808 = 4.332 \end{cases}$$

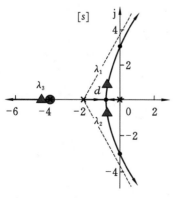

图 4.31　例 4.15 图（四）

系统根轨迹图如图 4.31 所示。

如果一个高阶系统的闭环极点满足具有闭环主导极点的分布规律,那么我们可以将非主导极点和偶极子的影响忽略不计,进而将该高阶系统简化为阶数较低的系统。这种简化方法称为主导极点法。这种方法可以近似估算系统的性能指标。

【例 4.16】　系统结构图如图 4.32 所示。

(1) 绘制当 $K^* = 0 \rightarrow \infty$ 时系统的根轨迹;

(2) 复极点对应的 $\xi = 0.5(\beta = 60°)$ 时,K 及 λ 为多少?

(3) 估算系统的动态性能指标($\sigma\%, t_s$)。

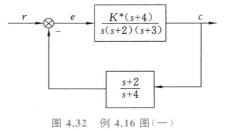

图 4.32　例 4.16 图(一)

解　(1) 由 $G(s) = \dfrac{K^*(s+4)}{s(s+2)(s+3)} \cdot \dfrac{s+2}{s+4} = \dfrac{K^*}{s(s+3)}$ 可得

$$\begin{cases} K = K^*/3 \\ v = 1 \end{cases}$$

系统根轨迹如图 4.33 所示。

(2) 当 $\xi = 0.5(\beta = 60°)$ 时,有

$$\lambda_{1,2} = -1.5 \pm j2.598$$

$$K^* = |\lambda_1||\lambda_1 + 3| = 1.5^2 + 2.598^2 = 9$$

$$K = K^*/3 = 3$$

(3)

$$\Phi(s) = \frac{\dfrac{K^*(s+4)}{s(s+2)(s+3)}}{1 + \dfrac{K^*}{s(s+3)}} = \frac{K^*(s+4)}{(s+2)[s(s+3) + K^*]}, \quad \begin{cases} \sigma\% = 5.17\% \\ t_s = 1.62 \end{cases}$$

系统的动态特性如图 4.34 所示。

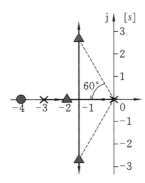

图 4.33　例 4.16 图(二)

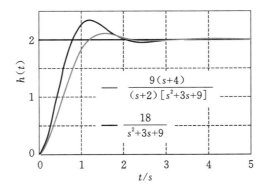

$$\frac{9(s+4)}{(s+2)[s^2+3s+9]}$$

$$\frac{18}{s^2+3s+9}$$

图 4.34　例 4.16 图(三)

4.4.2　用开环零、极点分析系统性能

开环零、极点分布会影响控制系统的根轨迹,在一定程度上决定了系统的动态特性,包括稳态误差、阻尼比、超调量和调节时间等指标。可以对控制器进行优化设计,改变其结构和参

数以调整开环零极点的位置和数量，以改善系统的性能并满足设计要求。

1. 增加开环零点对根轨迹的影响

【**例 4.17**】 三个单位反馈系统的开环传递函数分别为

$$G_1(s)=\frac{K^*}{s(s+0.8)}, \quad G_2(s)=\frac{K^*(s+2+j4)(s+2-j4)}{s(s+0.8)}, \quad G_3(s)=\frac{K^*(s+4)}{s(s+0.8)}$$

试分别绘制三个系统的根轨迹。

解 三个系统的零、极点分布及根轨迹分别如图 4.35(a)、(b)、(c)所示。当开环增益 $K=$ 4 时，系统的单位阶跃响应曲线如图 4.35(d)所示。

可以看出，增加开环零点可以使控制系统根轨迹向左偏移，从而提高系统的稳定性和动态特性。开环负实部零点对阻尼比和超调量等参数的改善效果显著，因为它能够有效地减少系统振荡并提高系统的阻尼比。如果加入的开环零点与某个极点重叠或者非常接近，就会形成一个偶极子，同时会对系统的动态行为产生影响。这时可以通过适当调整开环零点的位置和数目，使其与有损于系统性能的极点相抵消，以此改善系统的性能表现。

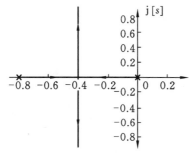

（a）原系统根轨迹

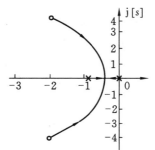

（b）加开环零点-2±j4后系统根轨迹

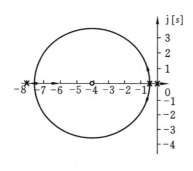

（c）加开环零点-4后系统根轨迹

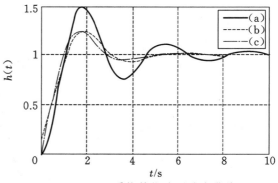

（d）系统单位阶跃响应曲线

图 4.35 增加开环零点后系统的根轨迹及其响应曲线

2. 增加开环极点对根轨迹的影响

【**例 4.18**】 利用上述例 4.17 进行讨论。在原系统上分别增加一个实数开环极点 -4 和一对开环极点 $-2\pm j4$，三个单位反馈系统的开环传递函数分别为

$$G_1(s)=\frac{K^*}{s(s+0.8)}, \quad G_2(s)=\frac{K^*}{s(s+0.8)(s+4)}$$

$$G_3(s) = \frac{K^*}{s(s+0.8)(s+2+\mathrm{j}4)(s+2-\mathrm{j}4)}$$

试分别绘制三个系统的根轨迹。

解　三个系统的零、极点分布及根轨迹分别如图 4.36(a)、(b)、(c)所示。当开环增益 $K=$ 2 时,系统的单位阶跃响应曲线如图 4.36(d)所示。

可以看出,增加开环极点会使控制系统的根轨迹向右偏移,降低系统的稳定性和动态特性,从而可能影响系统的性能表现。开环负实部极点对系统性能有影响,其效果离虚轴越近效果也越显著。可以通过合理地设计和调整校正装置参数,以及设置适当位置的开环零、极点来优化控制器结构,进一步提升控制系统的动态性能。

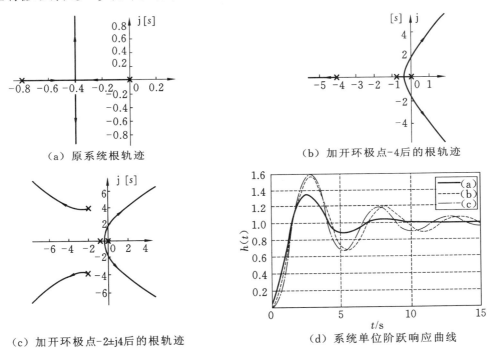

（a）原系统根轨迹　　　　　　　　　（b）加开环极点-4后的根轨迹

（c）加开环极点-2±j4后的根轨迹　　　（d）系统单位阶跃响应曲线

图 4.36　增加开环极点后系统的根轨迹及其响应曲线

【例 4.19】　采用 PID 控制器的系统结构图如图 4.37 所示。设控制器参数 $K_P=1, K_D=0.25, K_I=1.5$。当采用不同控制方式(P/PD/PI/PID)时,试绘制 $K^*=0\to\infty$ 时的系统根轨迹。

解　(1) P 控制:此时开环传递函数为

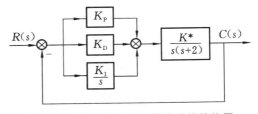

图 4.37　采用 PID 控制器的系统结构图

$$G_P(s) = \frac{K_P K^*}{s(s+2)}, \quad \begin{cases} K = \dfrac{K_P K^*}{2} = \dfrac{K^*}{2} \\ v = 1 \end{cases}$$

根轨迹如图 4.38(a)所示。

(2) PD 控制:此时开环传递函数为

$$G_{PD}(s) = \frac{K^*(0.25s+1)}{s(s+2)} = \frac{\frac{K^*}{4}(s+4)}{s(s+2)}, \quad \begin{cases} K = \dfrac{K^*}{2} \\ v = 1 \end{cases}$$

根轨迹如图 4.38(b) 所示。可见，由于根轨迹向左偏移，系统的动态性能得以有效改善。

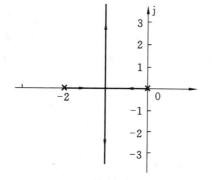

（a）P 控制根轨迹

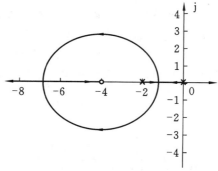

（b）PD 控制根轨迹

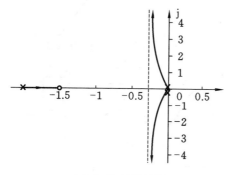

（c）PI 控制根轨迹

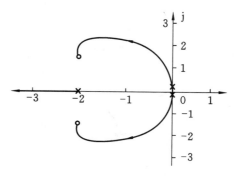

（d）PID 控制根轨迹

图 4.38　采用 P/PD/PI/PID 控制器时系统的根轨迹

（3）PI 控制：此时开环传递函数为

$$G_{PI}(s) = \frac{K^*(1+\frac{1.5}{s})}{s(s+2)} = \frac{K^*(s+1.5)}{s^2(s+2)}, \quad \begin{cases} K = \dfrac{3}{4}K^* \\ v = 2 \end{cases}$$

系统由 I 型变为 II 型，稳态性能明显改善，但由相应的根轨迹［见图 4.38(c)］可以看出，由于引入积分，系统动态性能变差。

（4）PID 控制：此时开环传递函数为

$$G_{PID}(s) = \frac{K^*(1+0.25s+\frac{1.5}{s})}{s(s+2)} = \frac{\frac{K^*}{4}(s+2+j\sqrt{2})(s+2-j\sqrt{2})}{s^2(s+2)}, \quad \begin{cases} K = \dfrac{3}{4}K^* \\ v = 2 \end{cases}$$

根轨迹如图 4.38(d) 所示。PID 控制器结合了比例控制、积分控制和微分控制三种控制方式的优点，既能够提高系统的动态性能，又能保证 II 型系统的稳态特性。所以，适当地选择 PID 控制器的比例系数 K_P、积分系数 K_I 和微分系数 K_D 能够有效地改善控制系统的性能表现。

本章小结

本章介绍了根轨迹的基本概念、根轨迹的绘制方法以及根轨迹法在控制系统性能分析中的应用。

根轨迹法可以通过分析控制系统的复平面极点和零点位置随参数变化的趋势，来分析参数变化对系统稳定性、动态响应等的影响。

根轨迹是指当系统开环传递函数中的某个参数（通常为开环根轨迹增益）从 $0 \rightarrow \infty$ 变化时，闭环系统特征方程式的根在 s 平面上移动所描绘出的运动轨迹。可利用基本规则来画根轨迹。

借助根轨迹图可以比较简单、直观地分析参数的变化对系统性能的影响，如稳态性能、动态性能等，而且还可利用开环零、极点的变化来设计满足性能指标要求的系统。

根轨迹法的基本思路是利用根轨迹的基本性质绘制出根轨迹。通过分析根轨迹随参数变化的趋势，确定满足系统要求的闭环极点位置，并结合对应的闭环零点，得到闭环传递函数。通过分析闭环主导极点对系统性能的影响，可定性地判断系统的稳态性能、动态性能。

绘制根轨迹是用轨迹法分析系统的基础。牢固掌握并熟练应用绘制根轨迹的基本法则，就可以快速绘出根轨迹的大致形状。

在控制系统中加入开环零点或极点会改变根轨迹的位置和形状。一般而言，增加开环零点可以使根轨迹向左移动，有利于提高系统的相对稳定性和动态响应速度；增加开环极点会使根轨迹向右移动，有损于系统的相对稳定性和动态响应能力。因此，在进行控制系统设计和调节时，需要适当地加入开环零、极点，以满足系统的特定需求。

用根轨迹法分析控制系统在一定程度上避免了求解高阶微分方程的麻烦。

本章知识体系如图 4.39 所示。

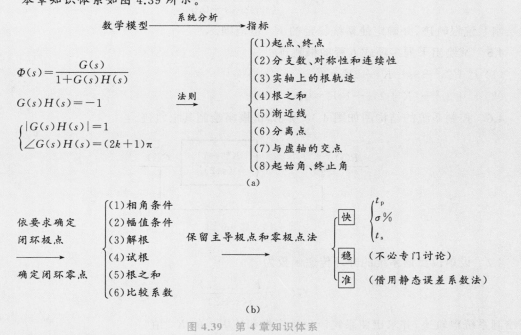

图 4.39　第 4 章知识体系

 习题 4

4.1 已知单位反馈系统的开环传递函数，试概略绘出相应的根轨迹。

（1）$G(s) = \dfrac{K}{s(0.2s+1)(0.5s+1)}$；

（2）$G(s) = \dfrac{K(s+2)}{s(2s+1)}$；

（3）$G(s) = \dfrac{K^*(s+2)}{(s+1+j2)(s+1-j2)}$。

4.2 已知单位反馈系统的开环传递函数，要求：

（1）确定 $G(s) = \dfrac{K^*(s+z)}{s^2(s+10)(s+20)}$ 产生纯虚根为 $\pm j1$ 的 z 值和 K^* 值；

（2）概略绘出 $G(s) = \dfrac{K^*}{s(s+1)(s+3.5)(s+3+j2)(s+3-j2)}$ 的闭环根轨迹（要求确定根轨迹的渐近线、分离点、与虚轴交点和起始角）。

4.3 单位反馈系统的开环传递函数为

$$G(s) = \frac{K(2s+1)}{(s+1)^2(\frac{4}{7}s-1)}$$

试绘制系统根轨迹，并确定使系统稳定的 K 值范围。

4.4 单位反馈系统的开环传递函数为

$$G(s) = \frac{K^*(s^2-2s+5)}{(s+2)(s-0.5)}$$

试绘制系统根轨迹，并确定使系统稳定的 K^* 值范围。

4.5 试绘出下列多项式方程的根轨迹：

（1）$s^3 + 2s^2 + 3s + Ks + 2K = 0$；

（2）$s^3 + 3s^2 + (K+2)s + 10K = 0$。

4.6 控制系统的结构图如图 4.40 所示，试概略绘制其根轨迹。

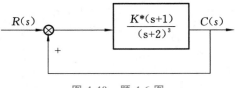

图 4.40　题 4.6 图

4.7 设单位反馈系统的开环传递函数为

$$G(s) = \frac{K^*(1-s)}{s(s+2)}$$

试绘制系统根轨迹，并求出使系统产生重实根和纯虚根的 K^* 值。

4.8 已知单位反馈系统的开环传递函数，试绘制参数 b 从零变化到无穷大时的根轨迹，

并写出 $b=2$ 时的系统闭环传递函数。

(1) $G(s)=\dfrac{20}{(s+4)(s+b)}$;

(2) $G(s)=\dfrac{30(s+b)}{s(s+10)}$。

4.9　设一位置随动系统如图 4.41 所示。

(1) 绘制以 τ 为参数的根轨迹;

(2) 求系统阻尼比 $\xi=0.5$ 时的闭环传递函数。

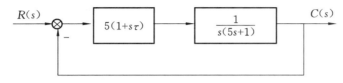

图 4.41　题 4.9 图

4.10　已知系统结构图如图 4.42 所示,试绘制时间常数 T 变化时系统的根轨迹,并分析参数 T 的变化对系统动态性能的影响。

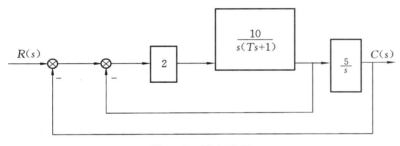

图 4.42　题 4.10 图

4.11　设系统特征方程为

$$A(s)=s^3+5s^2+(6+a)s+a=0$$

要使其根全为实数,试确定参数 a 的范围。

4.12　某单位反馈系统结构图如图 4.43 所示。试分别绘出控制器传递函数 $G_c(s)$ 为

(1) $G_{c1}(s)=K^*$,

(2) $G_{c2}(s)=K^*(s+1)$

时系统的根轨迹,并讨论比例-微分控制器 $G_c(s)=K^*(s+z_c)$ 中,零点 $-z_c$ 的取值对系统稳定性的影响。

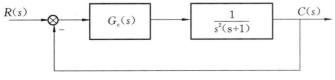

图 4.43　题 4.12 图

4.13 已知单位反馈系统的开环传递函数为

$$G(s) = \frac{K(1+0.1s)}{s(s+1)(0.25s+1)^4}$$

（1）绘制 $-\infty < K < +\infty$ 时的根轨迹；

（2）用主导极点法求出系统处于临界阻尼时的开环增益，并写出对应的闭环传递函数。

4.14 系统结构图如图 4.44 所示，要求选择合适的放大器增益 $K_a > 0$ 和速度反馈系数 $K_t > 0$，使系统对单位速度信号的误差小于 0.5，超调量小于 10%，调节时间小于 2 s。

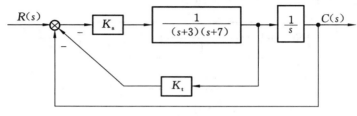

图 4.44 题 4.14 图

第 5 章　线性系统的频域分析

基本要求

1.正确理解控制系统频率响应、频率特性的基本概念,掌握频率特性的图形表示方法。

2.重点掌握典型环节的频率特性及其特征。

3.熟练掌握控制系统开环奈奎斯特图和伯德图的绘制方法,以及由最小相位系统的开环对数幅频特性求传递函数的方法。

4.重点掌握运用奈奎斯特稳定判据和对数频率判据判定系统稳定性的方法,以及稳定裕度的计算方法。

5.掌握系统开环对数频率特性与系统性能之间的关系,正确理解开环对数幅频特性与系统三频段的关系。

6.掌握由最小相位系统的开环对数幅频特性曲线确定系统开环传递函数的方法。

时域法利用系统微分方程通过拉氏变换来求解系统的动态响应。这种方法较为直接,但求解过程较复杂,特别是对于高阶或较为复杂的系统很难求解、分析,而且当系统的某些参数发生变化时,系统性能的变化也难以直接判断。

根轨迹法是以系统传递函数为基础的图解分析,根据系统根轨迹图形的变化趋势可以分析系统动态性能变化的信息。这种方法快速、简洁,特别适用于高阶系统的近似分析与求解,但缺点是只能粗略地分析,对于高频噪声以及难以建立数学模型等问题无法处理。

本章介绍的频域法是以系统频率特性为数学模型的又一图解法,可方便地用于控制系统的分析与设计。频域法具有如下特点。

(1)利用系统的开环频率特性图可直接分析闭环系统的性能,而不必求解闭环系统的特征根。

(2)频域法具有明显的物理意义,可以用实验的方法确定系统的数学模型。对于难以列写微分方程式的元部件或系统来说,频域法具有重要的实际意义。

(3)对于二阶系统,频域性能指标和时域性能指标之间具有确定的对应关系;对于高阶系统,二者之间存在可以满足工程要求的近似关系。

(4)频域法可以方便地研究系统参数和结构变化对系统性能指标带来的影响,为系统参数和结构的调整和设计提供了方便而实用的手段。

(5)在一定条件下,频域法可推广应用于某些非线性系统,还适用于传递函数中含有时滞环节的分析。

频域法在工程实践中广泛应用,是经典控制理论中的重要的一种分析方法。

5.1 频 率 特 性

5.1.1 频率响应的定义

频率响应是指系统、设备或信号的输出响应随输入信号频率变化的情况。频率响应通常指的是电路的输出随输入信号频率变化的情况。电路的频率响应可以用于描述滤波器、放大器、调制器等电路。在机械系统中，频率响应可以用于描述振动系统、机械过滤器等。

频率响应通常使用幅度响应和相位响应来描述。幅度响应是指输出信号的振幅随输入信号频率变化的情况，通常使用分贝(dB)来表示。相位响应是指输出信号的相位随输入信号频率变化的情况，通常使用角度(°或 rad)来表示。

系统传递函数可以表示为

$$G(s) = \frac{C(s)}{R(s)} = \frac{M(s)}{(s+p_1)(s+p_2)\cdots(s+p_n)} \tag{5.1}$$

式中：$M(s)$ 表示 $G(s)$ 的分子多项式；

$-p_1, -p_2, \cdots -p_n$ 表示系统极点。

为讨论方便并且不失一般性，设所有极点都是互异的单极点。

当输入信号 $r(t) = X\sin \omega t$ 时，有

$$R(s) = \frac{X\omega}{s^2 + \omega^2} \tag{5.2}$$

输出信号的拉氏变换为

$$C(s) = \frac{M(\omega)}{(s+p_1)(s+p_2)\cdots(s+p_n)} \cdot \frac{X\omega}{(s+j\omega)(s-j\omega)}$$
$$= \frac{C_1}{s+p_1} + \frac{C_2}{s+p_2} + \cdots + \frac{C_n}{s+p_n} + \frac{C_a}{s+j\omega} + \frac{C_{-a}}{s-j\omega} \tag{5.3}$$

式中：$C_1, C_2, \cdots C_n, C_a, C_{-a}$ 表示待定系数。

对式(5.3)求拉氏反变换，可得输出信号为

$$c(t) = C_1 e^{-p_1 t} + C_2 e^{-p_2 t} + \cdots + C_n e^{-p_n t} + C_a e^{j\omega t} + C_{-a} e^{-j\omega t} \tag{5.4}$$

假设系统稳定，当 $t \to \infty$ 时，式(5.4)右端除了最后两项外，其余各项都将衰减至 0。所以，$c(t)$ 的稳态分量为

$$c_s(t) = \lim_{t \to \infty} c(t) = C_a e^{j\omega t} + C_{-a} e^{-j\omega t} \tag{5.5}$$

其中，系数 C_a 和 C_{-a} 分别按下列式子计算：

$$C_a = G(s) \frac{X\omega}{(s+j\omega)(s-j\omega)} (s-j\omega) \Big|_{s=j\omega} = \frac{XG(j\omega)}{2j} \tag{5.6}$$

$$C_{-a} = G(s) \frac{X\omega}{(s+j\omega)(s-j\omega)} (s+j\omega) \Big|_{s=-j\omega} = -\frac{XG(-j\omega)}{2j} \tag{5.7}$$

$G(j\omega)$ 是复函数，可写为

$$G(j\omega) = |G(j\omega)| e^{j\angle G(j\omega)} \tag{5.8}$$

则有

$$c_s(t) = X|G(j\omega)|\sin[\omega t + \angle G(j\omega)] \tag{5.9}$$

式中：$|G(j\omega)|$ 表示 $G(j\omega)$ 的幅值；

　　$\angle G(j\omega)$ 表示 $G(j\omega)$ 的相角。

式(5.9)表明，线性系统(或元件)在输入正弦信号 $r(t) = X\sin\omega t$ 时，其稳态输出 $c_s(t)$ 与输入 $r(t)$ 是同频率的正弦信号。输出正弦信号与输入正弦信号的幅值之比为 $G(j\omega)$ 的幅值，输出正弦信号与输入正弦信号的相位差是 $G(j\omega)$ 的相角，它们都是频率 ω 的函数。

【例 5.1】　RC 电路图如图 5.1 所示，$u_r(t) = A\sin\omega t$，求 $u_c(t)$。

解　建模。

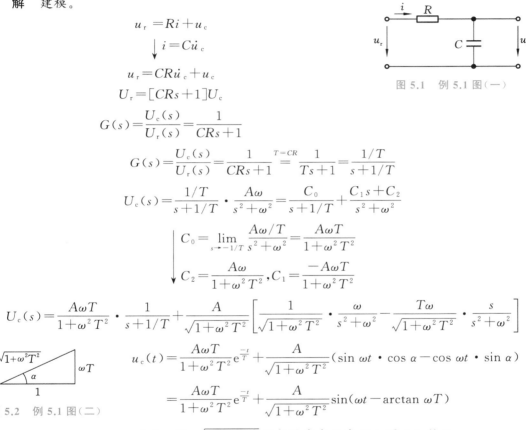

$$u_r = Ri + u_c$$

$$\downarrow i = C\dot{u}_c$$

$$u_r = CR\dot{u}_c + u_c$$

$$U_r = [CRs + 1]U_c$$

$$G(s) = \frac{U_c(s)}{U_r(s)} = \frac{1}{CRs + 1}$$

图 5.1　例 5.1 图(一)

$$G(s) = \frac{U_c(s)}{U_r(s)} = \frac{1}{CRs + 1} \overset{T = CR}{=\!=\!=} \frac{1}{Ts + 1} = \frac{1/T}{s + 1/T}$$

$$U_c(s) = \frac{1/T}{s + 1/T} \cdot \frac{A\omega}{s^2 + \omega^2} = \frac{C_0}{s + 1/T} + \frac{C_1 s + C_2}{s^2 + \omega^2}$$

$$\left| \begin{array}{l} C_0 = \lim_{s \to -1/T} \frac{A\omega/T}{s^2 + \omega^2} = \frac{A\omega T}{1 + \omega^2 T^2} \\[2mm] C_2 = \frac{A\omega}{1 + \omega^2 T^2}, C_1 = \frac{-A\omega T}{1 + \omega^2 T^2} \end{array} \right.$$

$$U_c(s) = \frac{A\omega T}{1 + \omega^2 T^2} \cdot \frac{1}{s + 1/T} + \frac{A}{\sqrt{1 + \omega^2 T^2}} \left[\frac{1}{\sqrt{1 + \omega^2 T^2}} \cdot \frac{\omega}{s^2 + \omega^2} - \frac{T\omega}{\sqrt{1 + \omega^2 T^2}} \cdot \frac{s}{s^2 + \omega^2} \right]$$

$$u_c(t) = \frac{A\omega T}{1 + \omega^2 T^2} e^{\frac{-t}{T}} + \frac{A}{\sqrt{1 + \omega^2 T^2}} (\sin\omega t \cdot \cos\alpha - \cos\omega t \cdot \sin\alpha)$$

$$= \frac{A\omega T}{1 + \omega^2 T^2} e^{\frac{-t}{T}} + \frac{A}{\sqrt{1 + \omega^2 T^2}} \sin(\omega t - \arctan\omega T)$$

图 5.2　例 5.1 图(二)

由 1、ωT、$\sqrt{1 + \omega^2 T^2}$ 组成的直角三角形如图 5.2 所示。

5.1.2　频率特性 $G(j\omega)$ 的定义

频率特性是指稳定的线性定常系统在正弦信号的作用下，系统输出的稳态分量与输入的复数之比。其中，输出稳态分量与输入稳态分量的振幅比称为幅频特性[见图 5.3(a)]，输出稳态分量与输入稳态分量的相位差称为相频特性[见图 5.3(b)]。系统的频率特性有如下两种表达形式。

表达形式一：

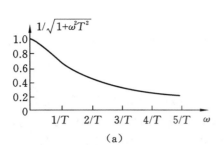
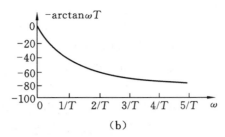

$$（a） \qquad\qquad （b）$$

图 5.3　系统的频率特性

$$G(\mathrm{j}\omega)=|G(\mathrm{j}\omega)|\angle G(\mathrm{j}\omega)$$

$$r(t)=A\sin\omega t$$

$$c_s(t)=\frac{A}{\sqrt{1+\omega^2T^2}}\sin(\omega t-\arctan\omega T)$$

$$\begin{cases}|G(\mathrm{j}\omega)|=\dfrac{|c_s(t)|}{|r(t)|}=\dfrac{1}{\sqrt{1+\omega^2T^2}} & \text{幅频特性}\\[3mm] \angle G(\mathrm{j}\omega)=\angle c_s(t)-\angle r(t)=-\arctan\omega T & \text{相频特性}\end{cases}$$

表达形式二：

$$G(\mathrm{j}\omega)=G(s)\big|_{s=\mathrm{j}\omega}$$

$$\frac{1}{\sqrt{1+\omega^2T^2}}\angle-\arctan\omega T=\left|\frac{1}{1+\mathrm{j}\omega T}\right|\angle\frac{1}{1+\mathrm{j}\omega T}$$

$$=\frac{1}{1+\mathrm{j}\omega T}=\frac{1}{Ts+1}\bigg|_{s=\mathrm{j}\omega}$$

若已知系统的传递函数 $G(s)$，只要将复变量 s 用 $\mathrm{j}\omega$ 代替，就可求得相应的频率特性 $G(\mathrm{j}\omega)$。微分方程、传递函数和频率特性之间的关系可以图 5.4 表示。

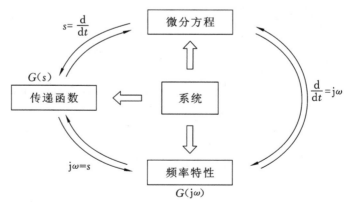

图 5.4　系统模型间的关系图

尽管频率特性是一种稳态响应，但系统动态过程的规律也全部寓于其中。因此，和微分方程、传递函数一样，频率特性也能表征系统的运动规律，它也是描述线性控制系统的数学模型形式之一。

【**例 5.2**】　RC 电路如图 5.5 所示,求其频率特性。

解　列写电路电压平衡方程:

$$u_r(t)=Ri(t)+u_c(t)=RCu_c(t)+u_c(t)$$

对上式进行拉氏变换,可以导出电路的传递函数:

$$G(s)=\frac{U_c(s)}{U_r(s)}=\frac{1}{RCs+1}=\frac{1}{Ts+1}$$

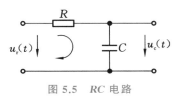

图 5.5　RC 电路

式中:$T=RC$ 为电路的时间常数。作变量代换 $s=\mathrm{j}\omega$,得到电路的频率特性:

$$G(\mathrm{j}\omega)=\frac{1}{1+\mathrm{j}T\omega}$$

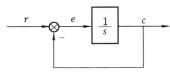

图 5.6　系统结构图

【**例 5.3**】　系统结构图如图 5.6 所示,$r(t)=3\sin(2t+30°)$,求 $c_s(t)$ 和 $e_s(t)$。

解　写出系统传递函数:

$$\Phi(s)=\frac{1}{s+1}$$

按照定义写出幅频特性:

$$|\Phi(\mathrm{j}\omega)|=\left|\frac{1}{1+\mathrm{j}\omega}\right|=\frac{1}{\sqrt{1+\omega^2}}\overset{\omega=2}{=}\frac{1}{\sqrt{5}}=\frac{|c_s(t)|}{3},\quad |c_s(t)|=\frac{3}{\sqrt{5}}$$

写出相频特性 $\angle c_s(t)=-63.4°+30°=-33.4°$,得到

$$c_s(t)=\frac{3}{\sqrt{5}}\sin(2t-33.4°)$$

写出偏差传递函数:

$$\Phi_e(s)=\frac{s}{s+1}$$

$$|\Phi_e(\mathrm{j}\omega)|=\left|\frac{\mathrm{j}\omega}{1+\mathrm{j}\omega}\right|=\frac{\omega}{\sqrt{1+\omega^2}}\overset{\omega=2}{=}\frac{2}{\sqrt{5}}=\frac{|e_s(t)|}{3}$$

$$\angle\Phi_e(\mathrm{j}\omega)=90°-\arctan\omega\overset{\omega=2}{=}90°-63.4°=\angle e_s(t)-30°$$

其中,$|e_s(t)|=6/\sqrt{5}$。

$$\angle e_s(t)=26.6°+30°=56.6°,\quad e_s(t)=\frac{6}{\sqrt{5}}\sin(2t+56.6°)$$

在此,有关频率特性的推导均是在系统稳定的条件下给出的。若系统不稳定,输出响应最终不可能达到稳态过程 $c_s(t)$。但从理论上讲,$c(t)$ 中的稳态分量 $c_s(t)$ 总是可以分解出来的,所以频率特性的概念同样适用于不稳定系统。

除了用指数型或幅角型形式描述外,频率特性 $G(\mathrm{j}\omega)$ 还可用实部和虚部形式来描述,即

$$G(\mathrm{j}\omega)=P(\omega)+\mathrm{j}Q(\omega) \tag{5.10}$$

式中:$P(\omega)$、$Q(\omega)$ 分别称为系统(或元件)的实频特性和虚频特性。

5.1.3　频率特性的图形表示分类

表 5.1 给出控制工程中常见的四种频率特性图示法,其中第 2、3 种图示方法在实际中应用最为广泛。

表 5.1　常用频率特性曲线及其坐标

序号	名称	图形常用名	坐标系
1	幅频特性曲线 相频特性曲线	频率特性图	直角坐标
2	幅相频率特性曲线	极坐标图、奈奎斯特图	极坐标
3	对数幅频特性曲线 对数相频特性曲线	对数频率特性、伯德图	半对数坐标
4	对数幅相特性曲线	对数幅相图、尼柯尔斯图	对数幅相坐标

1. 频率特性曲线

频率特性曲线是描述信号随频率变化而产生的响应特性的曲线，通常用于表示线性定常系统或信号处理器的频率响应特性。频率特性曲线包括幅频特性曲线和相频特性曲线。幅频特性曲线是频率特性幅值 $|G(j\omega)|$ 随 ω 的变化规律［见图 5.7(a)］，相频特性曲线描述频率特性相角 $\angle G(j\omega)$ 随 ω 的变化规律［见图 5.7(b)］。

图 5.5 所示电路的频率特性如图 5.8 所示。

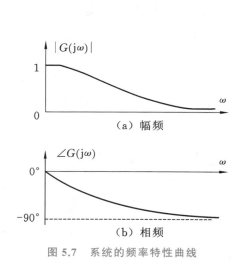

图 5.7　系统的频率特性曲线

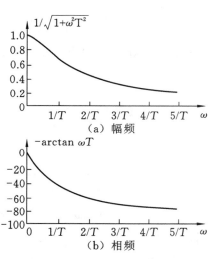

图 5.8　RC 电路的频率特性曲线

2. 幅相频率特性曲线

幅相频率特性曲线简称幅相曲线或奈奎斯特(Nyquist)图或极坐标图：当 ω 从 $0 \rightarrow \infty$ 变化时，$G(j\omega)$ 在复平面上的运动轨迹。

对于某个特定频率 ω_i 下的频率特性 $G(j\omega_i)$，可以用复平面 G 上的向量表示，向量的长度为 $A(\omega_i)$，相角为 $\varphi(\omega_i)$。当 $\omega = 0 \rightarrow \infty$ 变化时，向量 $G(j\omega)$ 的端点在复平面 G 上描绘出来的轨迹就是幅相频率特性曲线。通常把 ω 作为参变量标在曲线相应点的旁边，并用箭头表示 ω 增大时特性曲线的走向。

图 5.9 中的粗实线就是图 5.5 所示电路的幅相频率特性曲线。

3. 对数频率特性曲线

对数频率特性曲线描述了一个系统对不同频率的输入信号的响应。在这个曲线中，横轴

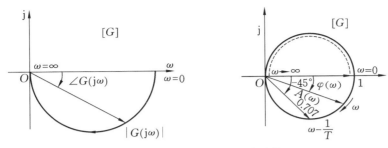

图 5.9　RC 电路的幅相频率特性

表示频率,纵轴表示增益或衰减,通常使用对数刻度来绘制。对数频率特性曲线又称伯德(Bode)图(见图 5.10),由对数幅频特性和对数相频特性两条曲线组成。伯德图是在半对数坐标纸上绘制出来的,其横坐标采用对数刻度,纵坐标采用线性的均匀刻度。

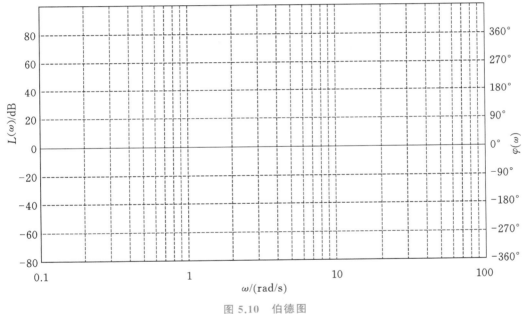

图 5.10　伯德图

在伯德图中,对数幅频特性是 $G(j\omega)$ 的对数值 $20\lg|G(j\omega)|$ 和频率 ω 的关系曲线,对数相频特性则是 $G(j\omega)$ 的相角 $\varphi(\omega)$ 和频率 ω 的关系曲线。在绘制伯德图时,为了作图和读数方便,常将两条曲线画在一起,采用同一横坐标作为频率轴,横坐标虽采用对数刻度,但以 ω 的实际值标定,单位为 rad/s(弧度/秒)。

画对数频率特性曲线时,必须注意对数刻度的特点。尽管在频率 ω 坐标轴上标明的数值是实际值,但坐标上的距离却是按 ω 值的常用对数 $\lg\omega$ 来刻度的。坐标轴上任何两点 ω_1 和 ω_2(设 $\omega_2 > \omega_1$)之间的距离为 $\lg\omega_2 - \lg\omega_1$,而不是 $\omega_2 - \omega_1$。横坐标上若两对频率间距离相同,则其比值相等。

频率 ω 每变化 10 倍称为一个十倍频程,又称旬距,记作 dec。每个 dec 沿横坐标走过的间隔为一个单位长度,如图 5.11 所示。

对数幅频特性的纵坐标为 $L(\omega)=20\lg A(\omega)$,称为对数幅值,单位是 dB(分贝)。由于纵

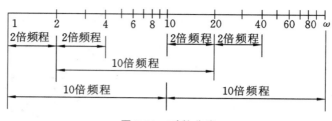

图 5.11　对数分度

坐标 $L(\omega)$ 已做过对数转换，因此纵坐标按分贝值是线性刻度的。$A(\omega)$ 的幅值每增大 10 倍，对数幅值 $L(\omega)$ 就增加 20 dB。

对数相频特性的纵坐标为相角 $\varphi(\omega)$，单位是（°）（度），采用线性刻度。

此处以 $G(\mathrm{j}\omega)=\left.\dfrac{1}{Ts+1}\right|_{s=\mathrm{j}\omega}$ 为例介绍对数频率特性。

（1）对数幅频特性：$L(\omega)=20\lg|G(\mathrm{j}\omega)|$。

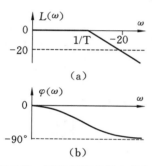

图 5.12　对数幅频特性曲线和
对数相频特性曲线

对数幅频特性曲线见图 5.12(a)，为简化作图，常用低频和高频渐近线近似表示。

横坐标表示频率 ω，按 $\lg\omega$ 刻度，单位为 rad/s。

纵坐标表示对数幅频特性函数值，按线性刻度，单位为分贝（dB）。

（2）对数相频特性：$\varphi(\omega)=\angle G(\mathrm{j}\omega)$。

对数相频特性曲线见图 5.12(b)。

横坐标表示频率 ω，按 $\lg\omega$ 刻度，单位为 rad/s。

纵坐标表示对数相频特性函数值，按线性刻度，单位为度（°）。采用对数坐标图的优点较多，主要表现在下述几方面。

第一，横坐标采用对数刻度，展宽了低频段，压缩了高频段。因此，可以在较宽的频段范围中研究系统的频率特性。

第二，对数可将乘除运算变成加减运算，绘制由多个环节串联而成的系统的对数幅频特性时，可将各环节的对数幅频特性叠加起来，简化了画图的过程。

第三，对于最小相位系统，若将实验所得的频率特性数据用分段直线画出，很容易写出实验对象的频率特性表达式或传递函数。

4. 对数幅相特性曲线

对数幅相特性曲线又称尼柯尔斯（Nichols）曲线，也称为对数幅相图或尼柯尔斯图。

对数幅相特性是由对数幅频特性和对数相频特性合并而成的曲线。对数幅相特性的坐标横轴为相角 $\varphi(\omega)$，单位是（°）；纵轴为对数幅频值 $L(\omega)=20\lg A(\omega)$，单位是 dB。横坐标和纵坐标均是线性刻度。利用尼柯尔斯曲线可以评估系统的稳定性、阻尼特性、频率响应特性以及控制器的增益调节要求。图 5.13 是 $G(\mathrm{j}\omega)=\left.\dfrac{1}{Ts+1}\right|_{s=\mathrm{j}\omega}$ 的对数幅相特性曲线。

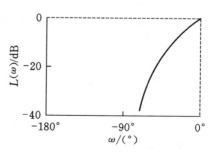

图 5.13　惯性环节对数幅相特性曲线

5.2　典型环节及其频率特性

在典型环节或开环系统的传递函数中,令 $s=\mathrm{j}\omega$,即得到相应的频率特性。令 ω 由小到大取值,计算相应的幅值 $A(\omega)$ 和相角 $\varphi(\omega)$,在 G 平面描点画图,就可以得到典型环节或开环系统的幅相特性曲线。

5.2.1　典型环节

1. 比例环节

比例环节的传递函数为 $G(s)=K$,用 $\mathrm{j}\omega$ 代替 s,取模得到幅频特性,取相角得到相频特性。可以看出,比例环节的幅相特性是 G 平面上正实轴上的一点,从原点指向这一点的矢量的模为 K,相角是 $90°$。

比例环节的传递函数为

$$G(s)=K \tag{5.11}$$

频率特性为

$$\begin{cases} G(\mathrm{j}\omega)=K+\mathrm{j}0=K\,\mathrm{e}^{\mathrm{j}0} \\ A(\omega)=|G(\omega)|=K \\ \varphi(\omega)=0° \end{cases} \tag{5.12}$$

比例环节的幅相特性是 G 平面实轴上的一个点,如图 5.14 所示。它表明,比例环节稳态正弦响应的振幅是输入信号的 K 倍,且响应与输入同相位。

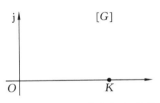

图 5.14　比例环节的幅相特性

2. 微分环节

微分环节的传递函数为 $G(s)=s$,用 $\mathrm{j}\omega$ 代替 s,取模得到幅频特性,取相角得到相频特性。可以看出,当 ω 从零到无穷变化时,幅值从零变化到无穷,相位始终是 $90°$。所以,微分环节的幅相特性是,在 G 平面上,从原点出发沿着正虚轴向上,一直到无穷远处的一条直线。

微分环节的传递函数为

$$G(s)=s \tag{5.13}$$

频率特性为

$$\begin{cases} G(\omega)=0+\mathrm{j}\omega=\omega\,\mathrm{e}^{\mathrm{j}90°} \\ A(\omega)=\dfrac{1}{\omega} \\ \varphi(\omega)=-90° \end{cases} \tag{5.14}$$

微分环节的幅值与 ω 成正比,相角恒为 $-90°$。当 $\omega=0\to\infty$ 时,幅相特性从 G 平面的原点起始,一直沿虚轴趋于 $+\mathrm{j}\infty$ 处,如图 5.15 中曲线①所示。

3. 积分环节

积分环节的传递函数为 $G(s)=1/s$,用 $\mathrm{j}\omega$ 代替 s,取模得到幅频特性,取相角得到相频特

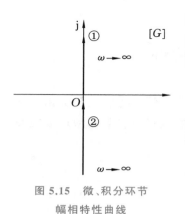

图 5.15　微、积分环节
幅相特性曲线

性。可以看出，当 ω 从零到无穷变化时，幅频特性从无穷变化到零，相频特性始终是 $-90°$，所以积分环节的幅相特性是，从虚轴下方负无穷远处沿着虚轴走到 0 点。

积分环节的传递函数为

$$G(s)=\frac{1}{s} \tag{5.15}$$

频率特性为

$$\begin{cases} G(j\omega)=0+\dfrac{1}{j\omega}=\dfrac{1}{\omega}e^{-j90°} \\[2mm] A(\omega)=\dfrac{1}{\omega} \\[2mm] \varphi(\omega)=-90° \end{cases} \tag{5.16}$$

积分环节的幅值与 ω 成反比，相角恒为 $-90°$。当 $\omega=0\rightarrow\infty$ 时，幅相特性从虚轴 $-j\infty$ 处出发，沿负虚轴逐渐趋于坐标原点，如图 5.15 中曲线②所示。

4. 惯性环节

惯性环节的传递函数为

$$G(s)=\frac{1}{Ts+1} \tag{5.17}$$

频率特性为

$$\begin{cases} G(j\omega)=\dfrac{1}{1+jT\omega}=\dfrac{1}{\sqrt{1+T^2\omega^2}}e^{-j\arctan T\omega} \\[2mm] A(\omega)=\dfrac{1}{\sqrt{1+T^2\omega^2}} \\[2mm] \varphi(\omega)=-\arctan T\omega \end{cases} \tag{5.18}$$

当 $\omega=0$ 时，幅值 $A(\omega)=1$，相角 $\varphi(\omega)=0°$；当 $\omega\rightarrow\infty$ 时，$A(\omega)=0$，$\varphi(\omega)=-90°$。可以证明，惯性环节幅相特性曲线是一个以点 $(1/2,j0)$ 为圆心、$1/2$ 为半径的半圆，如图 5.16 所示。

证明如下：

设

$$G(j\omega)=\frac{1}{1+jT\omega}=\frac{1-jT\omega}{1+T^2\omega^2}=X+jY$$

式中

$$X=\frac{1}{1+T^2\omega^2} \tag{5.19}$$

$$Y=\frac{-T\omega}{1+T^2\omega^2}=-T\omega X \tag{5.20}$$

由式（5.20）可得

$$-T\omega=\frac{Y}{X} \tag{5.21}$$

将式（5.21）代入式（5.19），整理可得

$$\left(X-\frac{1}{2}\right)^2+Y^2=\left(\frac{1}{2}\right)^2 \tag{5.22}$$

图 5.16 的绘制程序如下。

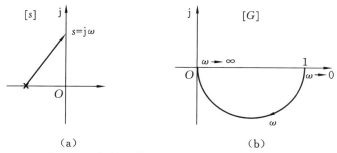

图 5.16　惯性环节的极点分布和幅相特性曲线

```
g=tf(1,[1 1]);
nyquist(g);
axis('square');
grid on;
```

式(5.22)表明,惯性环节的幅相频率特性符合圆的方程,圆心在实轴上 1/2 处,半径为 1/2。由式(5.22)还可以看出,X 为正值时,Y 只能取负值,这意味着曲线限于实轴的下方,只是半个圆。

【例 5.4】　已知某环节的幅相特性曲线如图 5.17 所示。当输入频率 $\omega=1$ 的正弦信号时,该环节稳态响应的相位滞后 30°,试确定该环节的传递函数。

解　根据幅相特性曲线的形状,可以断定该环节传递函数形式为

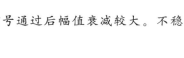

图 5.17　某环节幅相特性曲线

$$G(j\omega)=\frac{K}{Ts+1}$$

依题意有

$$A(0)=|G(j0)|=K=10$$

$$\varphi(1)=-\arctan T=-30°$$

因此得

$$K=10,\quad T=\sqrt{3}/3$$

$$G(s)=\frac{10}{\dfrac{\sqrt{3}}{3}s+1}$$

惯性环节是一种低通滤波器,低频信号容易通过,而高频信号通过后幅值衰减较大。不稳定惯性环节的传递函数为

$$G(s)=\frac{1}{Ts-1} \tag{5.23}$$

频率特性为

$$\begin{cases} G(j\omega)=\dfrac{1}{-1+jT\omega} \\[2mm] A(\omega)=\dfrac{1}{\sqrt{1+T^2\omega^2}} \\[2mm] \varphi(\omega)=-180°+\arctan T\omega \end{cases} \tag{5.24}$$

当 $\omega=0$ 时，幅值 $A(\omega)=1$，相角 $\varphi(\omega)=-180°$；当 $\omega\to\infty$ 时，$A(\omega)=0$，$\varphi(\omega)=-90°$。

分析 s 平面复向量 $\overrightarrow{s-p_1}$（由 $p_1=1/T$ 指向 $s=\mathrm{j}\omega$）随 ω 增加时其幅值和相角的变化规律，可以确定幅相特性曲线的变化趋势，如图 5.18(a)、(b)所示。

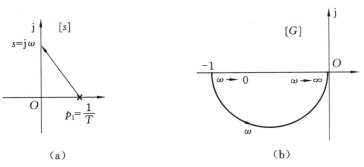

图 5.18   不稳定惯性环节的极点分布和幅相特性曲线

图 5.18 的绘制程序如下。

```
g=tf(1,[1 -1];
nyquist(g);
axis('square');
grid on;
```

可见，与稳定惯性环节的幅相特性相比，不稳定惯性环节的幅值不变，但相角不同，相角变化的绝对值比相应的稳定惯性环节要大，故称不稳定惯性环节为非最小相位环节。

5. 一阶复合微分环节

一阶复合微分环节的传递函数为

$$G(s)=Ts+1 \tag{5.25}$$

频率特性为

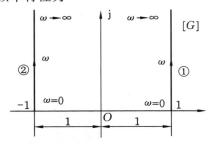

图 5.19   一阶微分环节的幅相特性曲线

$$\begin{cases} G(\mathrm{j}\omega)=1+\mathrm{j}T\omega=\sqrt{1+T^2\omega^2}\,\mathrm{e}^{\mathrm{j}\arctan T\omega} \\ A(\omega)=\sqrt{1+T^2\omega^2} \\ \varphi(\omega)=\arctan T\omega \end{cases} \tag{5.26}$$

一阶复合微分环节幅相特性的实部为常数 1，虚部与 ω 成正比，如图 5.19 中曲线①所示。不稳定一阶复合微分环节的传递函数为

$$G(s)=Ts-1 \tag{5.27}$$

频率特性为

$$\begin{cases} G(\mathrm{j}\omega)=-1+\mathrm{j}T\omega \\ A(\omega)=\sqrt{1+T^2\omega^2} \\ \varphi(\omega)=180°-\arctan T\omega \end{cases} \tag{5.28}$$

它的幅相特性的实部为 -1，虚部与 ω 成正比，如图 5.19 中曲线②所示。不稳定环节的频率特性都是非最小相位的。

6. 二阶振荡环节

二阶振荡环节的传递函数为

$$G(s)=\frac{1}{T^2s^2+2T\xi s+1}=\frac{\omega_n^2}{s^2+2\xi\omega_n s+\omega_n^2}, \quad 0<\xi<1 \tag{5.29}$$

式中: ω_n 表示环节的无阻尼自然频率, $\omega_n=1/T$;

ξ 表示阻尼比, $0<\xi<1$ 。

相应的频率特性为

$$\begin{cases} G(j\omega)=\dfrac{1}{\left(1-\dfrac{\omega^2}{\omega_n^2}\right)+j2\xi\dfrac{\omega}{\omega_n}} \\[4mm] A(\omega)=\dfrac{1}{\sqrt{\left(1-\dfrac{\omega^2}{\omega_n^2}\right)^2+4\xi^2\dfrac{\omega^2}{\omega_n^2}}} \\[4mm] \varphi(\omega)=-\arctan\dfrac{2\xi\dfrac{\omega}{\omega_n}}{1-\dfrac{\omega^2}{\omega_n^2}} \end{cases} \tag{5.30}$$

当 $\omega=0$ 时, $G(j0)=1\angle0°$ 。

当 $\omega\to\infty$ 时, $G(j\infty)=0\angle-180°$ 。

分析二阶振荡环节极点分布以及当 $s=j\omega$ 从 $j0$ 到 $j\infty$ 变化时,根据向量 $\overrightarrow{s-p_1}$ 、 $\overrightarrow{s-p_2}$ 的模和相角的变化规律,可以绘出 $G(j\omega)$ 的幅相特性曲线。二阶振荡环节幅相特性的形状与 ξ 值有关,当 ξ 值分别取 0.4、0.6 和 0.8 时,幅相特性曲线如图 5.20 所示。

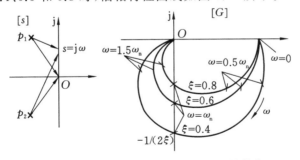

图 5.20　振荡环节极点分布和幅相特性曲线

图 5.20 的绘制程序如下。

```
xi=[0.4 0.6 0.8];
wn=10;
for i= 1:3
    num=wm* wm;
    den=[1 2*xi(i)*wn wn*wn];
    nyquist(num,den);
    axis('square'); hold on;
end
grid on;
```

（1）谐振频率 ω_r 和谐振峰值 M_r。由图 5.20 可看出，ξ 值较小时，随着 ω 从 $0 \rightarrow \infty$ 变化，$G(j\omega)$ 的幅值 $A(\omega)$ 先增加再逐渐衰减直至零。$A(\omega)$ 达到极大值时对应的幅值称为谐振峰值，记为 M_r，对应的频率称为谐振频率，记为 ω_r。

求式（5.30）中 $A(\omega)$ 的极大值相当于求 $\left(1-\dfrac{\omega^2}{\omega_n^2}\right)^2 + 4\xi^2\dfrac{\omega^2}{\omega_n^2}$ 的极小值，令

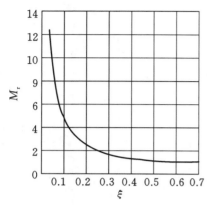

$$\frac{\mathrm{d}}{\mathrm{d}\omega}\left\{\left(1-\frac{\omega^2}{\omega_n^2}\right)^2 + 4\xi^2\frac{\omega^2}{\omega_n^2}\right\} = 0$$

推导可得

$$\omega_r = \omega_n\sqrt{1-2\xi^2}, \quad 0 < \xi < 0.707 \tag{5.31}$$

将式（5.31）代入式（5.30）的 $A(\omega)$ 式中，可得

$$M_r = A(\omega_r) = \frac{1}{2\xi\sqrt{1-\xi^2}} \tag{5.32}$$

M_r 与 ξ 的关系如图 5.21 所示。当 $\xi \leqslant 0.707$ 时，对应的振荡环节存在 ω_r 和 M_r，当 ξ 减小时，ω_r 增加，趋向于 ω_n 值，M_r 则越来越大，趋向于 ∞；当 $\xi = 0$ 时，$M_r \rightarrow \infty$，对应无阻尼系统的共振现象。

图 5.21　二阶系统 M_r 与 ξ 的关系

图 5.21 的绘制程序如下。

```
xi=0.04:0.01:0.707;
for i=1:length(xi)
    Mr(i)= 1/(2*xi(i)*sqrt(1-xi(i)*xi(i)));
end
plot(xi,Mr,'b-'); grid on;
xlabel('阻尼比'),ylabel('Mr');
```

（2）不稳定二阶振荡环节的幅相特性。不稳定二阶振荡环节的传递函数为

$$G(s) = \frac{\omega_n^2}{s^2 - 2\xi\omega_n s + \omega_n^2} \tag{5.33}$$

频率特性为

$$\begin{cases} G(j\omega) = \dfrac{1}{\left(1-\dfrac{\omega^2}{\omega_n^2}\right) - j2\xi\dfrac{\omega}{\omega_n}} \\[4mm] A(\omega) = \dfrac{1}{\sqrt{\left(1-\dfrac{\omega^2}{\omega_n^2}\right)^2 + 4\xi^2\dfrac{\omega^2}{\omega_n^2}}} \\[4mm] \varphi(\omega) = -360° + \arctan\dfrac{2\xi\dfrac{\omega}{\omega_n}}{1-\dfrac{\omega^2}{\omega_n^2}} \end{cases} \tag{5.34}$$

不稳定二阶振荡环节是非最小相位环节，其相角从 $-360°$ 连续变化到 $-180°$。不稳定振荡环节的极点分布与幅相特性曲线如图 5.22 所示。

（3）由幅相特性曲线确定 $G(s)$。

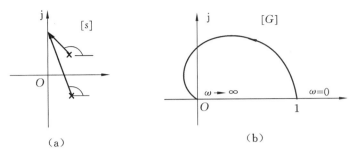

（a）　　　　　　　　　　　（b）

图 5.22　不稳定振荡环节的极点分布与幅相特性曲线

【例 5.5】　由实验得到某环节的幅相特性曲线如图 5.23 所示,试确定环节的传递函数 $G(s)$,并确定其 ω_r 和 M_r。

解　根据幅相特性曲线的形状可以确定 $G(s)$ 的形式为

$$G(s)=\frac{K\omega_n^2}{s^2+2\xi\omega_n s+\omega_n^2} \tag{5.35}$$

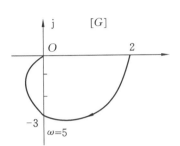

图 5.23　幅相特性曲线

频率特性为

$$\begin{cases} A(\omega)=\dfrac{K}{\sqrt{\left(1-\dfrac{\omega^2}{\omega_n^2}\right)^2+4\xi^2\dfrac{\omega^2}{\omega_n^2}}} \\[6mm] \varphi(\omega)=-\arctan\dfrac{2\xi\dfrac{\omega}{\omega_n}}{1-\dfrac{\omega^2}{\omega_n^2}} \end{cases} \tag{5.36}$$

将图中条件 $A(0)=2$ 代入式(5.36),得 $K=2$。

将 $\varphi(5)=-90°$ 代入式(5.36),得 $\omega_n=5$。

将 $A(\omega_n)=3$ 代入式(5.36),有 $\dfrac{K}{2\xi}=3$。

故得

$$\xi=\frac{K}{2\times3}=\frac{2}{2\times3}=\frac{1}{3}$$

$$G(s)=\frac{2\times5^2}{s^2+2\times\dfrac{1}{3}\times5s+5^2}=\frac{50}{s^2+3.33s+25}$$

由式(5.31)得

$$\omega_r=\omega_n\sqrt{1-2\xi^2}=5\sqrt{1-2\times\left(\frac{1}{3}\right)^2}=\frac{5}{3}\sqrt{7}$$

由式(5.32)得

$$M_r=\frac{1}{2\xi\sqrt{1-\xi^2}}=\frac{1}{2\times\dfrac{1}{3}\sqrt{1-\left(\dfrac{1}{3}\right)^2}}=\frac{9}{8}\sqrt{2}$$

$$G(j0)=1\angle-360°$$

$$G(j\infty)=0\angle-180°$$

7. 二阶复合微分环节

二阶复合微分环节的传递函数为

$$G(s) = T^2 s^2 + 2\xi T s + 1 = \frac{s^2}{\omega_n^2} + 2\xi \frac{s}{\omega_n} + 1 \tag{5.37}$$

频率特性为

$$\begin{cases} G(j\omega) = \left(1 - \dfrac{\omega^2}{\omega_n^2}\right) + j2\xi\dfrac{\omega}{\omega_n} \\[2mm] A(\omega) = \sqrt{\left(1 - \dfrac{\omega^2}{\omega_n^2}\right)^2 + 4\xi^2\dfrac{\omega^2}{\omega_n^2}} \\[2mm] \varphi(\omega) = \arctan\dfrac{2\xi\dfrac{\omega}{\omega_n}}{1 - \dfrac{\omega^2}{\omega_n^2}} \end{cases} \tag{5.38}$$

二阶复合微分环节的零点分布以及幅相特性曲线如图 5.24 所示。

不稳定二阶复合微分环节的频率特性为

$$\begin{cases} G(\omega) = \left(1 - \dfrac{\omega^2}{\omega_n^2}\right) - j2\xi\dfrac{\omega}{\omega_n} \\[2mm] A(\omega) = \sqrt{\left(1 - \dfrac{\omega^2}{\omega_n^2}\right) + 4\xi^2\dfrac{\omega^2}{\omega_n^2}} \\[2mm] \varphi(\omega) = 360° - \arctan\dfrac{2\xi\dfrac{\omega}{\omega_n}}{1 - \dfrac{\omega^2}{\omega_n^2}} \end{cases} \tag{5.39}$$

零点分布及幅相特性曲线如图 5.25 所示。

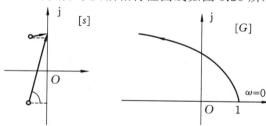

图 5.24　二阶复合微分环节的
零点分布及幅相特性

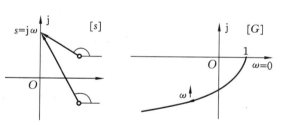

图 5.25　不稳定二阶复合微分环节的
幅相特性

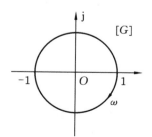

图 5.26　时滞环节的幅相特性

8. 时滞环节

时滞环节的传递函数为

$$G(s) = e^{-\tau s} \tag{5.40}$$

频率特性为

$$\begin{cases} G(\omega) = e^{-j\tau\omega} \\ A(\omega) = 1 \\ \varphi(\omega) = -\tau\omega \end{cases} \tag{5.41}$$

时滞环节的幅相特性曲线是圆心在原点的单位圆，如图 5.26 所示。

5.2.2　对数频率特性曲线

对数坐标纸如图 5.27 所示。

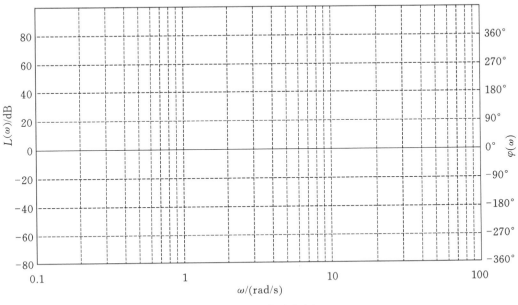

图 5.27　对数坐标纸

对数频率特性曲线的特点如图 5.28 所示。

横轴 $\begin{cases} 按 \lg\omega 刻度,以 dec(十倍频程)为单位长度 \\ 按 \omega 标定,等距等比 \end{cases}$

纵轴 $\begin{cases} L(\omega)=20\lg|G(j\omega)|,单位为 dB(分贝) \\ \lg\dfrac{P_c}{P_r}(贝尔)=10\lg\dfrac{P_c}{P_r}(分贝) \end{cases}$

特点 $\begin{cases} (1)幅值相乘=对数相加,便于叠加作图; \\ (2)可在大范围内表示频率特性; \\ (3)利用实验数据容易确定 L(\omega),进而确定 G(s) \end{cases}$

图 5.28　对数频率特性曲线的特点

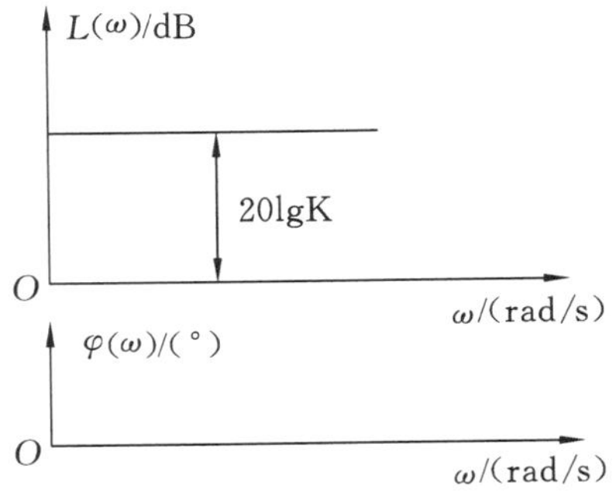

图 5.29　比例环节的伯德图

1. 比例环节

比例环节的频率特性 $G(s)=K$ 与频率无关,对数幅频特性和对数相频特性分别为

$$\begin{cases} L(\omega)=20\lg K \\ \varphi(\omega)=0° \end{cases} \tag{5.42}$$

相应的伯德图如图 5.29 所示。

2. 微分环节

微分环节 $G(s)=s$ 的对数幅频特性与对数相频特性分别为

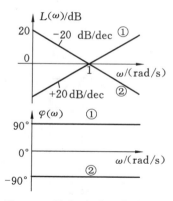

图 5.30 微分、积分环节的伯德图

$$\begin{cases} L(\omega)=20\lg\omega \\ \varphi(\omega)=90° \end{cases} \tag{5.43}$$

对数幅频曲线在 $\omega=1$ 处通过 0 dB 线，斜率为 20 dB/dec；对数相频特性为 +90° 直线。特性曲线如图5.30 中曲线①所示。

3. 积分环节

积分环节 $G(s)=\dfrac{1}{s}$ 的对数幅频特性与对数相频特性分别为

$$\begin{cases} L(\omega)=-20\lg\omega \\ \varphi(\omega)=-90° \end{cases} \tag{5.44}$$

积分环节对数幅频曲线在 $\omega=1$ 处通过 0 dB 线，斜率为 -20 dB/dec；对数相频特性为 $-90°$直线。特性曲线如图 5.30 中曲线②所示。

积分环节与微分环节呈倒数关系，所以二者的伯德图关于频率轴对称。

4. 惯性环节

惯性环节 $G(s)=\dfrac{1}{Ts+1}$ 的对数幅频特性与对数相频特性表达式分别为

$$\begin{cases} L(\omega)=-20\lg\sqrt{1+(\omega T)^2} \\ \varphi(\omega)=-\arctan\omega T \end{cases} \tag{5.45}$$

当 $\omega\ll\dfrac{1}{T}$ 时，略去式(5.45)$L(\omega)$表达式根号中的$(\omega T)^2$ 项，则有

$$L(\omega)\approx-20\lg1=0 \text{ dB}$$

表明 $L(\omega)$低频部分的渐近线是 0 dB 水平线。

当 $\omega\gg\dfrac{1}{T}$ 时，略去式(5.45)$L(\omega)$表达式根号中的 1 项，则有

$$L(\omega)=-20\lg\omega T$$

表明 $L(\omega)$高频部分的渐近线是斜率为 -20 dB/dec 的直线，两条渐近线的交点频率 $\omega_1=1/T$ 称为转折频率。图 5.31 中曲线①绘出惯性环节对数幅频特性的渐近线与精确曲线，以及相应的对数相频曲线。由图可见，最大幅值误差发生在转折频率 $\omega_1=1/T$ 处，误差值等于 -3 dB，可用误差曲线进行修正。惯性环节的对数相频特性从 0°变化到 $-90°$，并且关于点 $(\omega_1,-45°)$对称。这一点读者可以自己证明。

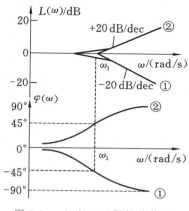

图 5.31 $(1+j\omega T)^{\mp1}$ 的伯德图

5. 一阶复合微分环节

一阶复合微分环节 $G(s)=Ts+1$ 的对数幅频特性与对数相频特性表达式分别为

$$\begin{cases} L(\omega)=20\lg\sqrt{1+(\omega T)^2} \\ \varphi(\omega)=\arctan\omega T \end{cases} \tag{5.46}$$

一阶复合微分环节的伯德图如图 5.31 中曲线②所示,它与惯性环节的伯德图关于频率轴对称。

6. 二阶振荡环节

振荡环节 $G(s)=\left[1+2\xi\dfrac{s}{\omega_n}+\left(\dfrac{s}{\omega_n}\right)^2\right]^{-1}$ 的对数幅频特性和对数相频特性表达式分别为

$$\begin{cases} L(\omega)=-20\lg\sqrt{\left[1-\left(\dfrac{\omega}{\omega_n}\right)^2\right]^2+\left(2\xi\dfrac{\omega}{\omega_n}\right)^2} \\ \varphi(\omega)=-\arctan\dfrac{2\xi\omega/\omega_n}{1-(\omega/\omega_n)^2} \end{cases} \tag{5.47}$$

当 $\dfrac{\omega}{\omega_n}\ll1$ 时,略去式(5.47)$L(\omega)$表达式中的 $\left(\dfrac{\omega}{\omega_n}\right)^2$ 和 $\left(2\xi\dfrac{\omega}{\omega_n}\right)^2$ 项,则有

$$L(\omega)\approx-20\lg1=0 \text{ dB}$$

表明 $L(\omega)$ 的低频渐近线是一条 0 dB 的水平线。当 $\dfrac{\omega}{\omega_n}\gg1$ 时,略去式(5.47)$L(\omega)$表达式中的

1 和 $\left(2\xi\dfrac{\omega}{\omega_n}\right)^2$ 项,则有

$$L(\omega)=-20\lg\left(\dfrac{\omega}{\omega_n}\right)^2=-40\lg\dfrac{\omega}{\omega_n}$$

表明 $L(\omega)$ 的高频渐近线是一条斜率为 -40 dB/dec 的直线。

显然,当 $\omega/\omega_n=1$,即 $\omega=\omega_n$时,是两条渐近线的相交点,所以振荡环节的自然频率 ω_n 就是其转折频率。

振荡环节的对数幅频特性不仅与 ω/ω_n 有关,而且与阻尼比 ξ 有关,因此在转折频率附近不能简单地用渐近线近似代替,否则可能引起较大的误差。图 5.32 给出了当 ξ 取不同值时对数幅频特性的准确曲线和渐近线。由图可见,当 $\xi<0.707$ 时,曲线出现谐振峰值,ξ 值越小,谐振峰值越大,它与渐近线之间的误差越大。

由式(5.47)可知,相角 $\varphi(\omega)$ 也是 ω/ω_n 和 ξ 的函数。当 $\omega=0$ 时,$\varphi(\omega)=0$;当 $\omega\to\infty$ 时,$\varphi(\omega)=-180°$;当 $\omega=\omega_n$ 时,不管 ξ 值的大小,$\varphi(\omega_n)$ 总是等于 $-90°$,而且相频特性曲线关于 $(\omega_n,-90°)$ 点对称,如图 5.32 所示。

图 5.32 的绘制程序如下。

```
xi=[0.1 0.2 0.3 0.5 0.7 1.0];
wn=10;
for i= 1;length(xi)
```

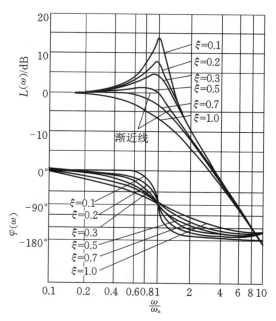

图 5.32　振荡环节的伯德图

```
num= wn*wn;
    den=[1 2*xi(i)*wn wn*wn];
    bode(num,den);hold on;
end
grid on;
```

7. 二阶复合微分环节

二阶复合微分环节 $G(s)=1+2\xi\dfrac{s}{\omega_n}+\left(\dfrac{s}{\omega_n}\right)^2$ 的对数幅频特性和对数相频特性表达式分别为

$$
\begin{cases}
L(\omega)=20\lg\sqrt{\left[1-\left(\dfrac{\omega}{\omega_n}\right)^2\right]^2+\left(2\xi\dfrac{\omega}{\omega_n}\right)^2}\\
\varphi(\omega)=\arctan\dfrac{2\xi\omega/\omega_n}{1-(\omega/\omega_n)^2}
\end{cases}
\tag{5.48}
$$

二阶复合微分环节与振荡环节呈倒数关系，两者的伯德图关于频率轴对称。

8. 时滞环节

时滞环节 $G(s)=\mathrm{e}^{-\tau s}$ 的对数幅频特性和对数相频特性表达式分别为

$$
\begin{cases}
L(\omega)=20\lg|G(\mathrm{j}\omega)|=0\\
\varphi(\omega)=-\tau\omega
\end{cases}
\tag{5.49}
$$

式(5.49)表明，时滞环节的对数幅频特性与 0 dB 线重合，对数相频特性值与 ω 成正比，当 $\omega\to\infty$ 时，相角滞后量也趋于无穷大。时滞环节的伯德图如图 5.33 所示。

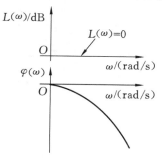

图 5.33　时滞环节的伯德图

5.3　系统开环频率特性曲线的绘制

5.3.1　典型环节幅相特性曲线绘制

（1）比例环节（见图 5.34）：

$$G(s)=K，\quad G(\mathrm{j}\omega)=K，\quad \begin{cases} |G|=K \\ \angle G=0°° \end{cases}$$

图 5.34　比例环节　　　　图 5.35　微分环节
和积分环节

（2）微分环节（见图 5.35）：

$$G(s)=s，\quad G(\mathrm{j}\omega)=\mathrm{j}\omega，\quad \begin{cases} |G|=\omega \\ \angle G=90°° \end{cases}$$

（3）积分环节（见图 5.35）：

$$G(s)=\frac{1}{s}，\quad G(\mathrm{j}\omega)=\frac{1}{\mathrm{j}\omega}，\quad \begin{cases} |G|=1/\omega \\ \angle G=-90°° \end{cases}$$

（4）惯性环节（见图 5.36）：

$$G(s)=\frac{1}{Ts+1}，\quad G(\mathrm{j}\omega)=\frac{1}{1+\mathrm{j}\omega T}，\quad \begin{cases} |G|=\dfrac{1}{\sqrt{1+\omega^2 T^2}} \\ \angle G=-\arctan \omega T \end{cases}$$

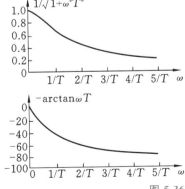

图 5.36　惯性环节

不稳定惯性环节（见图 5.37）：

$$G(s)=\frac{1}{Ts-1}，\quad G(\mathrm{j}\omega)=\frac{1}{-1+\mathrm{j}\omega T}$$

$$\begin{cases} |G| = \dfrac{1}{\sqrt{1+\omega^2 T^2}} \\[3mm] \angle G = -\arctan \dfrac{\omega T}{-1} = -180° + \arctan \omega T \end{cases}$$

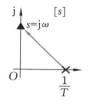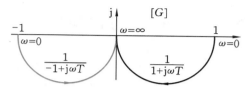

图 5.37　不稳定惯性环节

（5）一阶复合微分环节（见图 5.38）：

$$G(s) = Ts \pm 1$$

$$G(j\omega) = \pm 1 + j\omega T$$

$$\begin{cases} |G| = \sqrt{1+\omega^2 T^2} \\[2mm] \angle G = \begin{cases} \arctan \omega T \\ 180° - \arctan \omega T \end{cases} \end{cases}$$

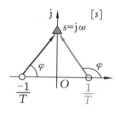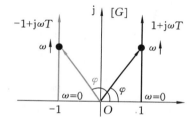

图 5.38　一阶复合微分环节

（6）振荡环节（见图 5.39）：

$$G(s) = \dfrac{\omega_n^2}{s^2 + 2\xi\omega_n s + \omega_n^2} = \dfrac{1}{\left(\dfrac{s}{\omega_n}\right)^2 + 2\xi\dfrac{s}{\omega_n} + 1} = \dfrac{\omega_n^2}{(s-\lambda_1)(s-\lambda_2)}, \quad \begin{cases} G(j0) = 1\angle 0° \\ G(j\infty) = 0\angle -180° \end{cases}$$

$$G(j\omega) = \dfrac{1}{1 - \dfrac{\omega^2}{\omega_n^2} + j2\xi\dfrac{\omega}{\omega_n}}$$

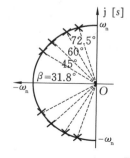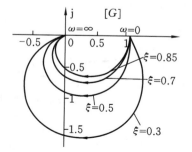

图 5.39　振荡环节

$$\begin{cases} |G| = \dfrac{1}{\sqrt{\left(1-\dfrac{\omega^2}{\omega_n^2}\right)^2 + \left(2\xi\dfrac{\omega}{\omega_n}\right)^2}} \\[6mm] \angle G = -\arctan\dfrac{2\xi\dfrac{\omega}{\omega_n}}{1-\dfrac{\omega^2}{\omega_n^2}} \end{cases}$$

谐振频率 ω_r 和谐振峰值 M_r（见图 5.40）的求解过程如下。

$$|G| = \dfrac{1}{\sqrt{\left(1-\dfrac{\omega^2}{\omega_n^2}\right)^2 + \left(2\xi\dfrac{\omega}{\omega_n}\right)^2}}$$

$$\frac{\mathrm{d}}{\mathrm{d}\omega}|G| = 0$$

$$\frac{\mathrm{d}}{\mathrm{d}\omega}\left\{\left(1-\dfrac{\omega^2}{\omega_n^2}\right)^2 + \left(2\xi\dfrac{\omega}{\omega_n}\right)^2\right\} = 0$$

$$\begin{cases} \omega_r = \omega_n\sqrt{1-2\xi^2} \\[2mm] M_r = |G(\mathrm{j}\omega_r)| = \dfrac{1}{2\xi\sqrt{1-\xi^2}} \end{cases}$$

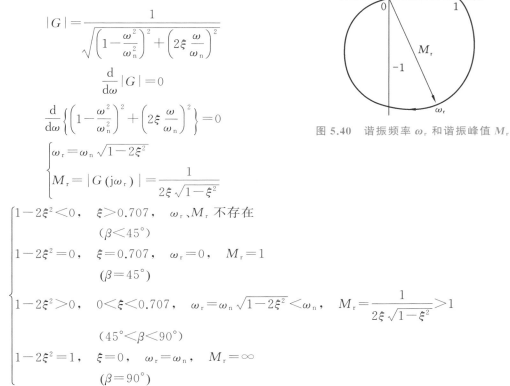

图 5.40　谐振频率 ω_r 和谐振峰值 M_r

$$\begin{cases} 1-2\xi^2 < 0, \quad \xi > 0.707, \quad \omega_r、M_r\ 不存在 \\ \qquad\qquad (\beta < 45°) \\ 1-2\xi^2 = 0, \quad \xi = 0.707, \quad \omega_r = 0, \quad M_r = 1 \\ \qquad\qquad (\beta = 45°) \\ 1-2\xi^2 > 0, \quad 0 < \xi < 0.707, \quad \omega_r = \omega_n\sqrt{1-2\xi^2} < \omega_n, \quad M_r = \dfrac{1}{2\xi\sqrt{1-\xi^2}} > 1 \\ \qquad\qquad (45° < \beta < 90°) \\ 1-2\xi^2 = 1, \quad \xi = 0, \quad \omega_r = \omega_n, \quad M_r = \infty \\ \qquad\qquad (\beta = 90°) \end{cases}$$

不稳定振荡环节（见图 5.41）：

$$G(s) = \dfrac{\omega_n^2}{s^2 - 2\xi\omega_n s + \omega_n^2} \qquad \begin{cases} G(\mathrm{j}0) = 1\angle -360° \\ G(\mathrm{j}\infty) = 0\angle -180° \end{cases}$$

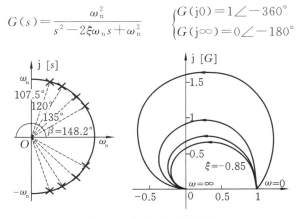

图 5.41　不稳定振荡环节

$$G(s) = \frac{1}{\left(\dfrac{s}{\omega_n}\right)^2 - 2\xi\,\dfrac{s}{\omega_n} + 1}$$

$$G(j\omega) = \frac{1}{1 - \dfrac{\omega^2}{\omega_n^2} - j2\xi\,\dfrac{\omega}{\omega_n}}$$

$$\begin{cases} |G| = \dfrac{1}{\sqrt{\left(1 - \dfrac{\omega^2}{\omega_n^2}\right)^2 + \left(2\xi\,\dfrac{\omega}{\omega_n}\right)^2}} \\[4mm] \angle G = -\arctan\dfrac{-2\xi\,\dfrac{\omega}{\omega_n}}{1 - \dfrac{\omega^2}{\omega_n^2}} = -360° + \arctan\dfrac{2\xi\,\dfrac{\omega}{\omega_n}}{1 - \dfrac{\omega^2}{\omega_n^2}} \end{cases}$$

（7）二阶复合微分环节（见图 5.42）：

$$G(s) = T^2 s^2 \pm 2\xi T s + 1 \overset{T = 1/\omega_n}{=} \left(\dfrac{s}{\omega_n}\right)^2 \pm 2\xi\,\dfrac{s}{\omega_n} + 1$$

$$G(j\omega) = 1 - \frac{\omega^2}{\omega_n^2} \pm j2\xi\,\frac{\omega}{\omega_n}$$

$$\begin{cases} |G| = \sqrt{\left(1 - \dfrac{\omega^2}{\omega_n^2}\right)^2 + \left(2\xi\,\dfrac{\omega}{\omega_n}\right)^2} \\[4mm] \angle G^+ = \arctan\dfrac{2\xi\,\dfrac{\omega}{\omega_n}}{1 - \dfrac{\omega^2}{\omega_n^2}} \\[6mm] \angle G^- = \arctan\dfrac{-2\xi\,\dfrac{\omega}{\omega_n}}{1 - \dfrac{\omega^2}{\omega_n^2}} = 360° - \arctan\dfrac{2\xi\,\dfrac{\omega}{\omega_n}}{1 - \dfrac{\omega^2}{\omega_n^2}} \end{cases}$$

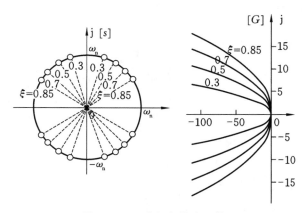

图 5.42　二阶复合微分环节

（8）时滞环节（见图 5.43）：

$$G(s)=\mathrm{e}^{-\tau s}$$

$$G(\mathrm{j}\omega)=\mathrm{e}^{-\mathrm{j}\omega\tau}$$

$$\begin{cases}|G|=1\\\angle G=-\tau\omega\end{cases}$$

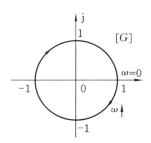

图 5.43　时滞环节

5.3.2　一般系统幅相特性曲线的绘制方法

幅相特性曲线通常是指频率响应曲线。它显示了系统（如滤波器、放大器、反馈系统等）对不同频率的输入信号的增益和相位响应。该曲线通常是用对数坐标绘制的，横坐标是频率，纵坐标是增益（以对数刻度表示）和相位（以角度表示）。

设开环传递函数 $G(s)$ 由 l 个典型环节串联组成，系统频率特性为

$$G(\mathrm{j}\omega)=G_1(\mathrm{j}\omega)G_2(\mathrm{j}\omega)\cdots G_l(\mathrm{j}\omega)$$

$$=A_1(\omega)\mathrm{e}^{\mathrm{j}\varphi_1(\omega)}A_2(\omega)\mathrm{e}^{\mathrm{j}\varphi_2(\omega)}\cdots A_l(\omega)\mathrm{e}^{\mathrm{j}\varphi_l(\omega)} \tag{5.50}$$

$$=A(\omega)\mathrm{e}^{\mathrm{j}\varphi(\omega)}$$

$$A(\omega)=A_1(\omega)A_2(\omega)\cdots A_l(\omega) \tag{5.51}$$

$$\varphi(\omega)=\varphi_1(\omega)+\varphi_2(\omega)+\cdots+\varphi_l(\omega) \tag{5.52}$$

式中：$A_i(\omega)(i=1,2,\cdots,l)$、$\varphi_i(\omega)(i=1,2,\cdots,l)$ 分别表示各典型环节的幅频特性和相频特性。

式（5.50）表明，只要将组成开环传递函数的各典型环节的频率特性叠加起来，即可得出开环频率特性。令 $s=\mathrm{j}\omega$ 沿虚轴变化，当 $\omega=0\rightarrow\infty$ 时分析各零、极点指向 $s=\mathrm{j}\omega$ 的复向量的变化趋势，就可以推断各典型环节频率特性的变化规律，从而概略画出系统的开环幅相特性曲线。

概略绘制的开环幅相特性曲线应反映开环频率特性的以下三个要点。

（1）开环幅相特性曲线的起点（$\omega=0$）和终点 $\omega\rightarrow\infty$。

（2）开环幅相特性曲线与实轴的交点。

设当 $\omega=\omega_g$ 时，$G(\mathrm{j}\omega)$ 的虚部

$$\mathrm{Im}[G(\mathrm{j}\omega_g)]=0$$

或

$$\varphi(\omega_g)=k\pi,\quad k=0,\pm1,\pm2,\cdots$$

称 ω_g 为相角交界频率。开环频率特性曲线与实轴交点的坐标值为

$$\mathrm{Re}[G(\mathrm{j}\omega_g)]=G(\mathrm{j}\omega_g)$$

（3）开环幅相特性曲线的变化范围（象限、单调性等）。

【例 5.6】　单位反馈系统的开环传递函数为

$$G(s)=\frac{K}{s^v(T_1 s+1)(T_2 s+1)}=K\frac{1}{s^v}\frac{\dfrac{1}{T_1}}{s+\dfrac{1}{T_1}}\frac{\dfrac{1}{T_2}}{s+\dfrac{1}{T_2}}$$

试分别概略绘出当系统型别 $v=0$、1、2、3 时的开环幅相特性。

解　讨论 $v=1$ 时的情形。在 s 平面中画出 $G(s)$ 的零、极点分布图，如图 5.44（a）所示。

系统开环频率特性为

$$G(j\omega) = \frac{K/(T_1 T_1)}{(s-p_1)(s-p_2)(s-p_3)} = \frac{K/(T_1 T_2)}{j\omega\left(j\omega + \frac{1}{T_1}\right)\left(j\omega + \frac{1}{T_2}\right)}$$

在 s 平面原点存在开环极点的情况下，为避免 $\omega = 0$ 时 $G(j\omega)$ 相角不确定，取 $s = j\omega = j0^+$ 作为起点进行讨论（0^+ 到 0 距离无限小）。

故得

$$G(j0^+) = \frac{K}{\prod\limits_{i=1}^{3} A_i}$$

当 ω 由 0^+ 逐渐增加时，$j\omega$、$j\omega + \frac{1}{T_1}$、$j\omega + \frac{1}{T_2}$ 三个矢量的幅值连续增加；除 $\varphi_1 = 90°$ 之外，φ_2 和 φ_3 均由 0 连续增加，分别趋向于 $90°$。得

$$G(j\infty) = \frac{K}{\prod\limits_{i=1}^{3} A_i}$$

由此可以概略绘出 $G(j\omega)$ 的幅相特性曲线，如图 5.44(b) 中曲线 G_1 所示。

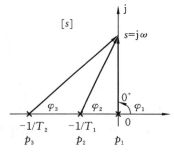
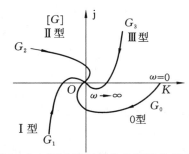

（a）当 $v=1$ 时 $G(s)$ 的零、极点图   （b）对应不同型别系统的幅相特性曲线

图 5.44　例 5.6 图

同理，讨论 $v = 0$、2、3 时的情况，可以列出表 5.2，相应概略绘出幅相特性曲线分别如图 5.43(b) 中 G_0、G_2、G_3 所示。

表 5.2　例 5.6 结果列表

v	$G(j\omega)$	$G(j0^+)$	$G(j\infty)$	零、极点分布
0	$G_0(j\omega) = \dfrac{K}{(jT_1\omega+1)(jT_2\omega+1)}$	$K\angle 0°$	$0\angle -180°$	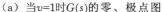
1	$G_1(j\omega) = \dfrac{K}{j\omega(jT_1\omega+1)(jT_2\omega+1)}$	$\infty\angle -90°$	$0\angle -270°$	

v	$G(j\omega)$	$G(j0^+)$	$G(j\infty)$	零、极点分布
2	$G_2(j\omega)=\dfrac{K}{(j\omega)^2(jT_1\omega+1)(jT_2\omega+1)}$	$\infty\angle-180°$	$0\angle-360°$	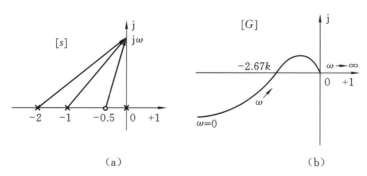
3	$G_3(j\omega)=\dfrac{K}{(j\omega)^3(jT_1\omega+1)(jT_2\omega+1)}$	$\infty\angle-270°$	$0\angle-450°$	

对于开环传递函数全部由最小相角环节构成的系统,开环传递函数一般可写为

$$G(s)=\frac{K(\tau_1 s+1)(\tau_2 s+1)\cdots(\tau_m s+1)}{s^v(T_1 s+1)(T_2 s+1)\cdots(T_{n-v} s+1)},\quad n>m$$

幅相特性曲线的起点 $G(j0^+)$ 完全由 K 和 v 确定,而终点 $G(j\infty)$ 则由 $n-m$ 来确定。

$$起点\begin{cases}K\angle0°,&v=0\\\infty\angle-90°v,&v=0\end{cases},\quad 终点\ 0\angle-90°(n-m)$$

在 $\omega=0^+\to\infty$ 过程中,$G(j\omega)$ 的变化趋势可以根据各开环零、极点指向 $s=j\omega$ 的向量之模、相角的变化规律概略绘出。

【例 5.7】　已知单位反馈系统的开环传递函数为

$$G_k(s)=\frac{k(1+2s)}{s^2(0.5s+1)(s+1)}$$

试概略绘出系统的开环幅相特性曲线。

解　系统型别 $v=2$,零、极点分布图如图 5.45(a)所示。显然

(1) 起点:$G_k(j0^+)=-360°$。

(2) 终点:$G_k(j\infty)=-180°$。

（a）　　　　　　　　　　　　　　　（b）

图 5.45　零、极点分布图与幅相特性曲线

（3）与坐标轴的交点：

$$G_k(j\omega)=\frac{k}{\omega^2(1+0.25\omega^2)(1+\omega^2)}\left[-(1+2.5\omega^2)-j\omega(0.5-\omega^2)\right]$$

令虚部为 0，可解出当 $\omega_g^2 = 0.5$（即 $\omega_g = 0.707$）时，幅相曲线与实轴有一个交点，且坐标为

$$\mathrm{Re}[G_k(j\omega_g)] = -2.67k$$

概略幅相特性曲线如图 5.45(b)所示。

【例 5.8】 已知 $G(s) = \dfrac{5}{s(s+1)(2s+1)}$，画 $G(j\omega)$ 曲线。

解

$$G(j\omega) = \frac{5}{j\omega(1+j\omega)(1+j2\omega)}$$

$$= \frac{-j5(1-j\omega)(1-j2\omega)}{\omega(1+\omega^2)(1+4\omega^2)}$$

$$= \frac{-15}{(1+\omega^2)(1+4\omega^2)} - j\frac{5(1-2\omega^2)}{\omega(1+\omega^2)(1+4\omega^2)}$$

$$G(j0) = \infty \angle -90°$$

$$G(j\infty) = 0 \angle -270°$$

渐近线：

$$\mathrm{Re}[G(j0)] \Rightarrow -15$$

与实轴交点：

$$\mathrm{Im}[G(j\omega)] = 0 \quad \Rightarrow \quad \omega = 1/\sqrt{2} = 0.707$$

$$\mathrm{Re}[G(j0.707)] = \frac{-15}{(1+0.5)(1+4\times0.5)} = -\frac{10}{3}$$

与本例相关的图如图 5.46 所示。

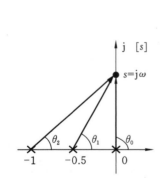 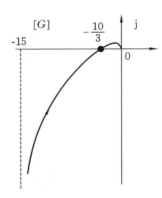

图 5.46 例 5.8 图

图 5.47 比例环节对数
频率特性曲线

5.3.3 典型环节对数频率特性曲线的绘制

(1) 比例环节 $G(j\omega) = K$。

$$\begin{cases} L(\omega) = 20\lg K \\ \varphi(\omega) = 0° \end{cases}$$

比例环节对数频率特性曲线如图 5.47 所示。

（2）微分环节 $G(j\omega)=j\omega$。

$$\begin{cases} L(\omega)=20\lg\omega \\ \varphi(\omega)=90° \end{cases}$$

微分环节对数频率特性曲线如图 5.48 所示。

（3）积分环节 $G(j\omega)=\dfrac{1}{j\omega}$。

$$\begin{cases} L(\omega)=-20\lg\omega \\ \varphi(\omega)=-90° \end{cases}$$

积分环节对数频率特性曲线如图 5.48 所示。

（4）惯性环节 $G(j\omega)=\dfrac{1}{\pm1+j\omega T}$。

$$\begin{cases} L(\omega)=-20\lg\sqrt{1+\omega^2 T^2} \\ \varphi(\omega)=\begin{cases} -\arctan\omega T \\ -180°+\arctan\omega T \end{cases} \end{cases}$$

惯性环节对数频率特性曲线如图 5.49 所示。

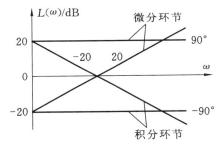

图 5.48　微分环节、积分环节对数频率特性曲线

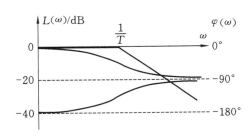

图 5.49　惯性环节对数频率特性曲线

（5）一阶复合微分环节 $G(j\omega)=\pm1+j\omega T$。

$$\begin{cases} L(\omega)=20\lg\sqrt{1+\omega^2 T^2} \\ \varphi(\omega)=\begin{cases} \arctan\omega T \\ 180°-\arctan\omega T \end{cases} \end{cases}$$

一阶复合微分环节对数频率特性曲线如图 5.50 所示。

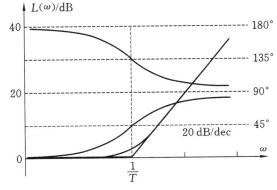

图 5.50　一阶复合微分环节对数频率特性曲线

（6）振荡环节 $G(\mathrm{j}\omega) = \dfrac{1}{1 - \dfrac{\omega^2}{\omega_n^2} \pm \mathrm{j}2\xi\dfrac{\omega}{\omega_n}}$。

$$
\begin{cases}
L(\omega) = -20\lg\sqrt{\left(1-\dfrac{\omega^2}{\omega_n^2}\right)^2 + \left(2\xi\dfrac{\omega}{\omega_n}\right)^2} \\[4mm]
\varphi(\omega) = \begin{cases}
-\arctan\left[\left(2\xi\dfrac{\omega}{\omega_n}\right)\bigg/\left(1-\dfrac{\omega^2}{\omega_n^2}\right)\right] \\[4mm]
-360° + \arctan\left[\left(2\xi\dfrac{\omega}{\omega_n}\right)\bigg/\left(1-\dfrac{\omega^2}{\omega_n^2}\right)\right]
\end{cases}
\end{cases}
$$

$$
\frac{\omega}{\omega_n} \ll 1, \quad \begin{cases} L(\omega) \approx 0 \\ \varphi(\omega) \approx 0°/-360° \end{cases}
$$

$$
\frac{\omega}{\omega_n} \gg 1, \quad \begin{cases} L(\omega) \approx -40\lg(\omega/\omega_n) \\ \varphi(\omega) \approx -180° \end{cases}
$$

振荡环节对数频率特性曲线如图 5.51 所示。

（7）二阶复合微分环节 $G(\mathrm{j}\omega) = 1 - \dfrac{\omega^2}{\omega_n^2} \pm \mathrm{j}2\xi\dfrac{\omega}{\omega_n}$。

$$
\begin{cases}
L(\omega) = 20\lg\sqrt{\left(1-\dfrac{\omega^2}{\omega_n^2}\right)^2 + \left(2\xi\dfrac{\omega}{\omega_n}\right)^2} \\[4mm]
\varphi(\omega) = \begin{cases}
\arctan\dfrac{2\xi\dfrac{\omega}{\omega_n}}{1-\dfrac{\omega^2}{\omega_n^2}} \\[6mm]
360° - \arctan\dfrac{2\xi\dfrac{\omega}{\omega_n}}{1-\dfrac{\omega^2}{\omega_n^2}}
\end{cases}
\end{cases}
$$

二阶复合微分环节对数频率特性曲线如图 5.52 所示。

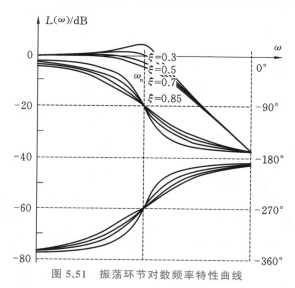

图 5.51　振荡环节对数频率特性曲线

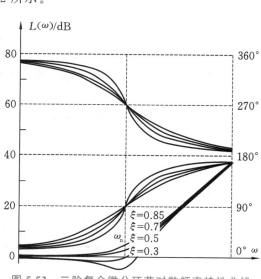

图 5.52　二阶复合微分环节对数频率特性曲线

（8）时滞环节 $G(\mathrm{j}\omega)=\mathrm{e}^{-\mathrm{j}\omega\tau}$。

$$\begin{cases} L(\omega)=20\lg 1=0 \\ \varphi(\omega)=-57.3\tau\omega \end{cases}$$

时滞环节对数频率特性曲线如图 5.53 所示。

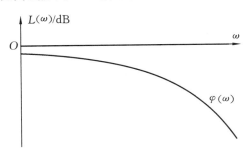

图 5.53　时滞环节对数频率特性曲线

5.3.4　一般系统对数频率特性曲线的绘制

对数频率特性曲线是一种常见的频率响应曲线，它描述了系统在不同频率下的响应情况，通常使用对数坐标来绘制。横坐标是频率，通常使用对数刻度，即每个刻度代表的频率是前一个刻度的十倍。纵坐标可以是增益、衰减、相位等参数。

将开环传递函数 $G(s)$ 表示成典型环节组合形式，有

$$\begin{cases} L(\omega)=20\lg A(\omega)=20\lg[A_1(\omega)A_2(\omega)\cdots A_l(\omega)] \\ \qquad\quad=20\lg A_1(\omega)+20\lg A_2(\omega)+\cdots+20\lg A_l(\omega) \\ \qquad\quad=L_1(\omega)+L_2(\omega)+\cdots+L_l(\omega) \\ \varphi(\omega)=\varphi_1(\omega)+\varphi_2(\omega)+\cdots+\varphi_l(\omega) \end{cases} \tag{5.53}$$

式中：$L_i(\omega)(i=1,2,\cdots,l)$ 和 $\varphi_i(\omega)(i=1,2,\cdots,l)$ 分别表示各典型环节的对数幅频特性和对数相频特性。

在熟悉了对数幅频特性的性质后，可以采用更为简洁的办法直接画出开环系统的伯德图。具体步骤如下。

（1）将开环传递函数写成尾 1 标准型，即

$$G(s)=\frac{K\displaystyle\prod_{i=1}^{p}\left(\frac{s}{z_i}+1\right)\prod_{h=1}^{(m-p)/2}\left[\left(\frac{s}{\omega_{zh}}\right)^2+2\xi_{zh}\frac{s}{\omega_{zh}}+1\right]}{s^v\displaystyle\prod_{j=1}^{q}\left(\frac{s}{p_j}+1\right)\prod_{k=1}^{(n-p-v)/2}\left[\left(\frac{s}{\omega_{pk}}\right)^2+2\xi_{pk}\frac{s}{\omega_{pk}}+1\right]}$$

确定系统开环增益 K 和型别 v，把各典型环节的转折频率由小到大依次标注在频率轴上。

（2）绘制开环对数幅频特性的低频渐近线。由于低频渐近线的频率特性为 $K/(\mathrm{j}\omega)^v$，因此低频渐近线就是过点 $(1,20\lg K)$、斜率为 $-20v$ dB/dec 的直线。

（3）在低频渐近线的基础上，沿频率增大的方向每遇到一个转折频率就改变一次斜率。规律是：遇到惯性环节的转折频率，斜率变化 -20 dB/dec；遇到一阶复合微分环节的转折频率，斜率变化 $+20$ dB/dec；遇到二阶复合微分环节的转折频率，斜率变化 40 dB/dec；遇到振荡

环节的转折频率,斜率变化－40 dB/dec;直到所有转折全部画完。最右端转折频率之后的渐近线斜率应该是$-20(n-m)$dB/dec,其中,n、m 分别为$G(s)$分母、分子的阶数。

（4）如果需要,可按照各典型环节的误差曲线在相应转折频率附近进行修正,以得到较精确的对数幅频特性曲线。

（5）绘制对数相频特性曲线。分别绘出各典型环节的对数相频特性曲线,再沿频率增大的方向逐点叠加,最后将相加点连接成光滑曲线。

下面举例说明开环对数频率特性的绘制过程。

【例 5.9】 已知开环传递函数为

$$G(s) = \frac{64(s+2)}{s(s+0.5)(s^2+3.2s+64)}$$

试绘制该开环控制系统的伯德图。

解　（1）将$G(s)$化为尾 1 标准型,即

$$G(s) = \frac{4\left(\dfrac{s}{2}+1\right)}{s\left(\dfrac{s}{0.5}+1\right)\left(\dfrac{s^2}{8^2}+0.4\times\dfrac{s}{8}+1\right)}$$

可以看出,此开环传递函数由比例环节、积分环节、惯性环节、一阶微分环节和振荡环节共5 个环节组成。按顺序标出转折频率。

惯性环节转折频率:

$$\omega_1 = 1/T_1 = 0.5$$

一阶复合微分环节转折频率:

$$\omega_2 = 1/T_2 = 2$$

振荡环节转折频率:

$$\omega_3 = 1/T_3 = 8$$

开环增益$K=4$,系统型别 $\upsilon=1$。

（2）低频渐近线由$\dfrac{K}{s}=\dfrac{4}{s}$决定。过点$(1,20\lg4)$作一条斜率为－20 dB/dec 的直线,即为低频渐近线（见图 5.54 中虚线）。

（3）在$\omega_1=0.5$ 处,惯性环节将渐近线斜率由－20 dB/dec 变为－40 dB/dec。

在$\omega_2=2$ 处,由于一阶复合微分环节的作用,因此渐近线斜率又增加 20 dB/dec,即由－40 dB/dec 变为－20 dB/dec。

在$\omega_3=8$ 处,振荡环节使渐近线斜率由－20 dB/dec 改变为$-20(n-m)=-60$ dB/dec。

由此绘制出渐近对数幅频特性曲线$L(\omega)$,如图 5.54 所示。

（4）在下列两种情况下可利用误差曲线对$L(\omega)$进行修正:①两惯性环节转折频率很接近时;②振荡环节 $x \notin (0.38, 0.8)$时。

（5）绘制对数相频特性曲线$\varphi(\omega)$。比例环节相角恒为零,积分环节相角恒为$-90°$,惯性环节、一阶复合微分环节、振荡环节的对数相频特性曲线分别如图 5.55 中的曲线①、②、③所示。将上述典型环节对数相频特性进行叠加,得到系统开环对数相频特性$\varphi(\omega)$,如图 5.55 中曲线④所示。当然,也可以按$\varphi(\omega)$表达式选点计算,再描点绘出$\varphi(\omega)$曲线。

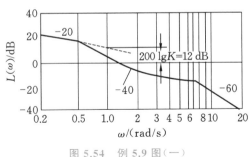

图 5.54　例 5.9 图（一）

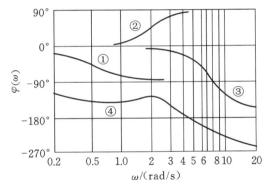

图 5.55　例 5.9 图（二）

5.3.5　由系统开环频率特性曲线确定系统传递函数

在控制系统中，系统的开环频率特性曲线和系统的传递函数之间存在着紧密的联系。一般来说，如果已知系统的开环频率特性曲线，就可以确定系统的传递函数。

假设系统的开环传递函数为 $G(s)$，其开环频率特性曲线为伯德图。伯德图通常由两个部分组成：幅频特性曲线和相频特性曲线。通过测量伯德图的幅频特性曲线和相频特性曲线，可以确定系统的传递函数。

幅频特性曲线可以用下式表示：

$$|G(j\omega)| = 20\lg|G(j\omega)|$$

式中：$G(j\omega)$ 是系统的开环传递函数；ω 是角频率；$|G(j\omega)|$ 是系统在该频率下的增益或衰减。对数坐标下的幅频特性曲线通常是一条直线或者多个直线的组合。

相频特性曲线可以用下式表示：

$$\varphi(j\omega) = \arctan G(j\omega)$$

式中：$\varphi(j\omega)$ 是系统在该频率下的相位角。相频特性曲线通常是由一系列不同频率下的相位角度组成的。

有了幅频特性曲线和相频特性曲线，就可以反推系统的传递函数了。具体步骤如下。

（1）将幅频特性曲线的对数增益值转化为线性增益值，即将分贝值转化为倍数值。

（2）将幅频特性曲线的线性增益值和相频特性曲线的相位角度转化为复数形式。

（3）将复数形式的幅度和相位角度合并为一个复数，即系统的传递函数 $G(j\omega)$。

（4）对传递函数 $G(j\omega)$ 进行标准化处理，即将传递函数除以其最高次项系数，得到标准化后的传递函数。

系统传递函数的截止频率 ω_c 满足 $|G(j\omega_c)| = 1$。

【例 5.10】　最小相位系统的开环对数幅频特性曲线如图 5.56 所示，试确定开环传递函数。

解　根据 $L(\omega)$ 曲线，可以写出

$$G(s) = \dfrac{K\left(\dfrac{s}{2}+1\right)}{s^2\left[\left(\dfrac{s}{100}\right)^2 + 2\xi\,\dfrac{s}{100} + 1\right]}$$

其中，K 和 ξ 待定。对于二阶振荡环节中的阻尼比，根据 $L(\omega)$ 有

$$20\lg M_r = 6.3$$

$$M_r = \frac{1}{2\xi\sqrt{1-\xi^2}} = 10^{\frac{6.3}{20}} = 2.0655$$

解出

$$\xi = 0.25$$

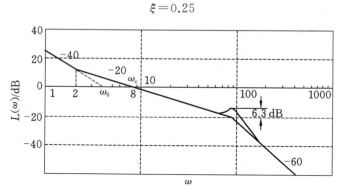

图 5.56　系统开环对数幅频特性曲线

对于开环增益 K，有不同的解法。

解法 1：将 $L(\omega)$ 曲线第一个转折频率 $\omega = 2$ 左边的线段延长至频率轴，与 0 dB 线交点处的频率设为 ω_0，则利用对数频率特性横坐标等距等比的特点，可以写出 $\frac{8}{\omega_0} = \frac{\omega_0}{2}$，所以有 $K = \omega_0^2 = 16$。

解法 2：设系统截止频率为 ω_c^*，则有

$$|G(j\omega_c^*)| = \frac{K\left|\dfrac{j\omega_c^*}{2}+1\right|}{\omega_c^*\left|\left[1-\left(\dfrac{\omega_c^*}{100}\right)^2\right]+j2\xi\dfrac{\omega_c^*}{100}\right|} = 1$$

如图 5.56 所示，渐近对数幅频特性曲线 $L(\omega)$ 与 0 dB 线的交点频率 $\omega_c = 8 \approx \omega_c^*$。注意 $\omega_c = 8$ 与其他转折频率的大小关系，同时考虑绘制渐近对数幅频特性曲线时的近似条件。略去上式各环节取模运算中实部、虚部的较小值，有

$$|G(j\omega_c)| = \frac{K \times \dfrac{\omega_c}{2}}{\omega_c^2 \times 1} = \frac{K}{2 \times \omega_c}\Big|_{\omega_c=8} = \frac{K}{16} = 1$$

可得 $K = 16$。最后给出

$$G(j\omega) = \frac{16\left(\dfrac{s}{2}+1\right)}{s^2\left[\left(\dfrac{s}{100}\right)^2 + 0.5\dfrac{s}{100}+1\right]} = \frac{80000(s+2)}{s^2(s^2+50s+10000)}$$

5.3.6　最小相位系统

最小相位系统是指在保持稳定性的前提下，相位裕度最小的线性定常系统。相位裕度指的是系统在输出信号的幅频特性中，相位与 $-180°$ 之间的最小距离，也就是系统输出相位距离 $-180°$ 的最小值。最小相位系统的稳定裕度比一般的线性定常系统更小。最小相位系统也就

是开环传递函数只含有左半 s 平面和虚轴上零、极点的系统。

如果系统开环传递函数中有处于右半 s 平面的极点或零点，或者包含时滞环节 $e^{-\tau s}$，则称此系统为非最小相位系统，否则称为最小相位系统。

【例 5.11】 已知某系统的开环对数频率特性如图 5.57 所示，试确定其开环传递函数。

解 根据对数幅频特性曲线，可以写出开环传递函数的表达形式。

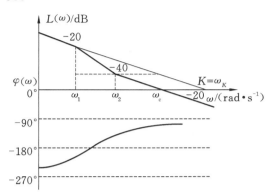

图 5.57 对数频率特性

$$G(s) = \frac{K\left(\dfrac{s}{\omega_2} \pm 1\right)}{s\left(\dfrac{s}{\omega_1} \pm 1\right)}$$

根据对数频率特性的坐标特点，有 $\dfrac{\omega_K}{\omega_c} = \dfrac{\omega_2}{\omega_1}$，可以确定开环增益 $K = \omega_K = \dfrac{\omega_c \omega_2}{\omega_1}$。

根据相频特性的变化趋势（$-270°$ 到 $-90°$），可以判定该系统为非最小相位系统。$G(s)$ 中至少有一个在右半 s 平面的零点或极点。将系统可能的开环零、极点分别画出来，列在表5.3中。

表 5.3 例 5.11 表

序号	零、极点分布	$G(j\omega)$	$G(j0)$	$G(j\infty)$
1	$[s]$ 图	$\dfrac{K(s/\omega_2 + 1)}{s(s/\omega_1 + 1)}$	$\infty \angle -90°$	$0 \angle -90°$
2	$[s]$ 图	$\dfrac{K(s/\omega_2 - 1)}{s(s/\omega_1 + 1)}$	$\infty \angle +90°$	$0 \angle -90°$
3	$[s]$ 图	$\dfrac{K(s/\omega_2 + 1)}{s(s/\omega_1 - 1)}$	$\infty \angle -270°$	$0 \angle -90°$
4	$[s]$ 图	$\dfrac{K(s/\omega_2 - 1)}{s(s/\omega_1 - 1)}$	$\infty \angle -90°$	$0 \angle -90°$

分析相角的变化趋势，可见，只有当惯性环节极点在右半 s 平面，一阶复合微分环节零点在左半 s 平面时，相角才符合从 $-270°$ 到 $-90°$ 的变化规律。因此，可以确定系统的开环传递函数为

$$G(s) = \frac{\dfrac{\omega_c \omega_2}{\omega_1}\left(\dfrac{s}{\omega_2} + 1\right)}{s\left(\dfrac{s}{\omega_1} - 1\right)}$$

对于最小相位系统，根据对数幅频特性曲线就完全可以确定相应的对数相频特性和传递函数。

由于对数幅频特性曲线容易绘制，因此在分析最小相位系统时，通常只画出对数幅频特性曲线，对数相频特性曲线一般不需要画出。对于非最小相位系统，必须将对数幅频特性曲线、对数相频特性曲线同时绘制出来，才能完整表示其频率特性。

5.4 频域稳定判据

5.4.1 奈奎斯特稳定判据

奈奎斯特稳定判据是一种用于判断线性定常系统稳定性的方法。该方法利用系统的开环传递函数的极点和零点的分布情况，以及复频域中的奈奎斯特曲线来判断系统的稳定性。

奈奎斯特稳定判据的定义：若系统的开环传递函数 $G(s)$ 在正实轴上有 N 个极点和 M 个零点，且它们的奈奎斯特曲线不经过点 $(-1,j0)$，那么系统就是稳定的；反之，系统是不稳定的。该判据的重要性在于它可以用于分析复杂系统的稳定性，以便更好地控制和预测所设计系统的行为。

闭环控制系统稳定的充分必要条件：闭环特征方程的根均具有负的实部，且其全部闭环极点都位于左半 s 平面内。

1. 辅助函数

对于图 5.58 所示的控制系统，其开环传递函数为

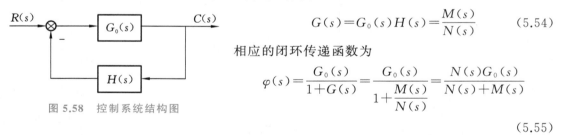

$$G(s)=G_0(s)H(s)=\frac{M(s)}{N(s)} \tag{5.54}$$

相应的闭环传递函数为

$$\varphi(s)=\frac{G_0(s)}{1+G(s)}=\frac{G_0(s)}{1+\frac{M(s)}{N(s)}}=\frac{N(s)G_0(s)}{N(s)+M(s)} \tag{5.55}$$

图 5.58 控制系统结构图

式中：$M(s)$ 为开环传递函数的分子多项式，m 阶；$N(s)$ 为开环传递函数的分母多项式，n 阶。

由式（5.54）、式（5.55）可见，$M(s)+N(s)$ 和 $N(s)$ 分别为闭环和开环特征多项式。现以两者之比构成辅助函数：

$$F(s)=\frac{M(s)+N(s)}{N(s)}=1+G(s) \tag{5.56}$$

实际系统传递函数 $G(s)$ 的分母阶数 n 总是大于或等于分子阶数 m，因此辅助函数的分子、分母同阶，即其零点数与极点数相等。设 $-z_1,-z_2,\cdots,-z_n$ 和 $-p_1,-p_2,\cdots,-p_n$ 分别为其零、极点，则辅助函数 $F(s)$ 可表示为

$$F(s)=\frac{(s+z_1)(s+z_2)\cdots(s+z_n)}{(s+p_1)(s+p_2)\cdots(s+p_n)} \tag{5.57}$$

综上所述，辅助函数 $F(s)$ 具有以下特点。

（1）辅助函数 $F(s)$ 是闭环特征多项式与开环特征多项式之比,其零点和极点分别为闭环极点和开环极点。

（2）$F(s)$ 的零点和极点的个数相同,均为 n 个。

（3）$F(s)$ 与开环传递函数 $G(s)$ 之间只差常量 1。$F(s)=1+G(s)$ 的几何意义为:F 平面上的坐标原点就是 G 平面上的点 $(-1,j0)$,如图 5.59 所示。

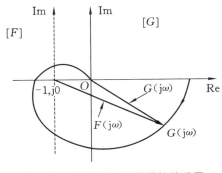

图 5.59　F 平面与 G 平面的关系图

2. 奈奎斯特稳定判据

为了确定辅助函数 $F(s)$ 位于右半 s 平面内的所有零、极点数,现将封闭曲线 Γ 扩展为整个右半 s 平面。为此,设计 Γ 曲线由以下 3 段组成。

Ⅰ:正虚轴 $s=j\omega$,频率由 $\omega=0$ 变化到 $\omega \to \infty$。

Ⅱ:半径为无限大的右半圆 $s=Re^{j\theta}$,$R \to \infty$,θ 由 $\pi/2$ 变化到 $-\pi/2$。

Ⅲ:负虚轴 $s=j\omega$,频率由 $\omega \to -\infty$ 变化到 $\omega=0$。

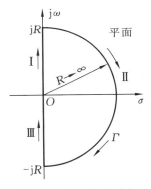

图 5.60　奈奎斯特路径

这样,3 段曲线组成的封闭曲线 Γ（称为奈奎斯特路径,简称奈氏路径）就包含了整个右半 s 平面,如图 5.60 所示。

在 F 平面上绘制与 Γ 相对应的曲线 Γ':当 s 沿虚轴变化时,由式（5.56）有

$$F(j\omega)=1+G(j\omega) \tag{5.58}$$

式中:$G(j\omega)$ 表示系统的开环频率特性。

Γ' 将由下面几段组成。

Ⅰ:和正虚轴对应的辅助函数的频率特性 $F(j\omega)$,相当于把 $G(j\omega)$ 右移一个单位。

Ⅱ:和半径为无穷大的右半圆相对应的辅助函数 $F(s) \to 1$。由于开环传递函数的分母阶数高于分子阶数,当 $s \to \infty$ 时,$G(s) \to 0$,故有 $F(s)=1+G(s) \to 1$。

Ⅲ:和负虚轴相对应的辅助函数频率特性 $F(j\omega)$,它对称于实轴的镜像。

图 5.61 绘出了系统开环频率特性曲线 $G(j\omega)$。将曲线右移一个单位,并取镜像,则成为 F 平面上的封闭曲线 Γ',如图 5.62 所示。图中用虚线表示镜像。

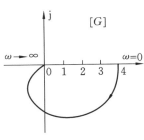

图 5.61　$G(j\omega)$ 特性曲线

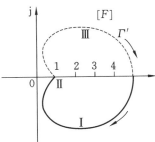

图 5.62　F 平面上的封闭曲线

对于包含了整个右半 s 平面的奈氏路径来说,Z 和 P 分别为闭环传递函数和开环传递函数在右半 s 平面上的极点数,R 则是 F 平面上 Γ' 曲线顺时针包围原点的圈数,也就是 G 平面上系统开环幅相特性曲线及其镜像顺时针包围点 $(-1,\mathrm{j}0)$ 的圈数。在实际系统分析过程中,一般只绘制开环幅相特性曲线而不绘制其镜像曲线。考虑到角度定义的方向性,有

$$R = -2N \tag{5.59}$$

式中:N 是开环幅相特性曲线 $G(\mathrm{j}\omega)$(不包括其镜像)包围 G 平面点 $(-1,\mathrm{j}0)$ 的圈数(逆时针为正,顺时针为负)。可得奈奎斯特判据(简称奈氏判据)为

$$Z = P - 2N \tag{5.60}$$

式中:Z 是右半 s 平面中闭环极点的个数;P 是右半 s 平面中开环极点的个数;N 是 G 平面上 $G(\mathrm{j}\omega)$ 包围点 $(-1,\mathrm{j}0)$ 的圈数(逆时针为正)。显然,只有当 $Z = P - 2N = 0$ 时,闭环控制系统才是稳定的。

以图 5.63 所示开环传递函数为例,解释奈氏判据的用法。由图可知

$$G(s) = \frac{K}{(T_1 s - 1)(T_2 s + 1)(T_3 s + 1)}$$

则

$$K = \begin{cases} K_1, Z = P - 2N = 1 - 2 \times 0 = 1 \quad \text{(不稳定)} \\ K_2, Z = P - 2N = 1 - 2 \times \left(\dfrac{-1}{2}\right) = 2 \quad \text{(不稳定)} \end{cases}$$

分析图如图 5.64 所示。

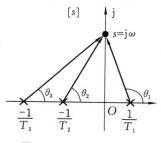

图 5.63　开环传递函数

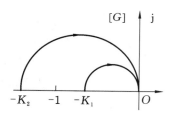

图 5.64　奈氏判据分析图

【例 5.12】　已知单位反馈系统开环传递函数,试分析系统稳定性。

$$G(s) = \frac{K}{(T_1 s + 1)(T_2 s + 1)(T_3 s + 1)}$$

解　依题有

$$\begin{cases} G(\mathrm{j}0) = K \angle 0° \\ G(\mathrm{j}\infty) = 0 \angle -270° \end{cases}$$

$$K = \begin{cases} K_1(\text{小}), N = 0 \\ Z = P - 2N = 0 - 2 \times 0 = 0 \quad \text{(稳定)} \\ K_2(\text{大}), N = -1 \\ Z = P - 2N = 0 - 2(-1) = 2 \quad \text{(不稳定)} \end{cases}$$

例 5.12 的分析图如图 5.65 所示。

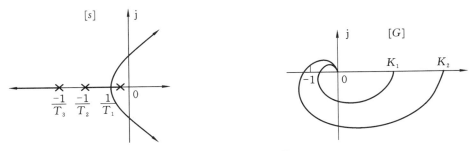

图 5.65　例 5.12 图

【例 5.13】　已知单位反馈系统开环传递函数,分析系统稳定性。

$$G(s) = \frac{K(\tau s + 1)}{s^2 (T_1 s + 1)(T_2 s + 1)}, \quad \tau > T_1 > T_2$$

解　依题有

$$\begin{cases} G(j0) = \infty \angle 0° \\ G(j0^+) = \infty \angle -180° \\ G(j\infty) = 0 \angle -270° \end{cases}$$

$$K = \begin{cases} K_1(\text{小}), N=0 \\ Z = P - 2N = 0 - 2 \times 0 = 0 \quad (\text{稳定}) \\ K_2(\text{大}), N=-1 \\ Z = P - 2N = 0 - 2 \times (-1) = 2 \quad (\text{不稳定}) \end{cases}$$

例 5.13 的分析图如图 5.66 所示。

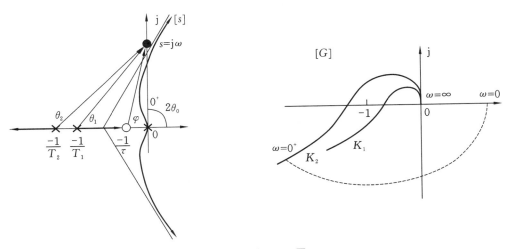

图 5.66　例 5.13 图

【例 5.14】　已知单位反馈系统开环传递函数,分析系统稳定性。

$$G(s) = \frac{K}{s(T_1 s+1)(T_2 s+1)}$$

解
$$\begin{cases} G(j0) = \infty \angle 0° \\ G(j0^+) = \infty \angle -90° \\ G(j\infty) = 0 \angle -270° \end{cases}$$

$$K = \begin{cases} K_1(小), N=0 \\ Z=P-2N=0-2\times0=0 \quad (稳定) \\ K_2(大), N=-1 \\ Z=P-2N=0-2\times(-1)=2 \quad (不稳定) \end{cases}$$

例 5.14 的分析图如图 5.67 所示。

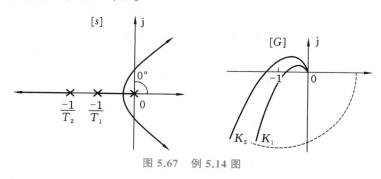

图 5.67　例 5.14 图

需要强调以下问题。

（1）当 s 平面虚轴上有开环极点时，奈氏路径要从其右边绕出半径为无穷小的圆弧；G 平面对应要补充大圆弧。

（2）N 的最小单位为 $\frac{1}{2}$。

（3）开环幅相特性曲线若恰好经过（-1,j0）点（注意不是包围），并且系统没有位于右半 s 平面的开环极点，则系统处于临界稳定的状态。

（4）$Z \begin{cases} >0, \quad 闭环系统不稳定 \\ =0, \quad 闭环系统稳定。 \\ <0, \qquad 有误 \end{cases}$

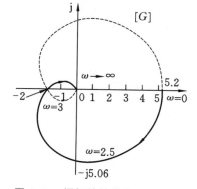

图 5.68　幅相特性曲线及其镜像

【例 5.15】 设系统开环传递函数为
$$G(s) = \frac{52}{(s+2)(s^2+2s+5)}$$
试用奈氏判据判断闭环系统的稳定性。

解　绘出系统的开环幅相特性曲线，如图 5.68 所示。当 $\omega=0$ 时，曲线起点在实轴上，$G(j0)=5.2$。当 $\omega\to\infty$ 时，终点在原点。当 $\omega=2.5$ 时，曲线和负虚轴相交，交点为 $-j5.06$。当 $\omega=3$ 时，曲线和负实轴相交，交点为 -2（见图5.68中实线部分）。

在右半 s 平面上，系统的开环极点数为零。开环频率特

性 $G(j\omega)$ 随着 $\omega=0$ 变化到 $\omega \rightarrow \infty$ 时,顺时针方向包围点 $(-1,j0)$ 一圈,即 $N=-1$。用相关公式可求得闭环控制系统在右半 s 平面的极点数为

$$Z=P-2N=0-2\times(-1)=2$$

所以,该闭环控制系统不稳定。

利用奈氏判据还可以讨论开环增益 K 对闭环系统稳定性的影响。当 K 值变化时,幅频特性成比例变化,而相频特性不受影响。因此,就图 5.68 而论,当频率 $\omega=3$ 时,曲线与负实轴正好相交在点 $(-2,j0)$,当 K 缩小一半,取 $K=2.6$ 时,曲线恰好通过点 $(-1,j0)$,这是临界稳定状态;当 $K<2.6$ 时,幅相特性曲线 $G(j\omega)$ 将从点 $(-1,j0)$ 的右方穿过负实轴,不再包围点 $(-1,j0)$,这时闭环控制系统是稳定的。

【例 5.16】 系统结构图如图 5.69 所示,试判断系统的稳定性并讨论 K 值对系统稳定性的影响。

解 系统是一个非最小相位系统,开环不稳定。开环传递函数在右半 s 平面上有一个极点,$P=1$。幅相特性曲线如图 5.70 所示。当 $\omega=0$ 时,曲线从负实轴点 $(-K,j0)$ 出发;当 $\omega \rightarrow \infty$ 时,曲线以 $-90°$ 趋于坐标原点;幅相特性包围点 $(-1,j0)$ 的圈数 N 与 K 值有关。

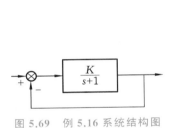

图 5.69　例 5.16 系统结构图

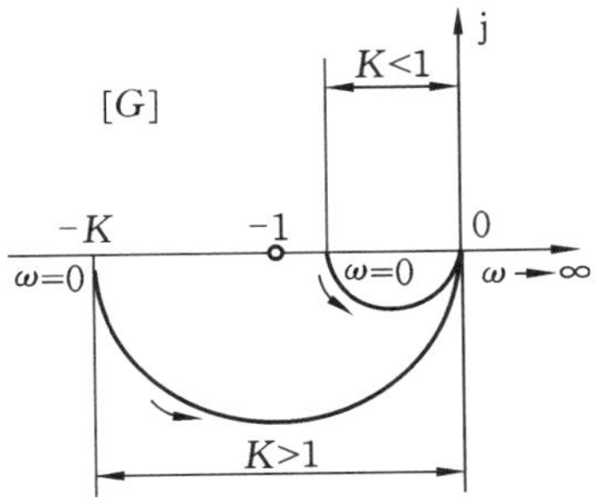

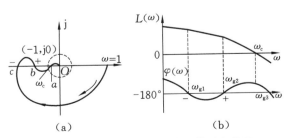

图 5.70　$K>1$ 和 $K<1$ 时的幅相特性曲线

图 5.70 绘出了 $K>1$ 和 $K<1$ 的两条曲线,可见:

当 $K>1$ 时,曲线逆时针包围了点 $(-1,j0)1/2$ 圈,即 $N=1/2$,此时 $Z=P-2N=1-2\times(1/2)=0$,故闭环控制系统稳定;当 $K<1$ 时,曲线不包围点 $(-1,j0)$,即 $N=0$,此时 $Z=P-2N=1-2\times0=1$,有一个闭环极点在右半 s 平面,故闭环控制系统不稳定。

5.4.2　对数稳定判据

在伯德图上运用奈氏判据的关键在于如何确定 $G(j\omega)$ 包围点 $(-1,j0)$ 的圈数 N。

系统开环频率特性的奈奎斯特图与伯德图存在一定对应关系,如图 5.71 所示。

(1) 奈奎斯特图上 $|G(j\omega)|=1$ 的单位圆与伯德图上的 0 dB 线相对应。单位圆外部对应于 $L(\omega)>0$,单位圆内部对应于 $L(\omega)<0$。

(2) 奈奎斯特图上的负实轴对应于伯德图上的 $\varphi(\omega)=-180°$ 直线。

图 5.71　奈奎斯特图与伯德图的对应关系

在奈奎斯特图中,如果开环幅相特性曲线在点$(-1,j0)$以左穿过负实轴,则称为穿越。沿ω增加方向,若曲线按相位增加方向(自上而下)穿过点$(-1,j0)$以左的负实轴,则称为正穿越;若曲线按相位减小方向(自下而上)穿过点$(-1,j0)$以左的负实轴,则称为负穿越,如图5.71(a)所示。如果沿ω增加方向,幅相特性曲线自点$(-1,j0)$以左的负实轴上某点开始向下(上)离开,或从负实轴上(下)方趋近到点$(-1,j0)$以左的负实轴上某点,则称为半次正(负)穿越。

在伯德图上,对应于$L(\omega)>0$的频段范围内沿ω增加方向,对数相频特性曲线按相位增加方向(自下而上)穿过$-180°$线称为正穿越;若曲线按相位减小方向(自上而下)穿过$-180°$线则称为负穿越。同理,在$L(\omega)>0$的频段范围内,对数相频特性曲线沿ω增加方向自$-180°$线开始向上(下)离开,或从下(上)方趋近到$-180°$线,则称为半次正(负)穿越,如图5.71(b)所示。

在奈奎斯特图上,正穿越一次,对应于幅相特性曲线逆时针包围点$(-1,j0)$一圈;而负穿越一次,对应于顺时针包围点$(-1,j0)$一圈。因此,幅相特性曲线包围点$(-1,j0)$的圈数等于正、负穿越次数之差,即

$$N=N_+-N_- \tag{5.61}$$

式中,N_+是正穿越次数,N_-是负穿越次数。在伯德图上可以应用此方法方便地确定N。

【例 5.17】 已知单位反馈系统开环传递函数,分析系统稳定性。

$$G(s)=\frac{K}{s(T_1 s+1)(T_2 s+1)}$$

解 对数稳定判据为

$$Z=P-2N, \quad N=N_+-N_-$$

$$K=\begin{cases} K_1\begin{cases} N=N_+-N_-=0-0=0 \\ Z=P-2N=0-2\times 0=0 \\ (稳定) \end{cases} \\ K_2\begin{cases} N=N_+-N_-=0-1=-1 \\ Z=P-2N=0-2\times(-1)=2 \\ (不稳定) \end{cases} \end{cases}$$

奈奎斯特图和伯德图分别如图 5.72、图 5.73 所示。

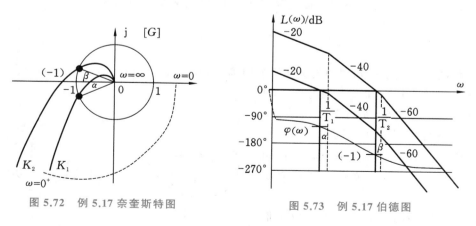

图 5.72 例 5.17 奈奎斯特图   图 5.73 例 5.17 伯德图

【例 5.18】 已知单位反馈系统开环传递函数(图 5.74),分析系统稳定性。

$$G(s) = \frac{K}{(T_1 s - 1)(T_2 s + 1)(T_3 s + 1)}$$

解　由题意得

$$\begin{cases} G(\mathrm{j}0) = K \angle -180° \\ G(\mathrm{j}\infty) = 0 \angle -270° \end{cases}$$

则有

$$K = \begin{cases} K_1 \begin{cases} N = N_+ - N_- = 0 - 0 = 0 \\ Z = P - 2N = 1 - 2 \times 0 = 1 \end{cases} \quad (\text{不稳定}) \\[4mm] K_2 \begin{cases} N = N_+ - N_- = \dfrac{1}{2} - 0 = \dfrac{1}{2} \\ Z = P - 2N = 1 - 2 \times \dfrac{1}{2} = 0 \end{cases} \quad (\text{稳定}) \\[4mm] K_3 \begin{cases} N = N_+ - N_- = \dfrac{1}{2} - 1 = -\dfrac{1}{2} \\ Z = P - 2N = 1 - 2 \times \left(-\dfrac{1}{2}\right) = 2 \end{cases} \quad (\text{不稳定}) \end{cases}$$

例 5.18 的奈奎斯特图和伯德图如图 5.75、图 5.76 所示。

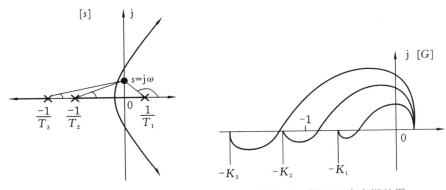

图 5.74　根轨迹　　　　　　　　图 5.75　例 5.18 奈奎斯特图

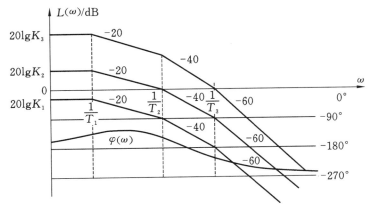

图 5.76　例 5.18 伯德图

【例 5.19】 单位反馈系统的开环传递函数为

$$G(s) = \frac{K^*\left(s + \frac{1}{2}\right)}{s^2(s+1)(s+2)}$$

开环零、极点分布如图 5.77(a) 所示，当 $K^* = 0.8$ 时，判断闭环系统的稳定性。

解　首先计算 $G(j\omega)$ 曲线与实轴交点坐标。

$$G(j\omega) = \frac{0.8\left(\frac{1}{2} + j\omega\right)}{-\omega^2(1+j\omega)(2+j\omega)} = \frac{-0.8\left[1 + \frac{5}{2}\omega^2 + j\omega\left(\frac{1}{2} - \omega^2\right)\right]}{\omega^2\left[(2-\omega^2)^2 + 9\omega^2\right]}$$

令

$$\text{Im}[G(j\omega)] = 0$$

解出 $\omega = 1/\sqrt{2}$。计算相应实部的值，得

$$\text{Re}[G(j\omega)] = -0.5333$$

由此可画出开环幅相特性和开环对数频率特性分别如图 5.77(b)、图 5.77(c) 所示。系统是 Ⅱ 型系统。相应在 $G(j\omega)$、$\varphi(\omega)$ 上补 180° 大圆弧，如图 5.77(b)、(c) 中虚线所示，应用对数稳定判据，在 $L(\omega) > 0$ 的频段范围 $(0 \sim \omega_c)$ 内，$\varphi(j\omega)$ 在 $\omega = 0^+$ 处有负、正穿越各 1/2 次，所以

$$N = N_+ - N_- = 1/2 - 1/2 = 0$$
$$Z = P - 2N = 0 - 2 \times 0 = 0$$

因此可知该闭环控制系统是稳定的。

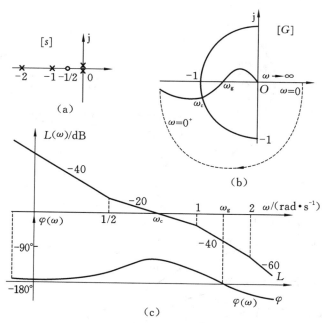

图 5.77　开环零、极点分布及辐相特性和对数频率特性图

对数稳定判据归纳总结如下。

(1) 在伯德图上，$G(j\omega)$ 包围 $(-1, j0)$ 点的圈数 $N = N_+ - N_-$。

(2) N_+ 是正穿越的次数，对应在 $L(\omega) > 0$ 的频段范围内沿 ω 增加的方向，对数相频特性

曲线按相位增加的方向(自下而上)穿过一180°线的次数。

（3）N_- 是负穿越的次数,对应在 $L(\omega)>0$ 的频段范围内沿 ω 增加的方向,对数相频特性曲线按相位减小的方向(自上而下)穿过一180°线的次数。

（4）在 $L(\omega)>0$ 的频段范围内沿 ω 增加的方向,对数相频特性曲线自一180°线开始向上离开或从下方趋近到一180°线,称为半次正穿越。

（5）在 $L(\omega)>0$ 的频段范围内沿 ω 增加的方向,对数相频特性曲线在一180°线开始向下离开或从上方趋近到一180°线,称为半次负穿越。

5.5　稳 定 裕 度

5.5.1　稳定裕度的定义

稳定裕度是指控制系统在满足稳定性要求的前提下,离临界点的最小距离。一般来说,离临界点的距离越远,系统的稳定性越好。

稳定裕度通常分为两种类型:幅值裕度和相位裕度。

幅值裕度是指系统增益的余量,即系统增益可以增加多少,使得系统依然保持稳定。幅值裕度通常以增益交界频率为参考,即系统的相位角通过一180°时的频率。

相位裕度是指系统相位的余量,即系统的相位角可以减小多少,使得系统依然保持稳定。相位裕度通常以相位交界频率为参考,即系统的增益通过 1 时的频率。

在控制系统设计中,稳定裕度是一个非常重要的概念。增加幅值裕度或相位裕度,可以提高系统的稳定性和鲁棒性,从而更好地控制系统的行为。通常来说,设计控制系统时需要根据实际需求和系统特性来选择合适的稳定裕度值,以达到最佳的控制效果。

对一个最小相位系统而言,$G(j\omega)$ 曲线包围 $(-1,j0)$ 点时系统不稳定,不包围 $(-1,j0)$ 点时系统稳定,恰好经过 $(-1,j0)$ 点时系统临界稳定。$G(j\omega)$ 曲线越靠近 $(-1,j0)$ 点,系统阶跃响应的振荡就越强烈,系统的相对稳定性就越差。

因此,可以用 $G(j\omega)$ 曲线与 $(-1,j0)$ 点的接近程度来表示系统的相对稳定性。通常,这种接近程度以相位裕度和幅值裕度来表示。

相位裕度和幅值裕度是系统开环频率指标,它们与闭环系统的动态性能密切相关。

1. 截止频率

截止频率用 ω_c,满足 $|G(j\omega_c)|=1$,如图 5.78 所示。

2. 相位裕度

相位裕度是指开环幅相频率特性 $G(j\omega)$ 的幅值 $A(\omega)=|G(j\omega)|=1$ 时,向量与负实轴的夹角,常用希腊字母 γ 表示。

在 G 平面上画出以原点为圆心的单位圆,如图 5.78 所示。$G(j\omega)$ 曲线与单位圆相交,交点处的频率 ω_c 称为截止频率,此时有 $A(\omega_c)=1$。按相位裕度的定义,有

$$\gamma=180°+\varphi(\omega_c) \tag{5.62}$$

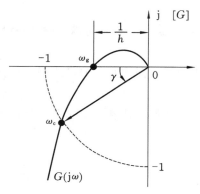

图 5.78　相位裕度和幅值裕度的定义

3. 幅值裕度

$G(j\omega)$ 曲线与负实轴交点处的频率 ω_g 称为相位交界频率，此时幅相特性曲线的幅值为 $A(\omega_g)$，如图 5.78 所示。幅值裕度是 $G(j\omega)$ 与负实轴交点至虚轴距离的倒数，常用 h 表示，即

$$h = \frac{1}{A(\omega_g)} \tag{5.63}$$

在对数坐标图上，有

$$20\lg h = -20\lg|A(\omega_g)| = -L(\omega_g) \tag{5.64}$$

即 h 等于 $L(\omega_g)$ 与 0 dB 之间的距离（0 dB 下为正）。

相位裕度的物理意义在于，稳定系统在截止频率 ω_c 处若相位再滞后 γ 角度，则系统处于临界稳定状态；若相位滞后角度大于 γ，则系统将变成不稳定的。

幅值裕度的物理意义在于，稳定系统的开环增益再增大 h 倍，则 $\omega = \omega_g$ 处的幅值 $A(\omega_g)$ 等于 1，曲线正好通过点 $(-1, j0)$，系统处于临界稳定状态；若开环增益增大 h 倍以上，则系统将变成不稳定的。

对于最小相位系统，要使系统稳定，要求相位裕度 $\gamma > 0$，幅值裕度 $h > 0$ dB。为保证系统具有一定的相对稳定性，稳定裕度不能太小。在工程设计中，要求 $\gamma > 30°$（一般选 $\gamma = 40°$ ~60°），$h > 6$ dB（一般选 10~20 dB）。

5.5.2　稳定裕度的计算

要计算相位裕度 γ，首先要知道截止频率 ω_c。求 ω_c 较方便的方法是由 $G(s)$ 绘制 $L(\omega)$ 曲线，由 $L(\omega)$ 与 0 dB 线的交点确定 ω_c。幅值裕度通常以相位交界频率为参考，即系统的增益通过 1 时的频率，若要求解幅值裕度 h，则要先知道相角交界频率 ω_g，直接解 $\angle G(j\omega) = -180°$ 是求 ω_g 较方便的方法。还可以将 $G(j\omega)$ 写成虚部和实部，令虚部为零而解得 ω_g。

【例 5.20】　某单位反馈系统的开环传递函数为

$$G(s) = \frac{K_0}{s(s+1)(s+5)}$$

试求 $K_0 = 10$ 时系统的相位裕度和幅值裕度。

解　$\displaystyle G(s) = \frac{K/5}{s(s+1)\left(\frac{1}{5}s+1\right)}, \quad \begin{cases} K = K_0/5 \\ v = 1 \end{cases}$

绘制开环增益 $K = K_0/5 = 2$ 时的 $L(\omega)$ 曲线，如图 5.79 所示。

当 $K = 2$ 时，

$$A(\omega_c) = \frac{2}{\omega_c \sqrt{\omega_c^2 + 1^2} \sqrt{\left(\frac{\omega_c}{5}\right)^2 + 1^2}} = 1$$

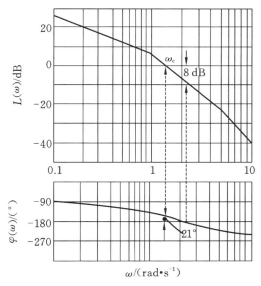

图 5.79　$K=2$ 时的开环对数频率特性

$$\frac{2}{\omega_{\mathrm{c}}\sqrt{\omega_{\mathrm{c}}^{2}}\sqrt{1^{2}}}=\frac{2}{\omega_{\mathrm{c}}^{2}}\approx 1\,,\quad 0<\omega_{\mathrm{c}}<2$$

取

$$\omega_{\mathrm{c}}=\sqrt{2}$$

$$\gamma_{1}=180°+\angle G(\mathrm{j}\omega_{\mathrm{c}})=180°-90°-\arctan\omega_{\mathrm{c}}-\arctan\frac{\omega_{\mathrm{c}}}{5}$$

$$=90°-54.7°-15.8°=19.5°$$

又由

$$180°+\angle G(\mathrm{j}\omega_{\mathrm{g}})=180°-90°-\arctan\omega_{\mathrm{g}}-\arctan(\omega_{\mathrm{g}}/5)=0$$

有

$$\arctan\omega_{\mathrm{g}}+\arctan(\omega_{\mathrm{g}}/5)=90°$$

等式两边取正切：

$$\left[\frac{\omega_{\mathrm{g}}+\dfrac{\omega_{\mathrm{g}}}{5}}{1-\dfrac{\omega_{\mathrm{g}}}{5}}\right]=\tan 90°\to\infty$$

得 $1-\omega_{\mathrm{g}}^{2}/5=0$，即

$$\omega_{\mathrm{g}}=\sqrt{5}=2.236$$

故得

$$h_{1}=\frac{1}{|A(\omega_{\mathrm{g}})|}=\frac{\omega_{\mathrm{g}}\sqrt{\omega_{\mathrm{g}}^{2}+1}\sqrt{\left(\dfrac{\omega_{\mathrm{g}}}{5}\right)^{2}+1}}{2}=3$$

【例 5.21】 已知传递函数 $G(s) = \dfrac{5}{s\left(\dfrac{s}{2}+1\right)\left(\dfrac{s}{10}+1\right)} = \dfrac{100}{s(s+2)(s+10)}$，求 γ 和 h。

解法一： 由幅相曲线（见图 5.78）求 γ 和 h。

（1）
$$\left| G(j\omega_c) \right| = 1 = \frac{100}{\omega_c \sqrt{\omega_c^2 + 2^2} \sqrt{\omega_c^2 + 10^2}}$$

则有
$$\omega_c^2 (\omega_c^4 + 104\omega_c^2 + 400) = 10000$$

试根得
$$\omega_c = 2.9$$

则有
$$\gamma = 180° + \angle G(j\omega_c) = 180° + \varphi(2.9)$$
$$= 90° - 55.4° - 16.1°$$
$$= 18.5° = 180° - 90° - \arctan\frac{2.9}{2} - \arctan\frac{2.9}{10}$$

（2）令
$$\varphi(\omega_g) = -180° = -90° - \arctan\frac{\omega_g}{2} - \arctan\frac{\omega_g}{10}$$

则有
$$\arctan\frac{\omega_g}{2} + \arctan\frac{\omega_g}{10} = 90°$$

$$\frac{\dfrac{\omega_g}{2} + \dfrac{\omega_g}{10}}{1 - \dfrac{\omega_g^2}{20}} = \tan 90° \quad \Rightarrow \omega_g^2 = 20, \quad \omega_g = 4.47$$

$$h = \frac{1}{\left| G(j\omega_g) \right|} = \frac{\omega_g \sqrt{\omega_g^2 + 2^2} \sqrt{\omega_g^2 + 10^2}}{100} \overset{\omega_g = 4.47}{=} 2.4$$

（3）将 $G(j\omega)$ 分解为实部、虚部形式。

$$G(j\omega) = \frac{100}{j\omega(2+j\omega)(10+j\omega)} = \frac{-1200\omega - j100(20-\omega^2)}{\omega(4+\omega^2)(100+\omega^2)} = G_X + jG_Y$$

令 $\mathrm{Im}[G(j\omega)] = G_Y = 0$，代入实部，得

$$G_X(\omega_g) = -0.4167, \left| G(\omega_g) \right| = 0.4167$$

$$h = \frac{1}{\left| G(j\omega_g) \right|} = \frac{1}{0.4167} = 2.4$$

解法二： 由伯德图（见图 5.80）求 γ 和 h。

$$G(s) = \frac{5}{s\left(\dfrac{s}{2}+1\right)\left(\dfrac{s}{10}+1\right)}$$

$$\left| G(j\omega_c) \right| = 1 = \frac{5}{\omega_c \cdot \dfrac{\omega_c}{2} \cdot 1} = \frac{10}{\omega_c^2}$$

$$\omega_c = \sqrt{10} = 3.16 > 2.9$$

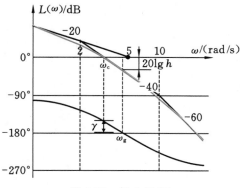

图 5.80　例 5.21 图

$$\gamma = 180° + \angle G(j\omega_c) = 180° + \varphi(3.16)$$
$$= 180° - 90° - \arctan\frac{3.16}{2} - \arctan\frac{3.16}{10}$$
$$= 90° - 57.7° - 17.5°$$
$$= 14.8° < 18.5°$$
$$\omega_g = \sqrt{2 \times 10} = 4.47$$
$$h = \frac{1}{|G(j4.47)|} = \frac{1}{0.4167} = 2.4$$

在实际工程设计中,必须先确定系统的稳定性。对于不稳定的系统,没有必要计算稳定裕度。在稳定的前提下,只要绘出 $L(\omega)$ 曲线,可以直接在图上读 ω_c,不需要太多计算。

5.6　用开环对数幅频特性分析系统的性能

通过对控制系统的开环传递函数进行对数幅频特性分析,可以分析系统在不同频率下的性能表现,进而进行系统性能的优化和改进。

具体而言,可以将控制系统的开环传递函数 $G(j\omega)$ 表示为极坐标形式:

$$G(j\omega) = |G(j\omega)| \angle G(j\omega)$$

实际系统的开环对数幅频特性 $L(\omega)$ 一般都符合如图 5.81 所示的特征,即频率较低的部分高,频率较高的部分低。人为地将 $L(\omega)$ 分为三个频段:低频段、中频段和高频段。

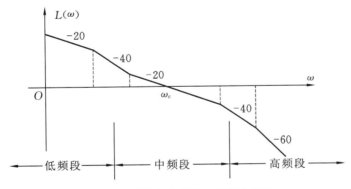

图 5.81　对数频率特性三频段的划分

低频段主要指第一个转折频率以左的频段。在低频段(即角频率较小的区域),系统的 $|G(j\omega)|$ 通常较大,而 $\angle G(j\omega)$ 通常较小。这意味着系统在低频时对输入信号的响应比较快,但可能存在较大的稳定性问题,如系统的超调量可能较大,甚至产生振荡。

中频段是指截止频率 ω_c 附近的频段。在中频段(即角频率适中的区域),系统的 $|G(j\omega)|$ 和 $\angle G(j\omega)$ 均比较平缓,这表明系统在中频时具有较好的稳定性和良好的动态响应,且不会产生过大的超调量和振荡。

高频段指频率远大于 ω_c 的频段。在高频段(即角频率较大的区域),系统的 $|G(j\omega)|$ 通常

较小，而$\angle G(j\omega)$则会逐渐减小至$-180°$。这意味着系统在高频时对输入信号的响应较慢，同时具有良好的稳定性和较小的超调量。不过需要注意的是，如果系统的$\angle G(j\omega)$减小过快，就可能引起系统的相位滞后问题，导致系统的稳定性受到影响。

5.6.1　开环对数幅频低频段特性与系统稳态误差的关系

稳态误差与开环对数幅频低频段特性有关，特别是在反馈控制系统中。开环对数幅频低频段特性越高，系统的增益就越大，输出就越接近期望输出，从而稳态误差就越小；开环对数幅频低频段特性越低，系统的增益就越小，输出就越远离期望输出，从而稳态误差就越大。

例如，在比例控制器中，增益常常是一个常数，而开环对数幅频低频段特性往往与增益有关。如果增益过低，开环对数幅频低频段特性就会很低，系统的稳态误差也就很大。如果增益过高，开环对数幅频低频段特性就会很高，系统的稳态误差也就很小。因此，在设计控制系统时，我们需要根据实际需求和系统特性选择合适的增益和开环对数幅频低频段特性，以达到期望的稳态误差。

低频段通常是指$L(\omega)$的渐近线在第一个转折频率左边的频段，这一频段的特性完全由积分环节和开环增益决定。

设低频段对应的传递函数为

$$G_d(s)=\frac{K}{s^v}$$

则低频段对数幅频特性为

$$20\lg|G_d(j\omega)|=20\lg\frac{K}{\omega^v}$$

将低频段对数幅频特性曲线延长交于 0 dB 线，交点频率$\omega_0=K^{\frac{1}{v}}$。可以看出，低频段斜率越小（负数的绝对值越大），位置越高，对应积分环节数目越多，开环增益越大。在闭环控制系统稳定的条件下，其稳态误差越小，稳态精度越高。因此，根据$L(\omega)$低频段可以确定系统型别v和开环增益K，利用静态误差系数法可以求出系统在给定输入下的稳态误差。

低频段对应的传递函数为

$$G_0(s)=\frac{K}{s^r}\begin{cases}20\lg|G_0|=20\lg K-v\cdot 20\lg\omega\\ \angle G_0=-v\cdot 90°\end{cases}$$

根据低频段特性（见图 5.81）可以确定系统型别v和开环增益K。

在闭环控制系统稳定的情况下，利用静态误差系数法可以计算稳态误差e_{ss}。

v越高，K越大，e_{ss}越小。此时，对应的曲线位置相对较高，曲线的形状比较陡。

5.6.2　开环对数幅频中频段特性与系统动态性能的关系

中频段是指$L(\omega)$在截止频率ω_c附近的频段，如图 5.81 所示。这段特性集中反映了闭环控制系统动态响应的平稳性和快速性。在控制系统中，动态性能通常涉及系统的响应速度、超调量、峰值时间等指标。

一般情况,开环对数幅频中频段特性越高,系统的增益越大,输出就越接近期望输出,系统响应速度就越快,超调量就越小,峰值时间就越短;开环对数幅频中频段特性越低,系统的增益就越小,输出就越远离期望输出,系统响应速度就越慢,超调量就越大,峰值时间就越长。

例如,在比例-积分-微分(PID)控制器中,增益和积分时间常常是关键参数,而开环对数幅频中频段特性往往与这些参数有关。如果开环对数幅频中频段特性过低,控制器的积分时间将会很长,从而导致系统的响应速度很慢,超调量很大,峰值时间很长。如果开环对数幅频中频段特性过高,控制器的积分时间将会很短,从而导致系统的响应速度很快,超调量很小,峰值时间很短。因此,在设计控制系统时,我们需要根据实际需求和系统特性,选择合适的开环对数幅频中频段特性,以达到期望的动态性能指标。

一般来说,$\varphi(\omega)$ 的大小与对应频率下 $L(\omega)$ 的斜率有密切关系,$L(\omega)$ 斜率越小,则 $\varphi(\omega)$ 越小(负数的绝对值越大)。在 ω_c 处,$L(\omega)$ 曲线的斜率对相位裕度 γ 的影响最大,越远离 ω_c 处的 $L(\omega)$ 斜率对 γ 的影响就越小。如果 $L(\omega)$ 曲线的中频段斜率为 -20 dB/dec,并且占据较宽的频率范围,则相位裕度 γ 就较大(接近 $90°$),系统的超调量就很小。如果中频段斜率是 -40 dB/dec,且占据较宽的频率范围,则相位裕度 γ 就很小(接近 $0°$),系统的平稳性和响应性会变得很差。因此,为保证系统具有满意的动态性能,希望 $L(\omega)$ 以 -20 dB/dec 的斜率穿越 0 dB 线,并保持较宽的中频段范围。闭环系统的动态性能主要取决于开环对数幅频特性中频段的形状。

最小相位系统 $L(\omega)$ 曲线斜率与相频特性的对应关系如下。

$$\begin{array}{lll} -20 \text{ dB/dec} & -90° & \gamma=90° \\ -40 \text{ dB/dec} & -180° & \gamma=0° \\ -60 \text{ dB/dec} & -270° & \gamma=-90° \end{array}$$

典型二阶系统的结构图可用图 5.82 表示。其中,开环传递函数为

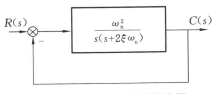

图 5.82　典型二阶系统结构图

$$G(s)=\frac{\omega_n^2}{s(s+2\xi\omega_n)}, \quad 0<\xi<1$$

相应的闭环传递函数为

$$\varphi(s)=\frac{\omega_n^2}{s^2+2\xi\omega_n s+\omega_n^2}$$

(1) γ 和 $\sigma\%$ 的关系:系统开环频率特性为

$$G(\mathrm{j}\omega)=\frac{\omega_n^2}{\mathrm{j}\omega(\mathrm{j}\omega+2\xi\omega_n)} \tag{5.65}$$

开环幅频特性和相频特性分别为

$$A(\omega)=\frac{\omega_n^2}{\omega\sqrt{\omega^2+(2\xi\omega_n)^2}}$$

$$\varphi(\omega)=-90°-\arctan\frac{\omega}{2\xi\omega_n}$$

在 $\omega=\omega_c$ 处 $A(\omega)=1$,即

$$A(\omega)=\frac{\omega_n^2}{\omega_c\sqrt{\omega_c^2+(2\xi\omega_n)^2}}=1$$

亦即

$$\omega_c^4 + 4\xi^2\omega_n^2\omega_c^2 - \omega_n^4 = 0$$

解之,得

$$\omega_c = \sqrt{\sqrt{4\xi^4+1} - 2\xi^2}\,\omega_n \qquad (5.66)$$

当 $\omega = \omega_c$ 时,有 $\varphi(\omega_c) = -90° - \arctan\dfrac{\omega_c}{2\xi\omega_n}$。

由此可得系统的相位裕度为

$$\gamma = 180° + \varphi(\omega) = 90° - \arctan\frac{\omega_c}{2\xi\omega_n} = \arctan\frac{2\xi\omega_n}{\omega_c} \qquad (5.67)$$

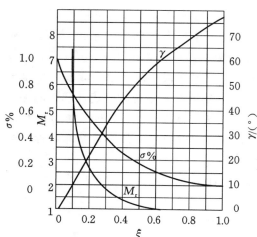

图 5.83　二阶系统 $\sigma\%,M_r,\gamma$ 与 ξ 的关系曲线

将式(5.66)代入式(5.67),得

$$\gamma = \arctan\frac{2\xi}{\sqrt{\sqrt{4\xi^4+1}-2\xi^2}} \qquad (5.68)$$

根据式(5.68),可以画出 γ 和 ξ 的函数关系曲线,如图 5.83 所示。

典型二阶系统的超调量为

$$\sigma\% = e^{-\pi\xi/\sqrt{1-\xi^2}} \times 100\% \qquad (5.69)$$

为便于比较,将式(5.69)的函数关系也一并绘于图 5.83 中。

由图 5.83 可以看出,γ 越小(即 ξ 越小),$\sigma\%$ 就越大;反之,$\sigma\%$ 就越小。通常希望 $30° \leqslant \gamma \leqslant 60°$。

(2) γ、ω_c 与 t_s 的关系:由时域法可知,典型二阶系统调节时间(取 $\Delta = 0.05$ 时)为

$$t_s = \frac{3.5}{\xi\omega_n}, \quad 0.3 < \xi < 0.8 \qquad (5.70)$$

将式(5.70)与式(5.66)相乘,得

$$t_s\omega_c = \frac{3.5}{\xi}\sqrt{\sqrt{4\xi^4+1}-2\xi^2} \qquad (5.71)$$

再由式(5.68)和式(5.71)可得

$$t_s\omega_c = \frac{7}{\tan\gamma} \qquad (5.72)$$

将式(5.72)的函数关系绘成曲线,如图 5.84 所示。可见,调节时间 t_s 与相位裕度 γ 和截止频率 ω_c 都有关。当 γ 确定时,t_s 与 ω_c 成反比。换言之,如果两个典型二阶系统的相位裕度 γ 相同,那么它们的超调量也相同(见图 5.83)。这样,对于 ω_c 较大的系统,调节时间必然较短(见图 5.84)。

【例 5.22】 已知系统结构图如图 5.85 所示,求 ω_c,并确定超调量 $\sigma\%$、调节时间 t_s。

解　绘制 $L(\omega)$ 曲线,如图 5.86 所示。

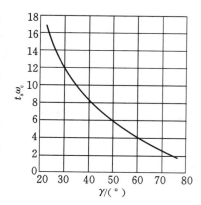

图 5.84　二阶系统 $t_s\omega_c$ 与 γ 的关系曲线

$$\omega_c = \sqrt{20 \times 48} = 31$$

$$\gamma = 180° - 90° - \arctan\frac{31}{20} = 90° - 57.2° = 32.8°$$

如图 5.87 所示,得

$$\sigma\%\bigg|_{\substack{\gamma=32.8°\\ \xi=0.29}} = 37\%$$

如图 5.88 所示,得

$$t_s\omega_c = \frac{7}{\tan\gamma} = 10.85, \quad t_s = \frac{10.85}{\omega_c} = 0.35$$

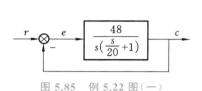

图 5.85　例 5.22 图(一)

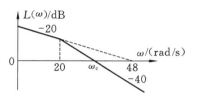

图 5.86　例 5.22 图(二)

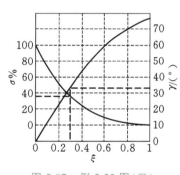

图 5.87　例 5.22 图(三)

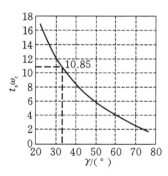

图 5.88　例 5.22 图(四)

【例 5.23】　已知单位反馈系统 $G(s)$,求 ω_c 和 γ,并确定 $\sigma\%$ 和 t_s。

$$G(s) = \frac{48\left(\dfrac{s}{10}+1\right)}{s\left(\dfrac{s}{20}+1\right)\left(\dfrac{s}{100}+1\right)}$$

解　绘制 $L(\omega)$ 曲线,如图 5.89 所示。

$$\frac{\omega_c}{48} = \frac{20}{10}, \quad \omega_c = 48 \times 2 = 96$$

$$\gamma = 180° + \varphi(\omega_c) = 180° + \arctan\frac{96}{10} - 90° - \arctan\frac{96}{20} - \arctan\frac{96}{100}$$

$$= 180° + 84° - 90° - 78.2° - 43.8° = 52°$$

如图 5.90 所示,得

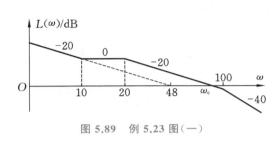

图 5.89　例 5.23 图（一）

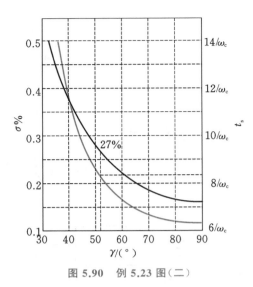

图 5.90　例 5.23 图（二）

$$\begin{cases} \sigma\% \overset{\gamma=52°}{=} 27\% \\ t_{s} = \dfrac{8.3}{\omega_{c}} = \dfrac{8.3}{96} = 0.086 \end{cases}$$

5.6.3　开环对数幅频高频段特性与系统抗高频干扰能力的关系

在控制系统中，抗高频干扰能力通常涉及系统的稳定性和抗干扰性。这些指标与系统的开环对数幅频特性高频段密切相关。

一般来说，开环对数幅频特性高频段越高，系统的增益越小，系统对高频干扰的抑制能力就越强，系统的稳定性也就越好。开环对数幅频特性高频段越低，系统的增益就越大，系统对高频干扰的抑制能力就越弱，系统的稳定性也就越差。

例如，在控制系统中，如果存在高频干扰信号，那么在系统的高频段中，开环增益越小，系统就越能够有效地抑制干扰信号，保持系统的稳定性。因此，在设计控制系统时，需要根据实际需求和系统特性，选择合适的开环对数幅频高频段特性，以提高系统的抗高频干扰能力。同时，还需要采取一些抗干扰措施，如滤波、信号调制等，以进一步提高系统的稳定性和抗干扰性。

对于单位反馈系统，开环频率特性 $G(\mathrm{j}\omega)$ 和闭环频率特性 $\varphi(\mathrm{j}\omega)$ 的关系为

$$\varphi(\mathrm{j}\omega) = \frac{G(\mathrm{j}\omega)}{1 + G(\mathrm{j}\omega)}$$

在高频段，一般有 $20\lg|G(\mathrm{j}\omega)| \ll 0$，即 $|G(\mathrm{j}\omega)| \ll 1$。故由上式可得

$$|\varphi(\mathrm{j}\omega)| = \frac{|G(\mathrm{j}\omega)|}{|1 + G(\mathrm{j}\omega)|} \approx |G(\mathrm{j}\omega)|$$

即在高频段，闭环幅频特性近似等于开环幅频特性。

$L(\omega)$ 特性高频段的幅值，直接反映出系统对输入端高频信号的抑制能力，高频段的分贝

值越低,说明系统对高频信号的衰减作用越大,即系统的抗高频干扰能力越强。

对于单位反馈系统(见图 5.91),开环频率特性和闭环频率特性的关系为

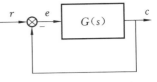

图 5.91　单位反馈系统

$$\Phi(j\omega) = \frac{G(j\omega)}{1+G(j\omega)}$$

在高频段(见图 5.92),一般有

$$20\lg|G(j\omega)| \ll 0$$

即

$$|G(j\omega)| \ll 1$$

可得

$$|\Phi(j\omega)| \approx |G(j\omega)|$$

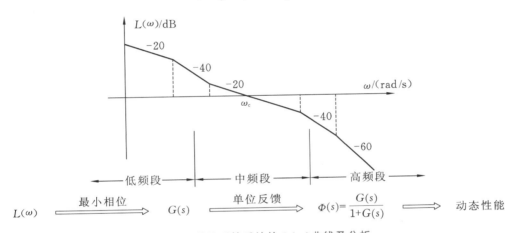

图 5.92　单位反馈系统的 $L(\omega)$ 曲线及分析

因此,对数幅频特性高频段的幅值,直接反映出系统对输入端高频信号的抑制能力。

高频段的分贝值越低,说明系统对高频信号的衰减能力越强,即系统的抗高频干扰能力越强。

注意:利用开环频率特性分析系统性能的方法一般适用于单位反馈的最小相位系统。

系统的开环对数幅频特性应具有下述特点。

(1) 如果要求具有一阶或二阶无差(即系统在阶跃或斜坡作用下无稳态误差),则 $L(\omega)$ 特性低频段的斜率应为 -20 dB/dec 或 -40 dB/dec。为保证系统的稳态精度,低频段应有较高的 h 值。

(2) $L(\omega)$ 特性应以 -20 dB/dec 的斜率穿过 0 dB 线,且具有一定的中频段宽度。这样,系统就有足够的稳定裕度,具有较好的平稳性。

(3) $L(\omega)$ 特性应具有较高的截止频率 ω_c,以提高闭环系统的快速性。

(4) $L(\omega)$ 特性的高频段应尽可能低,以增强系统的抗高频干扰能力。

① $L(\omega)$ 低频段 $\Leftrightarrow$ 系统稳态误差 e_{ss}。

② $L(\omega)$ 中频段 $\Leftrightarrow$ 系统动态性能($\sigma\%, t_s$)。

③ $L(\omega)$ 高频段⇔系统抗高频噪声能力。

三个频段的划分并没有严格的标准,但三频段理论为如何设计一个具有满意性能的闭环系统指出了方向。

【例 5.24】 已知最小相位系统 $L(\omega)$ 如图 5.93 所示。

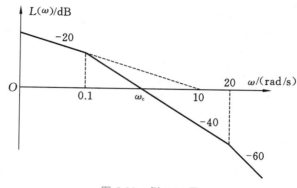

图 5.93　例 5.24 图

（1）确定开环传递函数 $G(s)$；

（2）确定系统的稳定性；

（3）将 $L(\omega)$ 右移 10 倍频程,讨论对系统的影响。

解 （1）

$$G(s)=\frac{10}{s\left(\dfrac{s}{0.1}+1\right)\left(\dfrac{s}{20}+1\right)}$$

（2）
$$\omega_c=\sqrt{0.1\times10}=1$$

$$\gamma=180°-90°-\arctan\frac{1}{0.1}-\arctan\frac{1}{20}=90°-84.3°-2.86°=2.8°>0 \quad （稳定）$$

（3）将 $L(\omega)$ 右移 10 倍频程后,有

$$G(s)=\frac{100}{s\left(\dfrac{s}{1}+1\right)\left(\dfrac{s}{200}+1\right)}$$

$$\omega_c=\sqrt{1\times100}=10$$

$$\gamma=180°-90°-\arctan\frac{10}{1}-\arctan\frac{10}{200}=90°-84.3°-2.86°=2.8°$$

$L(\omega)$ 右移后：γ 不变→$\sigma\%$ 不变。

ω_c 增大 → t_s 减小。

> ### 本章小结

1.频域法是以正弦信号角频率为自变量,利用频率特性曲线分析系统性能的方法。频率特性是线性定常系统在正弦输入信号作用下的稳态输出与输入复数之比对频率的

函数关系。频率特性取决于系统本身的结构与参数，它表示了系统的固有特性，可以通过传递函数直接求取。频率特性是传递函数的一种特殊形式，将系统（或环节）传递函数中的复数 s 换成纯虚数即可得出系统（或环节）的频率特性。

2. 频率特性曲线因所采用的坐标不同而分为开环幅相特性（奈奎斯特图）、对数频率特性（伯德图）和对数幅相特性（尼柯尔斯图）等形式。各种形式之间是互通的，每种形式有其特定的适用场合。开环幅相特性在分析闭环系统的稳定性时比较直观，常用于理论分析；伯德图在分析系统参数变化对系统性能的影响以及运用频率法校正时最方便，在实际工程中应用最广泛；由开环频率特性获取闭环频率特征量时，用对数幅相特性最直接。

绘制开环频率特性曲线（主要指幅频特性曲线，尤其是对数幅频特性曲线）是使用频域法分析、校正的基础，必须熟练掌握绘制方法，理解不同特性曲线间的对应关系。

频域法有两个重要特点：一是根据系统的开环频率特性分析系统的闭环性能；二是用实验的方法获取系统的伯德图，进而得到系统的传递函数。

3. 开环传递函数中不包含右半 s 平面零、极点及延迟因子的系统称为最小相位系统。由典型环节组成的系统都是最小相位系统。这类系统的对数幅频特性和对数相频特性一一对应，因而只要根据其对数幅频特性曲线就能确定系统的开环传递函数和相应的性能。

4. 奈奎斯特稳定判据是频率法的重要理论基础，该判据根据开环奈奎斯特曲线包围 $(-1, j0)$ 点的圈数 N 和开环传递函数在右半 s 平面的极点数 P 来判别对应闭环系统的稳定性。利用奈氏判据，除了可判断闭环系统的稳定性外，还可引出相位裕度和幅值裕度的概念。对于多数工程系统而言，系统的相对稳定性用相位裕度和幅值裕度两个指标来衡量。

5. 开环对数幅频特性中三频段的概念对系统的分析和设计都很重要。

对于单位反馈的最小相位系统，根据开环对数幅频特性 $L(\omega)$ 可以确定闭环系统的性能。$L(\omega)$ 低频段的渐近线斜率和高度分别反映系统的型别 (v) 和开环增益的大小，因而低频段集中体现系统的稳态性能；中频段反映系统的截止频率和相位裕度，集中体现系统的动态性能；高频段则体现系统抗高频干扰的能力。三频段理论为设计系统指出了方向。

一个既有较好的动态响应，又有较高的稳态精度，既有理想的跟踪能力，又有满意的抗干扰能力的控制系统，其开环对数幅频特性及低、中、高三个频段都应有合理的形状。

 习题 5

5.1 试求图 5.94 所示网络的频率特性。

5.2 某系统结构图如图 5.95 所示。求下列输入信号 $r(t) = \sin 2t$ 作用时，系统的稳态输

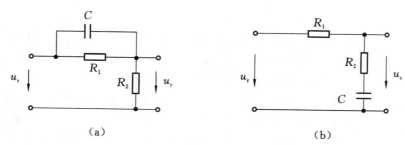

（a）　　　　　　　　　　　　（b）

图 5.94　题 5.1 图

出 $c_s(t)$ 和稳态误差 $e_s(t)$。

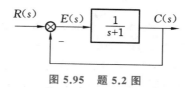

图 5.95　题 5.2 图

5.3　若系统单位阶跃响应 $h(t)=1-1.8e^{-4t}+0.8e^{-9t}$　（$t\geqslant 0$），试求系统的频率特性。

5.4　绘制下列传递函数的幅相特性曲线：

（1）$G(s)=\dfrac{K}{s}$；

（2）$G(s)=\dfrac{K}{s^2}$；

（3）$G(s)=\dfrac{K}{s^3}$。

5.5　已知系统开环传递函数 $G(s)H(s)=\dfrac{10}{s(2s+1)(s^2+0.5s+1)}$，试分别计算当 $\omega=0.5$ 和 $\omega=2$ 时开环频率特性的幅值 $A(\omega)$ 和相角 $\varphi(\omega)$。

5.6　试绘制下列传递函数的幅相特性曲线。

（1）$G(s)=\dfrac{5}{(2s+1)(8s+1)}$；

（2）$G(s)=\dfrac{10}{s(s+1)(s^2+1)}$；

（3）$G(s)=\dfrac{10(1+s)}{s^2}$；

（4）$G(s)=\dfrac{200}{s^2(s+1)(10s+1)}$；

（5）$G(s)=\dfrac{40(s+0.5)}{s(s+0.2)(s^2+s+1)}$；

（6）$G(s)=\dfrac{20(3s+1)}{s^2(6s+1)(s^2+4s+25)(10s+1)}$。

5.7　最小相位系统传递函数的近似对数幅频特性曲线分别如图 5.96 所示，试分别写出对应的传递函数。

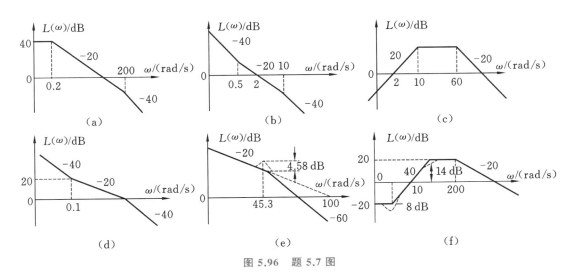

图 5.96　题 5.7 图

5.8　试根据奈氏判据,判断图 5.97 所示曲线对应闭环系统的稳定性。已知曲线(1)~(10)对应的开环传递函数如下。

(1) $G(s) = \dfrac{K}{(T_1 s + 1)(T_2 s + 1)(T_3 s + 1)}$;

(2) $G(s) = \dfrac{K}{s(T_1 s + 1)(T_2 s + 1)}$;

(3) $G(s) = \dfrac{K}{s^2(Ts + 1)}$;

(4) $G(s) = \dfrac{K(T_1 s + 1)}{s^2(T_2 s + 1)}$;

(5) $G(s) = \dfrac{K}{s^3}$;

(6) $G(s) = \dfrac{K(T_1 s + 1)(T_2 s + 1)}{s^3}$;

(7) $G(s) = \dfrac{K(T_5 s + 1)(T_6 s + 1)}{s(T_1 s + 1)(T_2 s + 1)(T_3 s + 1)(T_4 s + 1)}$;

(8) $G(s) = \dfrac{K}{T_1 s - 1}$　$(K > 1)$;

(9) $G(s) = \dfrac{K}{T_1 s - 1}$　$(K < 1)$;

(10) $G(s) = \dfrac{K}{s(Ts - 1)}$。

5.9　设开环幅相特性曲线如图 5.98 所示,其中 P 为开环传递函数在右半 s 平面的极点数,v 为积分环节个数。试判别闭环系统的稳定性。

5.10　已知系统开环传递函数 $G(s) = \dfrac{10(s^2 - 2s + 5)}{(s + 2)(s - 0.5)}$,试概略绘制幅相特性曲线,并根据奈氏判据判定闭环系统的稳定性。

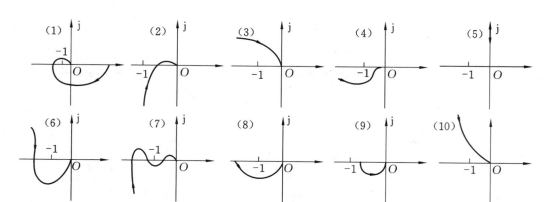

图 5.97　题 5.8 图

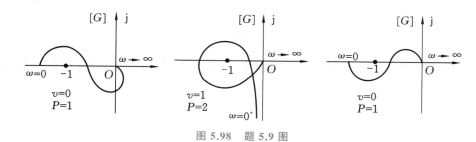

图 5.98　题 5.9 图

5.11　已知系统开环传递函数 $G(s)=\dfrac{10}{s(0.2s^2+0.8s-1)}$，试根据奈氏判据确定闭环系统的稳定性。

5.12　已知单位反馈系统的开环传递函数，试判断闭环系统的稳定性。

$$G(s)=\frac{10}{s(s+1)\left(\dfrac{s^2}{4}+1\right)}$$

5.13　已知单位反馈系统，其开环传递函数如下。

(1) $G(s)=\dfrac{100}{s(0.2s+1)}$；

(2) $G(s)=\dfrac{50}{(0.2s+1)(s+2)(s+0.5)}$；

(3) $G(s)=\dfrac{10}{s(0.1s+1)(0.25s+1)}$；

(4) $G(s)=\dfrac{100\left(\dfrac{s}{2}+1\right)}{s(s+1)\left(\dfrac{s}{10}+1\right)\left(\dfrac{s}{20}+1\right)}$。

试用奈氏判据或对数稳定判据判断闭环系统的稳定性，并确定系统的相位裕度和幅值裕度。

5.14　若单位反馈系统的开环传递函数 $G(s)=\dfrac{K\mathrm{e}^{-0.8s}}{s+1}$，试确定使系统稳定的 K 的临界值。

5.15　某单位反馈的最小相位系统，其开环对数幅频特性如图 5.99 所示。要求：

（1）写出系统开环传递函数；

（2）利用相位裕度判断系统的稳定性；

（3）将其对数幅频特性向右移 10 倍频程，试讨论对系统性能的影响。

5.16　某单位反馈的最小相位系统，其开环对数幅频特性曲线如图 5.100 所示。

（1）写出系统的开环传递函数 $G(s)$。

（2）计算系统的截止频率 ω_c 和相位裕度 γ。

（3）当输入信号 $r(t) = 1 + \dfrac{2}{t}$ 时，计算系统的稳态误差。

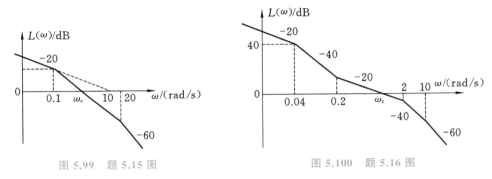

图 5.99　题 5.15 图　　　　　图 5.100　题 5.16 图

5.17　对于典型二阶系统，已知 $\sigma\% = 15\%$，$t_s = 3$ s，试计算截止频率 ω_c 和相位裕度 γ。

5.18　已知控制系统结构图如图 5.101 所示。当输入 $r(t) = 2\sin t$ 时，系统的稳态输出 $c_s(t) = 4\sin(t - 45°)$。试确定系统的参数 ξ、ω_n。

5.19　设单位反馈系统的开环传递函数 $G(s) = \dfrac{K}{s(s + 0.2)}$，试求使系统闭环幅频特性达到谐振峰值 M_r 的截止频率 ω_c、K 值和系统的稳定裕度。

5.20　单位反馈系统的闭环对数幅频特性曲线如图 5.102 所示。若要求系统具有 30° 的相位裕度，试计算开环增益应增大的倍数。

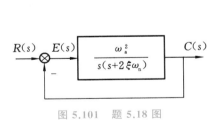

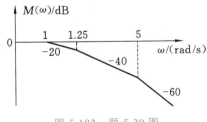

图 5.101　题 5.18 图　　　　　图 5.102　题 5.20 图

5.21　设单位反馈系统的开环传递函数 $G(s) = \dfrac{K}{s(s + 1)}$，试设计一串联超前校正装置，使系统满足下列指标：

（1）在单位斜坡输入下的稳态误差 $e_{ss} < \dfrac{1}{15}$；

（2）截止频率 $\omega_c \geqslant 7.5$ rad/s；

（3）相位裕度 $\gamma \geqslant 45°$。

5.22 已知单位反馈系统的开环传递函数 $G(s) = \dfrac{0.5}{s(s+1)(0.1s+1)}$，若开环增益 $K =$ 10，超调量 $\sigma\% \leqslant 25\%$，调节时间 $t_s \leqslant 16.5$，试设计串联滞后校正装置。

5.23 已知一单位反馈控制系统，其被控对象 $G_0(s)$ 和串联校正装置的对数幅频特性曲线分别如图 5.103(a)、(b)、(c) 所示。要求：

（1）写出校正后各系统的开环传递函数；

（2）分析各系统的作用，并比较其优缺点。

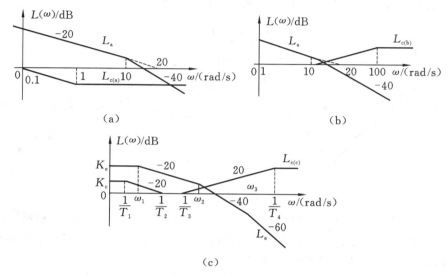

（a）　　　　　　　　　　　　（b）

（c）

图 5.103　题 5.23 图

5.24 某系统的开环对数幅频特性曲线如图 5.104 所示。其中，虚线表示校正前的，实线表示校正后的。要求：

（1）确定所用的是何种串联校正方式，写出校正装置的传递函数 $G_c(s)$；

（2）确定使校正后系统稳定的开环增益范围；

（3）当开环增益 $K = 1$ 时，求校正后系统的相位裕度 γ 和幅值裕度 h。

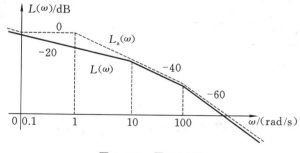

图 5.104　题 5.24 图

第6章　线性系统的频域校正

基本要求 ////

1. 正确理解控制系统校正的基本含义。
2. 熟练掌握系统校正的基本要求、常用的性能指标及其计算。
3. 熟练掌握常用的三种校正装置及其特点。
4. 重点掌握利用开环对数幅频特性曲线进行串联校正的基本方法。
5. 理解利用开环对数幅频特性曲线进行综合法校正的原理及特点。
6. 掌握 PID 控制的特点及工程校正的设计原理及方法。
7. 正确理解反馈校正的原理及特点。
8. 正确理解复合校正的原理及特点。

　　自动控制原理研究两个任务。一个是已知控制系统的结构和参数,研究和分析其三个基本性能,即稳定性、动态性能和稳态性能,称此过程为系统分析,本书的第 3 章、第 4 章、第 5 章分别介绍了不同的系统分析方法。另一个是在被控对象已知的前提下,根据工程实际对系统提出的各项指标要求,设计一个新系统或改善性能不太理想的原系统,使系统的各项性能指标均能满足实际需要,称此过程为系统校正。能用时域复域校正的系统一般可以用频域校正,而且简单实用,应用更加普遍。所以,本章研究控制系统频域校正的基本问题,并介绍基于 MATLAB 和 Simulink 的线性控制系统的一般校正方法。

　　通过本章的学习,应该建立系统校正的概念,掌握校正的方法和步骤,并能利用 MATLAB 和 Simulink 对系统进行校正分析,为实际系统设计建立理论基础。

6.1　校正的基本概念和方法

　　进行控制系统的校正与设计,不仅要了解被控对象的结构与参数,还要明确工程实际对系统提出的性能指标要求,这是系统设计的依据和目标。

6.1.1　校正的基本概念

　　控制系统的校正,是指根据工程对系统提出的性能指标要求,选择具有合适结构和参数的控制器,使它与被控对象组成的系统满足实际性能指标的要求。校正的实质就是在系统中加入合适的环节或装置,使整个系统的结构和参数发生变化,即改善系统的零、极点分布或对数频率特性曲线的形状,从而改善系统的运行特性,使校正后系统的各项性能指标满足实际要求。校正装置结构的选择及其参数的整定过程,称为控制系统的校正。研究该问题的方法同系统分析一样,也有时域法、频域法和根轨迹法三种。这三种方法互为补充,而且以频域法的应用较为普遍。因此,本章只介绍频域法,即利用开环对数频率特性曲线对线性定常系统进行校正的基本原理和方法。

控制系统的设计工作是从分析被控对象开始的。首先根据被控对象的具体情况选择执行元件;然后根据变量的性质和测量精度选择测量元件;最后还要放置放大器,以放大偏差信号和驱动执行元件。由被控对象、执行元件、测量元件和放大器组成基本的反馈控制系统。该系统除了放大器的增益可调外,其余部分的结构和参数均不能改变,称此部分为不可变部分或固有部分。当系统性能变差时,一般仅靠改变系统固有部分的增益是难以满足性能指标要求的,而需要在系统中加入一些合适的元件或装置,以改变系统的特性,满足给定的性能指标要求,这就要求对控制系统进行校正。

一般情况,校正的灵活性是很大的,为了满足同样的性能指标,不同的人可采用不同的校正方法,为满足同一个要求也可设计出不同的校正装置,到底采用何种校正方法或者校正装置,主要取决于实际情况(如对象的复杂程度、模型的给定方式等)和设计者的经验及习惯等,也就是说,校正问题的解不是唯一的。在对待控制系统校正的问题时,应仔细分析要求达到的性能指标及校正前固有系统的具体情况,以便设计出简单有效的校正装置,满足设计要求。

为了方便讨论,定义 $G_c(s)$、$G_0(s)$、$G(s)$ 分别为校正装置、校正前及校正后系统的开环传递函数;固有系统的指标不加上标,如 ω_c、γ 或 h,校正后系统的指标和希望的指标值加上标 "′",如 ω_c'、γ' 或 h'。

6.1.2　常用的校正方法

在线性控制系统中,常用的校正设计方法有分析法和综合法两类。分析法设计校正装置比较直观,易于实现,但要求设计者有一定的工程经验。综合法又称为期望频率特性法,校正装置传递函数可能较为复杂,不易于实现。

按照校正装置在系统中的位置,以及它和系统固有部分的不同连接方式,校正方式可分为串联校正、反馈校正和复合校正等。各元部件在系统中的位置如图 6.1 所示。

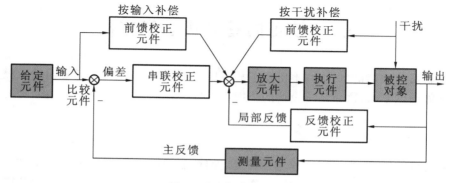

图 6.1　系统的连接图

1. 串联校正

串联校正是指校正装置 $G_c(s)$ 接在系统的前向通道中,与固有部分 $G_0(s)$ 成串联连接的方式,如图 6.2 所示。

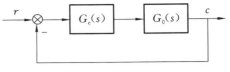

图 6.2　串联校正

为了减少校正装置的输出功率、降低系统功率损耗和成本,串联校正装置一般装设在前向通道综合放大器之前、误差测量点之后的位置。串联校正的特点是结构简单,易于实现,但通常需附加放大器,且对系统参数变化比较敏感。

串联校正按照校正装置的特点分为超前校正、滞后校正和滞后-超前校正三种。校正后系统的开环传递函数为 $G(s)=G_0(s)G_c(s)$。

2. 反馈校正

反馈校正是指校正装置 $G_c(s)$ 接在系统的局部反馈通道中,与系统的固有部分或其中的某一部分 $G_2(s)$ 成反馈连接的方式,如图 6.3 所示。其中,校正环节的开环传递函数为

$$G_j(s)=G_2(s)G_c(s) \tag{6.1}$$

由于反馈校正的信号是从高功率点传向低功率点,因此不需要加放大器。反馈校正的特点是不仅能改善系统性能,而且能抑制系统参数波动及非线性因素对系统性能的影响,但其结构比较复杂,实现相对困难。

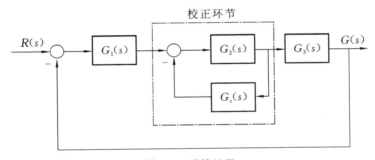

图 6.3　反馈校正

3. 复合校正

复合校正也称复合控制,实现方法是在反馈控制系统中,沿外部输入信号(给定和扰动)的方向增设一前馈补偿装置,形成前馈控制(也称顺馈控制)。很明显,前馈控制是一种开环控制方式。开环前馈控制与闭环反馈控制相结合,就构成了复合控制。按照输入信号的不同,复合校正有两种基本形式,如图 6.4 所示。其中,图 6.4(a)为按给定补偿的复合校正,$G_r(s)$ 为按给定 $R(s)$ 补偿的校正装置;图 6.4(b)为按扰动补偿的复合校正,$G_d(s)$ 为按扰动 $D(s)$ 补偿的校正装置。前馈补偿装置的设置将系统输入信号分为两个通道,两个通道的作用在系统误差测量端(按给定补偿)或输出端(按扰动补偿)相互抵消,使被控量基本不受输入干扰的影响,即在偏差产生之前就形成了防止偏差产生的控制作用。

复合控制系统充分利用开环控制与闭环控制的优点,解决了系统静态与动态、抑制干扰与跟随给定两个方面的矛盾,极大地改善了系统的性能。

在系统设计中,究竟采用哪种校正方式,取决于系统中信号的性质、技术实现的方便性、可供选用的元件、抗干扰性、经济性、使用环境条件以及设计者的经验等因素。一般来说,对于一

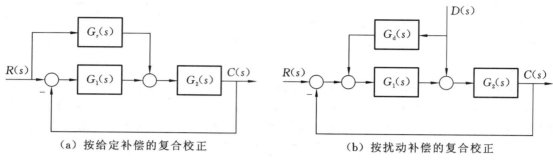

（a）按给定补偿的复合校正　　　　　　　（b）按扰动补偿的复合校正

图 6.4　复合校正

个具体的单输入-单输出线性定常系统,宜选用串联校正或反馈校正。由于串联校正比较简单,易于实现,因此工程实际中应用较多,也是本章的重点内容。

6.1.3　校正的性能指标

性能指标通常是由使用单位或被控对象的设计制造单位提出的。不同的控制系统对性能指标的要求有不同的侧重。例如,恒值控制系统对平稳性和稳态精度要求较高,快速性只需满足实际需要与可能即可,不要片面追求过高的性能指标要求;随动控制系统则侧重于对快速性的要求,对平稳性和稳态精度的要求稍弱。因此,对系统性能指标的提出,应以满足实际需要与可能为依据,不能片面追求过高的性能指标或某一个性能指标,要综合考虑。

系统性能指标是选取校正方法的依据。实际中,控制系统性能指标的给出方式有两种,一种是时域指标,另一种是频域指标。一般来说,当系统以时域性能指标的形式给出时,可以采用根轨迹法校正;而当系统性能指标以频域的形式给出时,则可以采用频域法校正。

时域和频域两种性能指标通过第 5 章中给出的近似公式可以互换。目前工程上习惯采用比较直观的频域法进行校正。

控制系统校正所依据的性能指标分为动态性能指标和稳态性能指标两类。

1. 稳态性能指标

稳态性能指标主要指稳态误差 e_{ss},或静态误差系数 K,包括静态位置误差系数 K_p,静态速度误差系数 K_v 和静态加速度误差系数 K_a。

2. 动态性能指标

动态性能指标包括频域指标和时域指标两类。

频域指标:截止频率 ω_c、相位裕度 γ、幅值裕度 $20\lg h$ 和谐振峰值 M_r。

时域指标:上升时间 t_r、调节时间 t_s、超调量 $\sigma\%$。

常用的换算公式如下。

$$\sigma\% = [0.16 + 0.4(M_r - 1)] \times 100\%, \quad 1 \leqslant M_r \leqslant 1.7$$

$$t_s = \frac{\pi}{\omega_c}[2 + 1.5(M_r - 1) + 2.5(M_r - 1)^2], \quad 1 \leqslant M_r \leqslant 1.7$$

$$M_r = \frac{1}{\sin\gamma}, \quad 35° \leqslant \gamma \leqslant 90°$$

6.1.4　校正装置及校正目标

1. 校正装置

常用的电气校正装置分为有源和无源两种。

常见的无源校正装置有 RC 双端口电路网络、微分变压器等。这种校正网络原理和线路简单，容易理解，且无须外加直流电源，但其本身没有增益，负载效应明显，因此，在接入系统时为消除负载效应，一般需增设隔离放大器。

有源校正装置是以运算放大器为核心元件的有源电路网络。由于运算放大器本身具有高输入阻抗和低输出阻抗的特点及较强的带负载能力，接入系统时不需要外加隔离放大器，而且这种校正网络调节使用方便，因此有源校正装置被广泛应用于工程实际中。

2. 校正目标

频域法校正的目的是改善系统开环对数幅频特性曲线的形状，通过增设适当的校正环节，使校正后系统开环对数幅频特性曲线的三个频段都能满足要求，具体如下。

（1）低频段要有一定的高度和斜率，以满足稳态精度的要求，因此校正后的系统应该是Ⅰ型或Ⅱ型系统。

（2）中频段的截止频率 ω_c 要足够大，以满足动态快速性的要求；中频段的斜率要求为 -20 dB/dec，并有足够的宽度，即 $H=4\sim20$，以满足相对稳定性的要求。

（3）高频段要有较大的负斜率，一般应小于等于 -40 dB/dec，以满足抑制高频噪声的要求。

从系统开环对数幅频特性曲线来看，需要进行校正的情况通常可分为如下三种。

（1）如果一个系统是稳定的，而且有满意的动态性能，但稳态误差过大，则必须增加低频段增益以减小稳态误差，如图 6.5(a)中虚线所示，同时尽可能保持中频段和高频段不变。

（2）如果一个系统是稳定的，且具有满意的稳态精度，但其动态响应较差，则应改变中频段和高频段，如图 6.5(b)中虚线所示，以改变截止频率和相位裕度。

（3）如果一个系统无论是稳态响应还是动态响应都不满意，也就是说整个特性都需要加以改善，则必须通过增加低频段增益并改变中频段斜率的综合方法来改善系统的综合性能，如图 6.5(c)中虚线所示。

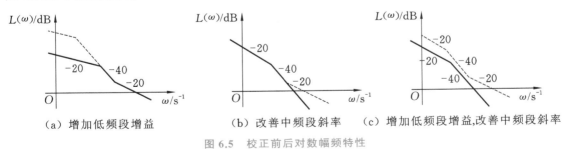

（a）增加低频段增益　　（b）改善中频段斜率　　（c）增加低频段增益,改善中频段斜率

图 6.5　校正前后对数幅频特性

三种情况需要采用不同的校正装置来实现。校正后的控制系统应具有足够的稳定裕量、满意的动态响应和稳态精度。当难以使系统所有指标均达到较高的要求时，只能根据不同类型系统的要求，有侧重地解决。

一般而言，当控制系统的开环增益增大到满足其稳态精度时，系统有可能就不稳定，或者稳定裕度不够，动态性能达不到设计要求。为此，需要在系统前向通道中增设一个超前校正装置，以保证在开环增益增大的情况下，系统的动态性能也能满足设计要求。

6.2 串联超前校正

6.2.1 超前网络特性

超前网络是校正方法中经常使用的一种网络结构。它可以使系统的相位提前，从而改善系统的稳定性和快速响应能力。

超前网络通常由一个滤波器和一个增益元件组成。超前网络的作用是在系统的低频段增加相位，从而提高系统的相位裕度，使得系统更加稳定。在高频段，超前网络的作用不明显，因为它的增益衰减得很快。因此，在实际应用中，我们通常会根据系统的特性选择合适的超前网络参数，以达到最佳的校正效果。

图 6.6 是 RC 超前网络的电路图。

如果输入信号源的内阻为零，输出端负载阻抗为无穷大，则超前网络的传递函数为

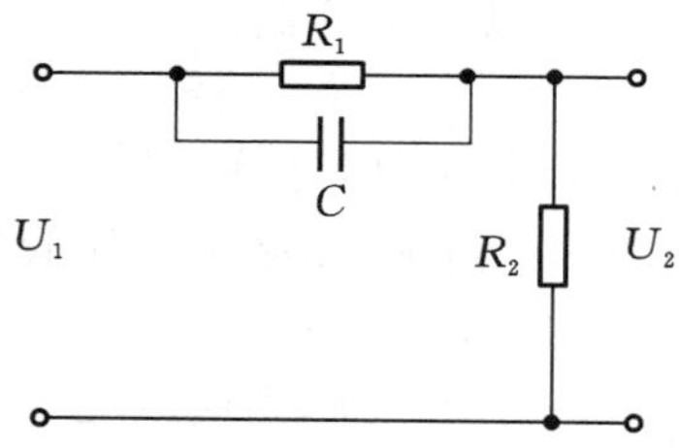

$$G'_c(s) = \frac{U_c(s)}{U_r(s)} = \frac{R_2}{R_2 + \cfrac{1}{\cfrac{1}{R_1} + Cs}} = \frac{R_2}{R_2 + \cfrac{R_1}{CR_1 s + 1}}$$

图 6.6 *RC* 超前网格

$$= \frac{R_2(CR_1 s + 1)}{R_1 R_2 Cs + R_1 + R_2} = \frac{\cfrac{R_2}{R_1 + R_2}(CR_1 s + 1)}{\cfrac{R_1 R_2 C}{R_1 + R_2} s + 1}$$

$$= \frac{1}{a} \cdot \frac{aTs + 1}{Ts + 1}$$

故

$$a \cdot G'_c(s) = \frac{aTs + 1}{Ts + 1} = G_c(s)$$

式中：$a = \dfrac{R_1 + R_2}{R_2} > 1$，$\quad T = \dfrac{R_1 R_2}{R_1 + R_2} C$。

可见，若将无源超前网络接入系统，系统的开环增益会降到原来的 $1/a$。为补偿超前网络造成的增益衰减，需要另外串联一个放大器或将原放大器的放大倍数提高 a 倍。增益补偿后的网络传递函数为

$$G_c(s) = aG_{co}(s) = \frac{aTs + 1}{Ts + 1} \tag{6.2}$$

画出超前网络 $G_c(s)$ 的对数频率特性曲线，如图 6.7 所示。

该校正装置的相角总是超前的，故称为相角超前网络。

超前网络 $G_c(s)$ 的相频特性为

$$\varphi_c(\omega) = \arctan aT\omega - \arctan T\omega = \arctan \frac{(a-1)T\omega}{1+a\ (T\omega)^2}$$
$$(6.3)$$

将式(6.2)对 ω 求导并令其为零,可求出最大超前角频率:

$$\omega_m = \frac{1}{T\sqrt{a}} \qquad (6.4)$$

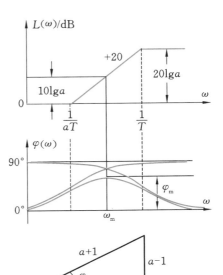

图 6.7　无源超前网络特性

显然,ω_m 位于 $L_c(\omega)$ 两转折频率 $1/(aT)$ 和 $1/T$ 的几何中心。将 ω_m 代入式(6.3)可求出最大超前角

$$\varphi_m = \arctan \frac{a-1}{2\sqrt{a}} = \arcsin \frac{a-1}{a+1} \qquad (6.5)$$

此式表明,最大超前角 φ_m 仅与 a 有关。a 值选得越大,获得的 φ_m 越大,但同时高频段也抬得越高。为使系统具有较高的信噪比,实际选用的 a 值一般不超过20。此外,由图 6.7 可以看出 ω_m 处的对数幅频值为

$$L_c(\omega_m) = 20\lg|aG_c(j\omega_m)| = 10\lg a \qquad (6.6)$$

φ_m 和 $10\lg a$ 随 a 变化的关系曲线如图 6.7 所示。可见,一级超前网络能提供的最大超前角不超过 $60°$。

$$H = 20\lg \frac{1/T}{1/aT} = 20\lg a$$

$$\varphi(\omega) = \arctan aT\omega - \arctan T\omega = \arctan \frac{T\omega(a-1)}{1+a\ T^2\omega^2}$$

$$\frac{d\varphi(\omega)}{d\omega} = 0 \Rightarrow \frac{d}{d\omega}[\tan\varphi(\omega)] = 0$$

$$\frac{d}{d\omega}\left[\frac{T\omega(a-1)}{1+a\ T^2\omega^2}\right] = \frac{T(a-1)[1-a\ T^2\omega^2]}{(1+a\ T^2\omega^2)^2} = 0$$

$$\tan\varphi(\omega_m) = \frac{T\omega(a-1)}{1+aT^2\omega^2}\bigg|_{\omega_m=\frac{1}{\sqrt{a}T}} = \frac{a-1}{2\sqrt{a}}$$

$$\varphi_m = \varphi(\omega_m) = \arctan \frac{a-1}{2\sqrt{a}} = \arcsin \frac{a-1}{a+1}$$

可推出

$$\begin{cases} a = \dfrac{1+\sin\varphi_m}{1-\sin\varphi_m} \\ L(\omega_m) = 10\lg a \end{cases} \qquad (6.7)$$

利用式(6.7)可以根据所需的 φ_m 确定满足条件的 a。

最有效的 $a \in (4,10)$,一级超前网络最大超前角为 $60°$。

超前校正装置对控制系统会产生两个方面的有利影响。一是相角超前,即适当选择校正装置参数,使最大超前角频率 ω_m 在校正后系统的截止频率 ω_c 处,就可以有效增加系统的相位裕度,提高系统的相对稳定性。二是幅值增加,即将校正装置的对数幅频特性叠加到原系统开

环对数幅频特性上，使系统的截止频率 ω_c 右移（增大），有利于提高系统响应的快速性。

最大超前角与 a 的关系曲线如图 6.8 所示。

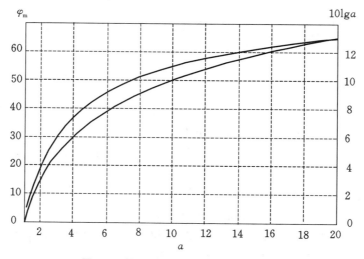

图 6.8　最大超前角与 a 的关系曲线图

6.2.2　串联相角超前校正

超前网络的特性是相角超前、幅值增加。

串联超前校正的实质是通过在系统输入端串联一个超前网络来改变系统的频率响应特性，从而达到校正的目的。超前网络可以将系统的相位提前，增加系统的相位裕度，提高系统的稳定性，也可以增加系统的增益，提高系统的静态性能。通过合理设计超前网络的参数，可以实现对系统频率响应特性的调整和校正，达到优化系统性能的目的。

假设未校正系统的开环传递函数为 $G_0(s)$，系统给定的稳态误差、截止频率、相位裕度和幅值裕度指标分别为 e_{ss}^*、ω_c^*、γ^* 和 h^*。

设计超前校正装置的一般步骤如下。

（1）根据给定稳态误差 e_{ss}^* 的要求，确定系统的开环增益 K。

（2）根据已确定的开环增益 K，绘出未校正系统的对数幅频特性曲线，并求出截止频率 ω_{c0} 和相位裕度 γ_0。当 $\omega_{c0}<\omega_c^*$、$\gamma_0<\gamma^*$ 时，首先考虑用超前校正。

（3）根据给定的相位裕度 γ^*，计算校正装置所应提供的最大相角超前量 φ_m，即

$$\varphi_m = \gamma^* - \gamma_0 + (5°\sim15°) \tag{6.8}$$

式中，预加的 $(5°\sim15°)$ 是为了补偿因校正后截止频率增大所导致的校正前系统的相位裕度的损失量。若未校正系统的对数幅频特性在截止频率处的斜率为 -40 dB/dec，并不再向下转折，则可以取 $5°\sim8°$；若该频段斜率从 -40 dB/dec 继续转折为 -60 dB/dec，甚至更小，则补偿角应适当取大些。注意，如果 $\varphi_m>60°$，则用一级超前校正不能达到要求的 γ^* 指标。

（4）根据所确定的最大超前相角 φ_m，按式（6.7）求出相应的 a 值，即

$$a = \frac{1+\sin\varphi_m}{1-\sin\varphi_m}$$

（5）选定校正后系统的截止频率。在 $-10\lg a$ 处作水平线，与 $L_0(\omega)$ 相交于 A' 点，交点频率设为 $\omega_{A'}$。取校正后系统的截止频率为

$$\omega_c = \max\{\omega_{A'}, \omega_c^*\} \tag{6.9}$$

（6）确定校正装置的传递函数。在选好的 ω_c 处作垂直线，与 $L_0(\omega)$ 交于 A 点；确定 A 点关于 0 dB 线的镜像点，过点 B 作 $+20$ dB/dec 直线，与 0 dB 线交于 C 点，对应频率为 ω_C；在 CB 延长线上确定 D 点，使 $\dfrac{\omega_D}{\omega_c} = \dfrac{\omega_c}{\omega_C}$，在 D 点将曲线改平，则对应超前校正装置的传递函数为

$$G_c(s) = \frac{\dfrac{s}{\omega_C} + 1}{\dfrac{s}{\omega_D} + 1} \tag{6.10}$$

（7）验算。写出校正后系统的开环传递函数，为

$$G(s) = G_c(s)G_0(s)$$

验算是否满足设计条件

$$\omega_c \geqslant \omega_c^*, \quad \gamma \geqslant \gamma^*, \quad h \geqslant h^*$$

若不满足，则返回步骤（3），适当增加相角补偿量，重新设计，直到满足要求。当调整相角补偿量不能达到设计指标时，应改变校正方案，可尝试使用滞后-超前校正。

以下举例说明超前校正的具体过程。

【例 6.1】 设单位反馈系统的开环传递函数为

$$G_0(s) = \frac{K}{s(s+1)}$$

试设计校正装置 $G_c(s)$，使校正后系统满足如下指标：

（1）当 $r = t$ 时，稳态误差 $e_{ss}^* \leqslant 0.1$；
（2）开环系统截止频率 $\omega_c^* \geqslant 6$ rad/s；
（3）相位裕度 $\gamma^* \geqslant 60°$；
（4）幅值裕度 $h^* \geqslant 10$ dB。

解 （1）根据温度精度要求 $e_{ss}^* = 1/K \leqslant 0.1$，可得 $K \geqslant 10$，取 $K = 10$。

（2）绘制未校正系统的对数幅频特性曲线，如图 6.9 中 $L_0(\omega)$ 所示，可确定未校正系统的截止频率和相位裕度：

$$\omega_{c0} = 3.16 < \omega_c^* = 6$$
$$\gamma_0 = 180° - 90° - \arctan 3.16 = 17.5° < \gamma^* = 60°$$

可采用超前校正。

（3）所需要提供的相角最大超前量为

$$\varphi_m = \gamma^* - \gamma_0 + 5° = 60° - 17.5° + 5° = 47.5°$$

（4）超前网络参数为

$$a = \frac{1 + \sin\varphi_m}{1 - \sin\varphi_m} = 7, \quad 10\lg a = 8.5 \text{ dB}$$

（5）在 $-10\lg a$ 处作水平线，与 $L_0(\omega)$ 相交于 A' 点；设交点频率为 $\omega_{A'}$，由 $40\lg(\omega_{A'}/\omega_{c0}) = 8.5$，可得 $\omega_{A'} = \omega_{c0} 10^{\frac{-8.5}{40}} = 5.16 < \omega_c^* = 6$，所以选截止频率

$$\omega_c = \max\{\omega_{A'}, \omega_c^*\} = \omega_c^* = 6$$

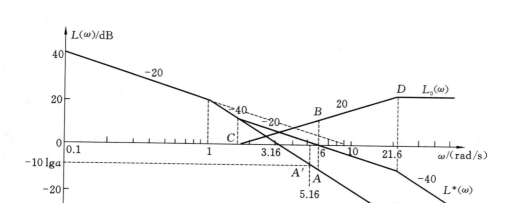

图 6.9 频率法超前校正过程

（6）在 $\omega_c = 6$ 处作垂直线，与 $L_0(\omega)$ 交于 A 点，确定其关于 0 dB 线的镜像点 B，如图 6.9 所示；过点 B 作 $+20$ dB/dec 直线，与 0 dB 线交于 C 点，对应频率为 ω_C；在 CB 延长线上定 D 点，使 $\dfrac{\omega_D}{\omega_c} = \dfrac{\omega_c}{\omega_C}$，则

C 点频率：

$$\omega_C = \frac{\omega_{c0}{}^2}{\omega_c} = \frac{3.16^2}{6} = 1.66$$

D 点频率：

$$\omega_D = \frac{\omega_c^2}{\omega_C} = \frac{6^2}{1.66} = 21.69$$

初步确定校正装置传递函数为

$$G_c(s) = \frac{\dfrac{s}{\omega_C} + 1}{\dfrac{s}{\omega_D} + 1} = \frac{\dfrac{s}{1.66} + 1}{\dfrac{s}{21.69} + 1}$$

（7）验算指标。校正后系统的开环传递函数为

$$G^*(s) = G_c(s) G_0(s) = \frac{10\left(\dfrac{s}{1.66} + 1\right)}{s(s+1)\left(\dfrac{s}{21.69} + 1\right)}$$

校正后系统的截止频率为

$$\omega_c^* = \omega_c = 6 \text{ rad/s}$$

相位裕度为

$$\gamma = 180° + \angle G^*(j\omega_c) = 180° + \arctan\frac{6}{1.66} - 90° - \arctan 6 - \arctan\frac{6}{21.69}$$

$$= 180° + 74.5° - 90° - 80.5° - 15.5° = 68.5° > 60°$$

幅值裕度为

$$h \to \infty > 10 \text{ dB}$$

满足设计要求。

【例 6.2】　系统结构图如图 6.10 所示。

指标要求如下。

$$
\begin{cases}
r(t)=t, & e_{ss}\leqslant 0.1 \\
\sigma\%\leqslant 27.5\% \\
t_s\leqslant 1.7 \\
h^*\geqslant 10\ \text{dB}
\end{cases}
\quad
\begin{cases}
\gamma^*\geqslant 50° \\
t_s=\dfrac{8.5}{\omega_c^*}\leqslant 1.7
\end{cases}
\Rightarrow
\begin{cases}
\omega_c^*\geqslant 8.5/1.7=5 \\
\gamma^*\geqslant 50° \\
h^*\geqslant 10\ \text{dB}
\end{cases}
$$

试确定 $G_c(s)$。

解　$G(s)=\dfrac{K}{s\left(\dfrac{s}{2}+1\right)\left(\dfrac{s}{30}+1\right)}$,　$\begin{cases}\text{开环增益：}K \\ v=1\end{cases}$

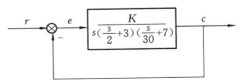

图 6.10　例 6.2 图（一）

① 由 e_{ss}^* 要求确定 K：

$$e_{ss}^*=\frac{1}{K}\leqslant 0.1\ \rightarrow\ K=10$$

② 作 $L_0(\omega)$ 曲线如图 6.11 所示。

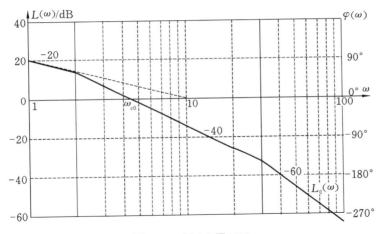

图 6.11　例 6.2 图（二）

$$\omega_{c0}=\sqrt{2\times10}=4.472<5$$

$$\gamma_0=90°-\arctan\frac{4.472}{2}-\arctan\frac{4.472}{30}$$

$$=90°-65.9°-8.5°=15.6°<50°$$

③ 采用超前校正。确定超前网络参数为

$$\varphi_m=\gamma^*-\gamma_0+(5°\sim10°)$$
$$=50°-15.6°+10°=44.4°$$

$$\begin{cases}a=\dfrac{1+\sin\varphi_m}{1-\sin\varphi_m}=5.66\approx6 \\ 10\lg a=7.8\ \text{dB}\end{cases}$$

④ 确定 $G_c(s)$。由 -7.8 dB 就可以在图 6.12 中找出 A、B、C、D 四个点的位置。

$$7.8\ \text{dB}=40\cdot\lg\frac{\omega_c}{\omega_{c0}}$$

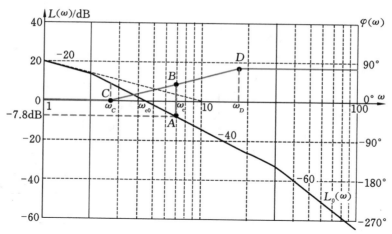

图 6.12　例 6.2 图（三）

$$\omega_c = \omega_{c0} \cdot 10^{\frac{7.8}{40}} = 4.472 \times 1.567 = 7 > 5$$

按 γ^* 设计，有

$$\omega_C = \frac{\omega_{c0}^2}{\omega_c} = \frac{4.472^2}{7} = 2.86$$

$$\omega_D = \frac{\omega_c^2}{\omega_C} = \frac{7^2}{2.86} = 17.13$$

$$G_{c1}(s) = \frac{\dfrac{s}{\omega_C}+1}{\dfrac{s}{\omega_D}+1} = \frac{\dfrac{s}{2.86}+1}{\dfrac{s}{17.13}+1}, \quad a = \frac{17.13}{2.68} = 6$$

$$G_1(s) = G_{c1}(s) \cdot G_0(s) = \frac{\dfrac{s}{2.86}+1}{\dfrac{s}{17.13}+1} \cdot \frac{10}{s\left(\dfrac{s}{2}+1\right)\left(\dfrac{s}{30}+1\right)}$$

$L_c(\omega)$ 曲线如图 6.13 所示。

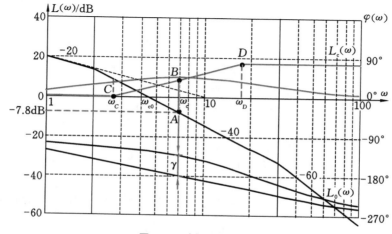

图 6.13　例 6.2 图（四）

⑤ 验算。

$$K_v = K = 10$$

$$\omega_c = 7 > 5$$

$$\gamma_1 = 180° + \arctan\frac{7}{2.86} - 90° - \arctan\frac{7}{2} - \arctan\frac{7}{30} - \arctan\frac{7}{17.13}$$

$$= 180° + 67.78° - 90° - 74.05° - 13.13° - 22.22° = 48.38° < 50°$$

相位裕度差 1.62°，适当延长 D 点，调整 $\omega_{D'} = 19$（其他参数不变），如图 6.14 所示。

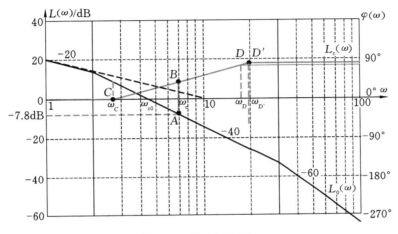

图 6.14　例 6.2 图（五）

因

$$\gamma_2 = \gamma_1 + \arctan\frac{7}{\omega_D} - \arctan\frac{7}{\omega_{D'}}$$

$$= 48.38° + 22.22° - 20.22° = 50.38° > 50°$$

故选定

$$G_c(s) = \frac{\dfrac{s}{2.86} + 1}{\dfrac{s}{19} + 1}$$

$$G(s) = G_c(s) \cdot G_1(s) = \frac{\dfrac{s}{2.86} + 1}{\dfrac{s}{19} + 1} \cdot \frac{10}{s\left(\dfrac{s}{2} + 1\right)\left(\dfrac{s}{30} + 1\right)}$$

$L(\omega)$ 曲线如图 6.15 所示。

验算 h 指标。先找出 ω_g，依图分析，$\omega_g \approx \sqrt{19 \times 30}$ rad/s $= 23.875$ rad/s

$$\angle G'(\omega_g) = \arctan\frac{\omega_g}{2.86} - 90° - \arctan\frac{\omega_g}{2} - \arctan\frac{\omega_g}{30} - \arctan\frac{\omega_g}{19}$$

$$\overset{\omega_g = 23.875\ \text{rad/s}}{=} 83.169° - 90° - 85.212° - 38.51° - 51.49° = -182.4°$$

$$\overset{\omega_g = 23\ \text{rad/s}}{=} 82.91° - 90° - 85.05° - 37.476° - 50.44° = -179.5°$$

$$\overset{\omega_g = 23.1\ \text{rad/s}}{=} 82.94° - 90° - 85.05° - 37.60° - 50.56° = -180.27°$$

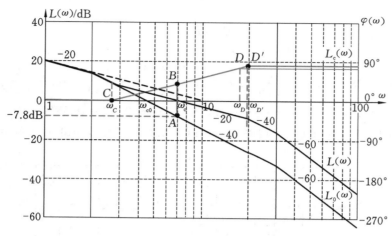

图 6.15　例 6.2 图（六）

$$\omega_g = 23.1 \text{ rad/s}$$

$$|G(\omega_g)| = \frac{1}{h} = \frac{\left[\left(\dfrac{23.1}{2.86}\right)^2 + 1\right]^{\frac{1}{2}} \times 10}{23.1\left[\left(\dfrac{23.1}{2}\right)^2 + 1\right]^{\frac{1}{2}}\left[\left(\dfrac{23.1}{30}\right)^2 + 1\right]^{\frac{1}{2}}\left[\left(\dfrac{23.1}{19}\right)^2 + 1\right]^{\frac{1}{2}}} = \frac{1}{6.5}$$

$$h = 6.5$$

$$20\lg h = 20\lg 6.5 = 16.26 > 10 \text{ dB}$$

所以选 $G_c(s) = \dfrac{\dfrac{s}{2.86} + 1}{\dfrac{s}{19} + 1}$，可以满足要求。

$L(\omega)$ 曲线如图 6.16 所示。

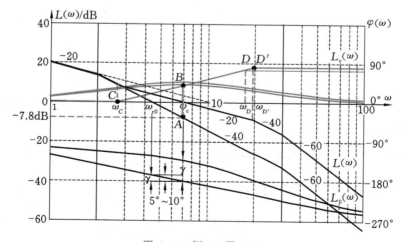

图 6.16　例 6.2 图（七）

6.3　串联滞后校正

6.3.1　滞后网络特性

串联滞后校正中的滞后网络是指在控制回路中串联一个滞后环节,以改善系统的动态性能和稳态误差。滞后环节一般由一个低通滤波器和一个比例放大器组成。滤波器的作用是降低系统的高频响应;放大器的作用是放大信号,以保持系统的稳定性。

滞后网络的频率特性曲线表现为在低频段增益较小,随着频率的增加增益逐渐增大,直至达到一个平台,之后增益趋于稳定。这种特性可以抑制系统的高频响应,提高系统的稳定性和鲁棒性。同时,由于滞后网络在低频段具有较小的增益,因此可以减小系统的静态误差。

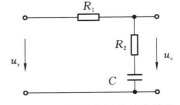

图 6.17　无源滞后网络的电路图

无源滞后网络的电路图如图 6.17 所示。

如果输入信号源的内阻为零,负载阻抗为无穷大,则其传递函数为

$$G_c(s) = \frac{1+bTs}{1+Ts} \tag{6.11}$$

式中:$b = \dfrac{R_2}{R_1+R_2} < 1$,　$T = (R_1+R_2)C$。

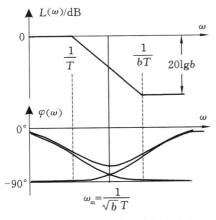

图 6.18　滞后网络的对数频率特性

滞后网络的对数频率特性如图 6.18 所示。

由图可见,滞后校正装置是一种低通滤波器,由于其 $\varphi_c(\omega)$ 总是滞后的,因此也称此装置为相位滞后校正装置。

与超前校正装置类似,滞后校正装置的最大滞后角 $\varphi_c(\omega)$ 发生在 $1/T$ 与 $1/(bT)$ 的几何中心 $\omega_m = \dfrac{1}{T\sqrt{b}}$ 处。计算 $\varphi_c(\omega)$ 的公式为

$$\varphi_m = \arcsin\frac{1-b}{1+b} \tag{6.12}$$

图 6.18 还表明,滞后网络对低频有用信号不产生衰减,而对高频信号有削弱作用。b 值越小,这种作用越强。

采用滞后校正装置进行串联校正时,主要是利用其高频幅值衰减特性,力求避免最大滞后角发生在校正后系统的截止频率 ω_c 附近。因此,选择滞后校正装置参数时,通常使校正装置的第二个转折频率 $1/(bT)$ 远小于 ω_c,一般取

$$\frac{1}{bT} = \frac{\omega_c}{10} \tag{6.13}$$

此时，滞后网络在 ω_c 处产生的相角滞后量按下式确定：

$$\varphi_c(\omega_c)=\arctan bT\omega_c-\arctan T\omega_c$$

由两角和的三角函数公式，得

$$\tan\varphi_c(\omega_c)=\frac{bT\omega_c-T\omega_c}{1+bT^2(\omega_c)^2}$$

代入式(6.13)，并根据 $b<1$ 的条件，上式可化简为

$$\varphi_c(\omega_c)\approx\arctan[0.1(b-1)] \tag{6.14}$$

$\varphi_c(\omega_c)$ 和 $20\lg b$ 随 b 变化的关系曲线如图 6.19 所示。

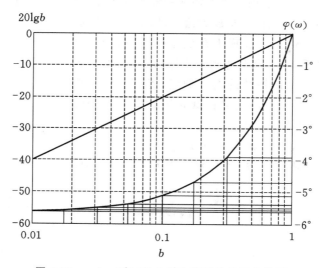

图 6.19　$\varphi_c(\omega_c)$ 和 $20\lg b$ 随 b 变化的关系曲线图

由图 6.18 可见，只要使滞后网络的第二个转折频率离开校正后截止频率 ω_c' 有 10 倍频程（$b=0.1$），滞后网络对校正后系统相位裕度造成的影响就不会超过 $-6°$。

滞后校正装置本身对系统的相角没有贡献，但利用其幅值衰减特性，可以挖掘原系统自身的相角储备量，提高系统的稳定裕度。同时，由于压低了高频段，因此相应提高了校正后系统的抗高频干扰能力。

6.3.2　串联相角滞后校正

滞后校正是一种基于频域方法的校正方法，其实质是在控制回路中串联一个滞后环节，利用滞后网络幅值衰减特性挖掘系统自身的相角储备，以改善系统的动态性能和稳态误差。

在系统设计中，为了达到更好的动态性能，往往需要增加系统的带宽。但是增加带宽可能导致系统的高频响应过强，从而使系统不稳定。滞后校正可以通过降低系统的高频响应来改善系统的稳定性，同时通过增加系统的相位延迟来提高系统的稳定裕度。滞后校正在控制回路中串联一个滞后环节，该滞后环节包含一个低通滤波器和一个比例放大器。低通滤波器的作用是降低系统的高频响应，从而减少系统的高频干扰。比例放大器的作用是放大信号，以保持系统的稳定性。滞后校正的实质是通过增加系统的相位延迟来改善系统的动态响应，从而提高系统的稳定性和鲁棒性。同时，滞后校正也可以减小系统的静态误差，从而提高系统的精

度和准确性。

设计滞后校正装置的一般步骤可以归纳如下。

假设未校正系统的开环传递函数为 $G_0(s)$，系统设计指标为 $e_{ss}^*, \omega_c^*, \gamma^*, h^*$。

（1）根据给定的稳态误差或静态误差系数要求，确定开环增益 K。

（2）根据确定的 K 值绘制未校正系统的对数幅频特性曲线 $L_0(\omega)$，确定其截止频率 ω_{c0} 和相位裕度 γ_0。

（3）判别是否能采用滞后校正。

若 $\begin{cases} \omega_{c0} > \omega_c^* \\ \gamma_0 < \gamma^* \end{cases}$，并且在 ω_c^* 处满足

$$\gamma_0(\omega_c^*) = 180° + \angle G_0(j\omega_c^*) \geqslant \gamma^* + 6° \tag{6.15}$$

则可以采用滞后校正，否则用滞后校正不能达到设计要求，建议试用滞后-超前校正。

（4）确定校正后系统的截止频率 ω_c。确定满足条件 $\gamma_0(\omega_{c1}) = \gamma^* + 6°$ 的频率 ω_{c1}。根据情况选择 ω_c，使 ω_c 满足 $\omega_c^* \leqslant \omega_c \leqslant \omega_{c1}$（建议取 $\omega_c = \omega_{c1}$，以使校正装置容易实现）。

（5）设计滞后校正装置的传递函数 $G_c(s)$。在选定的校正后系统截止频率 ω_c 处作垂直线交 $L_0(\omega)$ 于 A 点，确定 A 关于 0 dB 线的镜像点 B，过 B 点作水平线，在 $\omega_C = 0.1\omega_c$ 处确定 C 点，过该点作斜率为 -20 dB/dec 的直线交 0 dB 线于点 D，对应频率为 ω_D，则校正后系统的传递函数可写为

$$G_c(s) = \frac{\dfrac{s}{\omega_C} + 1}{\dfrac{s}{\omega_D} + 1} \tag{6.16}$$

（6）验算。写出校正后系统的开环传递函数 $G(s) = G_c(s)G_0(s)$，验算相位裕度 γ 和幅值裕度 h 是否满足

$$\begin{cases} \gamma = 180° + \angle G(\omega_c) \geqslant \gamma^* \\ h \geqslant h^* \end{cases} \tag{6.17}$$

否则，返回步骤（4）重新设计。

【例 6.3】 设单位反馈系统的开环传递函数为

$$G_0(s) = \frac{K}{s(0.1s+1)(0.2s+1)}$$

试设计校正装置 $G_c(s)$，使校正后系统满足如下指标：

（1）速度误差系数 $K_v^* = 30$；

（2）开环系统截止频率 $\omega_c^* \geqslant 2.3$ rad/s；

（3）相位裕度 $\gamma^* \geqslant 40°$；

（4）幅值裕度 $h^* \geqslant 10$ dB。

解　（1）根据设计要求取 $K = K_v^* = 30$。

（2）作出未校正系统的开环对数幅频特性曲线 $L_0(\omega)$，如图 6.20 所示。设未校正系统的截止频率为 ω_{c0}，则应有

$$|G(\omega_{c0})| \approx \frac{30}{\omega_{c0} \dfrac{\omega_{c0}}{10} \dfrac{\omega_{c0}}{5}} \approx 1$$

可解出未校正系统的截止频率为

$$\omega_{c0}=11.45>\omega_c^*=2.3 \text{ rad/s}$$

未校正系统的相位裕度为

$$\gamma_0=180°+\angle G_0(j\omega_{c0})=90°-\arctan 0.1\omega_{c0}-\arctan 0.2\omega_{c0}$$

$$=90°-48.9°-66.4°=-25.3°\ll\gamma°=40°$$

（3）显然，用一级超前校正达不到 γ^* 的要求。在 ω_c^* 处，系统自身的相角储备量为

$$\gamma_0(\omega_c^*)=180°+\angle G_0(j\omega_c^*)=52.345°>\gamma^*+6°=46°$$

所以可采用滞后校正。

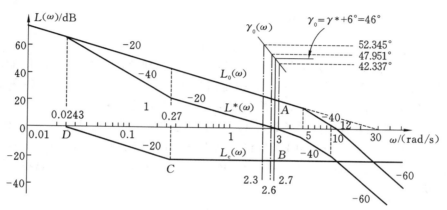

图 6.20　频率法滞后校正过程

（4）不用画出准确的对数相频曲线 $\varphi_0(\omega)$，采用试探法找出满足条件 $\gamma_0(\omega_{c1})=\gamma^*+6°=46°$ 的频率 ω_{c1}。

在 $\omega=3$ rad/s 处：

$$\gamma_0(3)=180°+\angle G_0(j3)=42.337°$$

在 $\omega=2.6$ rad/s 处：

$$\gamma_0(2.6)=180°+\angle G_0(j2.6)=47.951°$$

利用已得到的 3 组试探值，画出 $\gamma_0(\omega)$ 在 ω_c 附近准确的局部（比例放大）图，如图 6.20 中 $\gamma_0(\omega)$ 所示。在 $\gamma_0(\omega)=\gamma^*+6°=46°$ 处反查出对应的频率 $\omega_{c1}=2.7$ rad/s，故可确定校正后系统截止频率的取值范围为

$$2.3 \text{ rad/s}=\omega_c^*\leqslant\omega_c\leqslant\omega_{c1}=2.7 \text{ rad/s}$$

取 $\omega_c=2.7$ rad/s。在 ω_c 处作垂直线交 $L_0(\omega)$ 于 A 点，确定 A 关于 0 dB 的镜像点 B；过 B 点作水平线，在 $\omega_C=0.1\omega_c$ 处确定 C 点；过点 C 作斜率为 -20 dB/dec 的直线交 0 dB 线于点 D，对应频率为 ω_D，则

C 点频率：

$$\omega_C=0.1\omega_c=0.1\times2.7=0.27$$

D 点频率：

$$\frac{30}{2.7}=\frac{\omega_C}{\omega_D}\Rightarrow\omega_D=\frac{0.27\times2.7}{30}=0.0243$$

所以校正装置的传递函数为

$$G_c(s) = \frac{\dfrac{s}{\omega_C} + 1}{\dfrac{s}{\omega_D} + 1} = \frac{\dfrac{s}{0.27} + 1}{\dfrac{s}{0.0243} + 1}$$

（5）验算指标。校正后系统的开环传递函数为

$$G(s) = G_c(s)G_0(s) = \frac{30\left(\dfrac{s}{0.27} + 1\right)}{s(0.1s+1)(0.2s+1)\left(\dfrac{s}{0.0243} + 1\right)}$$

校正后系统指标如下：

$$K = 30 = K_v^*$$

$$\omega_c = 2.7 \text{ rad/s} > \omega_c^* = 2.3 \text{ rad/s}$$

$$\gamma^* = 180° + \angle G(\mathrm{j}\omega_c) = 180° + \arctan\frac{2.7}{0.27} - 90° - \arctan(0.1 \times 2.7)$$

$$- \arctan(0.2 \times 2.7) - \arctan\frac{2.7}{0.0243} = 41.3° > 40°$$

求出相角交界频率 $\omega_g = 6.8$ rad/s，校正后系统的幅值裕度为

$$h = -20\lg|G^*(\omega_g)| = 10.5 \text{ dB} > h^*$$

设计指标全部满足。

图 6.20 给出了校正装置以及校正前、后系统的对数幅频特性曲线。校正前 $L_0(\omega)$ 以 -60 dB/dec 的斜率穿过 0 dB 线，系统不稳定；校正后 $L^*(\omega)$ 则以 -20 dB/dec 的斜率穿过 0 dB 线，γ 明显增加，系统相对稳定性得到显著改善；然而校正后 ω_c 比校正前 ω_{c0} 降低。所以，滞后校正以牺牲截止频率换取了相位裕度的提高。另外，滞后网络幅值衰减，使校正后系统 $L^*(\omega)$ 曲线高频段降低，抗高频干扰能力提高。

滞后校正有另外一种用法，就是在保持原系统中频段形状不变的前提下，适当抬高低频段。这样可以基本保持原系统的动态性能，同时改善系统的稳态性能。

【例 6.4】 某单位反馈系统（见图 6.21）的开环
传递函数为

$$G_0(s) = \frac{1.06}{s(s+1)(s+2)} = \frac{0.53}{s(s+1)\left(\dfrac{s}{2} + 1\right)}$$

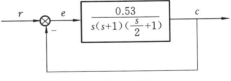

图 6.21 例 6.4 图（一）

$K_v = K = 5$，且中频段形状基本不变，以保持系统
动态特性基本不变。试确定 $G_c(s)$。

解 依题作 $L_0(\omega)$ 曲线，如图 6.22 所示，利用滞后网络特性使低频段抬高，e_{ss} 就会随之降低。

$$K_c = \frac{5}{0.53} = 9.434$$

$$20\lg K_c = 20\lg 9.434 = 19.5 \text{ dB}$$

$$19.5 = 20\lg\frac{0.053}{\omega_1} \quad \longrightarrow \quad \omega_1 = 0.053 \times 10^{\frac{-19.5}{20}} = 0.00562$$

$$G_0(s) = \frac{1.06}{s(s+1)(s+2)} = \frac{0.53}{s(s+1)\left(\dfrac{s}{2} + 1\right)}$$

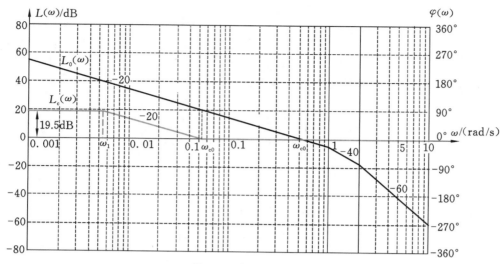

图 6.22　例 6.4 图（二）

确定：
$$G_c(s) = \frac{\dfrac{5}{0.53}\left(\dfrac{s}{0.053}+1\right)}{\dfrac{s}{0.00562}+1} = \frac{9.434(18.868s+1)}{177.936s+1}$$

$$G(s) = G_c(s) \cdot G_0(s) = \frac{5(18.868s+1)}{s(s+1)(0.5s+1)(177.936s+1)}$$

$$\omega_c = 0.53$$

$$\gamma_0 = 180° - 90° - \arctan 0.53 - \arctan\frac{0.53}{2}$$

$$= 180° - 90° - 27.9° - 14.8° = 47.3°$$

$$\gamma = \gamma_0 + \arctan(18.868 \times 0.53) - \arctan(177.936 \times 0.53)$$

$$= 47.3° + 84.29° - 89.39° = 42.2°$$

$L(\omega)$ 曲线如图 6.23 所示。

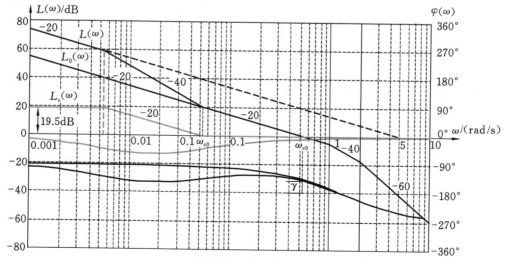

图 6.23　例 6.4 图（三）

校正前、后系统性能的比较如表 6.1 所示。

表 6.1 例 6.4 表

	$\sigma\%$	t_s	$e_{ss}\ [r(t)=t]$
校正前系统	30%	16.98	1.887
校正后系统	35%	19.81	0.2

滞后校正与超前校正效果的比较如下。

超前 $\begin{cases} \gamma_c\uparrow,\omega_c\uparrow \quad\rightarrow \quad 中频段特性得以改善,性能改善 \\ L(\omega)高频段\uparrow \quad\rightarrow \quad 校正后系抗高频干扰能力减弱。 \end{cases}$

滞后 $\begin{cases} \gamma_c\uparrow,\omega_c\downarrow \quad\rightarrow \quad 牺牲快速性,改善均匀性 \\ L(\omega)高频段\downarrow \quad\rightarrow \quad 校正后系统抗高频干扰能力增强。 \end{cases}$

6.4 串联滞后-超前校正

6.4.1 滞后-超前校正网络特性

滞后-超前校正通过串联滞后网络和超前网络来校正线性系统的频率响应,以改善系统的性能。滞后网络用于提高系统的相位裕度,增加系统的稳定性;超前网络则用于提高系统的低频增益和相位,增强系统的动态性能。滞后网络的特性是具有负反馈低通滤波器,可以抑制系统的高频振荡,增加系统的相位裕度,提高系统的稳定性。

滞后网络的频率响应特性是随着频率的增加逐渐降低增益,并且在高频段降低的速度比较快,从而实现对系统高频振荡的抑制作用。超前网络的特性是具有正反馈高通滤波器,可以增加系统的低频增益和相位,提高系统的静态性能。超前网络的频率响应特性是随着频率的增加逐渐增加增益和相位的,具有比较快的上升速度,在低频段起到增益补偿的作用。

在滞后-超前校正中,滞后网络和超前网络的串联顺序会影响校正效果。如果先串联滞后网络,再串联超前网络,则可以提高系统的稳定性,但会降低系统的动态性能;如果先串联超前网络,再串联滞后网络,则可以提高系统的动态性能,但会降低系统的稳定性。在实际应用中,需要根据具体的系统要求来选择合适的串联顺序和参数,以实现最佳的校正效果。

滞后-超前网络的电路图如图 6.24 所示。

传递函数推导如下。

$$G_c(s)=\frac{(T_a s+1)(T_b s+1)}{T_a T_b s^2+(T_a+T_b+T_{ab})s+1}$$

式中,$T_a=R_1C_1$,$T_b=R_2C_2$,$T_{ab}=R_1C_2$。

由于 $aT_a+\dfrac{T_b}{a}=T_a+T_b+T_{ab}(a>1)$,$aT_a>T_a>T_b>\dfrac{T_b}{a}$,故

$$G_c(s)=\frac{T_a s+1}{aT_a s+1}\cdot\frac{T_b s+1}{\dfrac{T_b}{a}s+1}$$

$$G_c(s) = \underbrace{\frac{s+\dfrac{1}{T_a}}{s+\dfrac{1}{aT_a}}}_{\text{滞后部分}} \cdot \underbrace{\frac{s+\dfrac{1}{T_b}}{s+\dfrac{a}{T_b}}}_{\text{超前部分}}$$

$$(a>1)$$

滞后-超前网络的对数频率特性如图 6.25 所示。

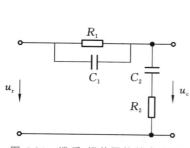

图 6.24　滞后-超前网络的电路图

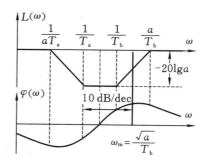

图 6.25　滞后-超前网络的对数频率特性

滞后-超前校正的实质是将 ω_m 设置在校正后系统的截止频率处,这样既可以利用校正装置的最大超前角,又可以挖掘原系统一部分相角储备量。

滞后超前网络的特点是幅值衰减、相角超前。

6.4.2　串联滞后-超前校正

滞后-超前校正是一种将超前网络和滞后网络串联起来的校正方法。它的实质是通过同时使用超前网络和滞后网络来调整系统的频率响应特性,从而改善系统的稳定性和动态性能。滞后网络用于抑制系统的高频振荡,增加系统的相位裕度,提高系统的稳定性;超前网络则用于提高系统的低频增益和相位,提高系统的静态性能。

滞后-超前校正是通过合理设计滞后网络和超前网络的参数,使系统在一定范围内具有较好的稳定性和动态性能。在实际应用中,可以根据具体的系统特性和要求来选择滞后网络和超前网络的类型、参数和串联顺序,以达到最佳的校正效果。

假设未校正系统的开环传递函数为 $G_0(\omega)$,给定系统指标为 e_{ss}^*、ω_c^*、γ^*、h^*,则可以按照下述步骤设计滞后-超前校正装置。

（1）根据系统的稳态误差 e_{ss}^*,要求确定系统开环增益 K。

（2）计算未校正系统的频率指标,决定应采用的校正方式。

由 K 绘制未校正系统的开环对数幅频特性 $L_0(\omega)$,确定校正前系统的指标 ω_{c0} 和 γ_0。当 $\gamma_0<\gamma^*$ 时,用超前校正所需要的最大超前角 $\varphi_m>60°$;而用滞后校正系统在 ω_c^* 处又没有足够的相角储备量,即

$$\gamma_0(\omega_c^*) = 180° + \angle G_0(\omega_c^*) < \gamma^* + 6°$$

所以分别用超前、滞后校正均不能达到目的时,可以考虑用滞后-超前校正。

（3）校正设计。

① 选择校正后系统的截止频率 $\omega_c = \omega_c^*$,计算 ω_c 处系统需要的最大超前角。

$$\varphi_{\mathrm{m}}(\omega_{\mathrm{c}}) = \gamma^* - \gamma_0(\omega_{\mathrm{c}}) + 6° \tag{6.18}$$

式中,6° 是为了补偿校正网络滞后部分造成的相角损失而预置的。计算超前部分参数

$$a = \frac{1 + \sin\varphi_{\mathrm{m}}}{1 - \sin\varphi_{\mathrm{m}}}$$

② 在 ω_{c} 处作一垂线,与 $L_0(\omega)$ 交于点 A,确定点 A 关于 0 dB 线的镜像点 B。

③ 以点 B 为中心作斜率为 $+20$ dB/dec 的直线,分别与过 $\omega = \sqrt{a}\,\omega_{\mathrm{c}}$ 和 $\omega = \dfrac{\omega_{\mathrm{c}}}{\sqrt{a}}$ 的两条垂直线交于点 C 和点 D(对应频率 $\omega_C = \sqrt{a}\,\omega_{\mathrm{c}}$,$\omega_D = \dfrac{\omega_{\mathrm{c}}}{\sqrt{a}}$)。

④ 从点 C 向右作水平线,从点 D 向左作水平线。

⑤ 在过点 D 的水平线上确定 $\omega_E = 0.1\omega_{\mathrm{c}}$ 的点 E,过点 E 作斜率为 -20 dB/dec 的直线与 0 dB 直线交于点 F,相应频率为 ω_F,则滞后-超前校正装置的传递函数为

$$G_{\mathrm{c}}(s) = \frac{\dfrac{s}{\omega_D} + 1 \quad \dfrac{s}{\omega_E} + 1}{\dfrac{s}{\omega_C} + 1 \quad \dfrac{s}{\omega_F} + 1} \tag{6.19}$$

（4）验算。写出校正后系统给的开环传递函数,为

$$G(s) = G_{\mathrm{c}}(s)G_0(s)$$

计算校正后系统的 γ 和 h,若 $\gamma \geqslant \gamma^*$、$h \geqslant h^*$,则结束;否则返回至步骤（3）,调整参数重新设计。

【例 6.5】 设单位反馈系统的开环传递函数为

$$G(s) = \frac{K}{s\left(\dfrac{s}{10} + 1\right)\left(\dfrac{s}{60} + 1\right)}$$

试设计校正装置 $G_{\mathrm{c}}(s)$,使校正后系统满足如下指标:

（1）当 $r(t) = t$ 时,稳态误差 $e_{\mathrm{ss}}^* \leqslant \dfrac{1}{126}$;

（2）开环系统截止频率 $\omega_{\mathrm{c}}^* \geqslant 20$ rad/s;

（3）相位裕度 $\gamma^* \geqslant 35°$。

解 （1）由稳态误差要求,得 $K \geqslant 126$,取 $K = 126$。

（2）绘制未校正系统的开环对数幅频曲线,如图 6.26 中 $L_0(\omega)$ 所示。确定截止频率和相位裕度。

$$\omega_{\mathrm{c}0} = \sqrt{10 \times 126} = 35.5$$

$$\gamma_0 = 90° - \arctan\frac{35.5}{10} - \arctan\frac{35.5}{60} = 90° - 74.3° - 30.6° = -14.9°$$

原系统不稳定;原开环控制系统在 $\omega_{\mathrm{c}}^* = 20$ 处相角储备量 $\gamma_{\mathrm{c}}(\omega_{\mathrm{c}}^*) = 8.13°$。该系统单独用超前或滞后校正都难以达到目标,所以确定采用滞后-超前校正。

（3）选择校正后系统的截止频率 $\omega_{\mathrm{c}} = \omega_{\mathrm{c}}^* = 20$,超前部分应提供的最大超前角为

$$\varphi_{\mathrm{m}} = \gamma^* - \gamma_C(\omega_{\mathrm{c}}^*) + 6° = 35° - 8.13° + 6° = 32.87°$$

则

$$\sqrt{a}=\sqrt{\frac{1+\sin\varphi_{\mathrm{m}}}{1-\sin\varphi_{\mathrm{m}}}}=1.85$$

在 $\omega_c=20$ 处作垂直线，与 $L_0(\omega)$ 交于点 A，确定点 A 关于 0 dB 线的镜像点 B；以点 B 为中心作斜率为 $+20$ dB/dec 的直线，分别与过 $\omega_C=\sqrt{a}\,\omega_c$、$\omega_D=\dfrac{\omega_c}{\sqrt{a}}$ 的两条垂直线交于点 C 和点 D，则

C 点频率：

$$\omega_C=\sqrt{a}\,\omega_c^*=1.85\times20 \text{ rad/s}=37 \text{ rad/s}$$

D 点频率：

$$\omega_D=\frac{\omega_c^{*\,2}}{\omega_C}=\frac{400}{37} \text{ rad/s}=10.81 \text{ rad/s}$$

从点 C 向右作水平线，从点 D 向左作水平线，在过点 D 的水平线上确定 $\omega_E=0.1\omega_c$ 的点 E；过点 E 作频率为 -20 dB/dec 的直线交 0 dB 线于点 F，相应频率为 ω_F，则

E 点频率：

$$\omega_E=0.1\omega_c^*=0.1\times20 \text{ rad/s}=2 \text{ rad/s}$$

DC 延长线与 0 dB 线交点处的频率：

$$\omega_0=\frac{\omega_{c0}^2}{\omega_c}=\frac{35.5^2}{20} \text{ rad/s}=63.01 \text{ rad/s}$$

F 点频率：

$$\omega_F=\frac{\omega_D\omega_E}{\omega_0}=\frac{10.81\times2}{63.01} \text{ rad/s}=0.343 \text{ rad/s}$$

故可写出校正装置传递函数为

$$G_c(s)=\frac{\dfrac{s}{\omega_E}+1}{\dfrac{s}{\omega_F}+1}\cdot\frac{\dfrac{s}{\omega_D}+1}{\dfrac{s}{\omega_C}+1}=\frac{\left(\dfrac{s}{2}+1\right)\left(\dfrac{s}{10.81}+1\right)}{\left(\dfrac{s}{0.343}+1\right)\left(\dfrac{s}{37}+1\right)}$$

（4）验算。校正后系统开环传递函数为

$$G(s)=G_c(s)G_0(s)=\frac{126\left(\dfrac{s}{2}+1\right)\left(\dfrac{s}{10.81}+1\right)}{s\left(\dfrac{s}{10}+1\right)\left(\dfrac{s}{60}+1\right)\left(\dfrac{s}{0.343}+1\right)\left(\dfrac{s}{37}+1\right)}$$

校正后系统的截止频率、相位裕度分别为

$$\omega_c=20 \text{ rad/s}=\omega_c^*$$
$$\gamma=180°+\angle G(\mathrm{j}\omega_c)=36.6°>35°=\gamma^*$$

设计要求全部满足。

图 6.26 中绘出了所设计的校正装置和校正前、后系统的开环对数幅频特性。可以看出，滞后-超前校正是以 $\omega_c=\omega_c^*$ 为基点，在利用原系统的相角储备的基础上，用超前网络的超前角补偿不足部分，使校正后系统的相位裕度满足指标要求；滞后部分的作用在于使校正后系统开环增益不变，保证 e_{ss}^* 指标满足要求。

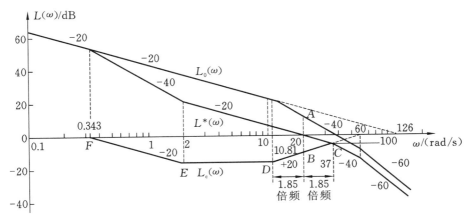

图 6.26　串联滞后-超前校正过程

6.5　串联 PID 校正

串联 PID 校正通常也称为 PID(比例-积分-微分)控制。它利用系统误差、误差的微分和积分信号对被控对象进行调节,具有实现方便、成本低、效果好、适用范围广等优点,在实际工程控制中被广泛应用。PID 控制采用不同的组合,可以实现 PD、PI 和 PID 不同的校正方式。

1. 比例-微分(PD)控制

比例-微分控制器的传递函数为

$$G_c(s) = K_P + K_D s = K_P(1 + T_D s) \tag{6.20}$$

式中,$T_D = \dfrac{K_D}{K_P}$。

PD 校正的作用是通过调整控制器的比例增益和微分增益参数,来改善系统的性能和响应。

增大比例增益可以增强控制器对误差的响应,但可能导致系统产生超调或振荡。增大微分增益可以抑制超调和振荡,但如果增益过大,可能引入噪声或使系统不稳定。

PD 控制器的比例增益对系统的响应速度有影响。增大比例增益可以使系统更快地接近期望的目标值,提高响应速度。然而,过大的比例增益可能导致过度响应和振荡。通过校正比例增益,可以在快速响应和稳定性之间找到平衡点。

PD 控制器的微分增益对系统的干扰抑制能力有影响。增大微分增益可以提高系统对干扰的响应能力,减少干扰对系统输出的影响。微分控制通过检测误差的变化率来抑制干扰信号。通过适当校正微分增益,可以提高系统的干扰抑制能力。

PD 控制器主要关注误差和误差变化率,对稳态误差的校正能力有限。因此,当需要更好的稳态误差校正能力时,可能需要使用更高级的控制算法,如 PID 控制器。PD 校正是相角超前校正,它能在误差信号变化之前给出校正信号,防止系统出现过大的偏离和振荡。比例-微分校正抬高了高频段,使得系统抗高频干扰能力下降。

2. 比例-积分（PI）控制

比例-积分控制器的传递函数为

$$G_c(s) = K_P + \frac{K_I}{s} = K_P\left(1 + \frac{1}{T_I s}\right) \tag{6.21}$$

式中，$T_I = \dfrac{K_P}{K_I}$。

PI 校正的作用是通过调整控制器的比例增益和积分增益参数，来改善系统的性能和响应。

PI 控制器具有积分项，可以积累误差并产生控制信号。积分控制的作用是消除系统的稳态误差。当系统存在稳态误差时，积分项会不断增加，通过增大控制信号来逐渐减小误差。适当调整积分增益参数，可以实现准确的稳态误差校正。

PI 控制器的积分项对系统的稳定性有影响。积分控制可以抑制系统的偏差，并改善系统的稳定性。积分项对系统的响应是渐近性的，即当系统存在偏差时，积分项会不断增加，直到系统达到稳态。适当调整积分增益参数，可以实现稳定的系统响应。

PI 控制器的积分项对系统的干扰抑制能力有影响。通过积分控制，积分项可以抵消持续性的干扰信号，减小干扰对系统输出的影响。适当调整积分增益参数，可以提高系统的干扰抑制能力。

3. 比例-积分-微分（PID）控制

PID 控制器的传递函数为

$$G_c(s) = K_P + \frac{K_I}{s} + K_D s = K_P\left(1 + \frac{1}{T_I s} + T_D s\right) = K_I \frac{\left(\frac{1}{\omega_1}s + 1\right)\left(\frac{1}{\omega_2} + 1\right)}{s} \tag{6.22}$$

式中，$\omega_1\omega_2 = \dfrac{K_I}{K_D}$，$\omega_1 + \omega_2 = \dfrac{K_D}{K_P}$。

PID 校正的作用是通过调整控制器的比例、积分和微分增益参数，来改善系统的性能和响应。

PID 控制器同时具有比例、积分和微分项，可以综合考虑系统的瞬态和稳态特性。积分项可以消除系统的稳态误差，微分项可以提高系统的稳定性，比例项快速响应当前误差的大小。适当调整这三个增益参数，可以实现准确的稳态误差校正。

PID 控制器通过比例、积分和微分项的综合调节，可以实现快速响应和稳定性之间的平衡。比例项提供了快速的响应，积分项用于消除稳态误差，微分项用于抑制超调和振荡。调整这三个增益参数，可以优化系统的响应速度。

PID 控制器的比例、积分和微分项对系统的稳定性都有影响。比例项增益决定了系统的响应速度和超调程度，积分项增益决定了稳态误差的校正能力，微分项增益决定了抑制超调和振荡的能力。适当调整这些参数，可以使系统达到期望的稳定性和响应速度。

PID 控制器的积分和微分项对系统的干扰抑制能力有影响。积分项可以积累误差并抵消持续性的干扰信号，微分项可以根据误差的变化率抑制干扰的影响。适当调整积分和微分增益参数，可以提高系统的干扰抑制能力。控制器在低频段起积分作用，可以改善系统的稳态性能;在中、高频段则起微分作用,可以改善系统的动态性能。

PID 控制器特征如表 6.2 所示。

表 6.2　PID 控制器特征

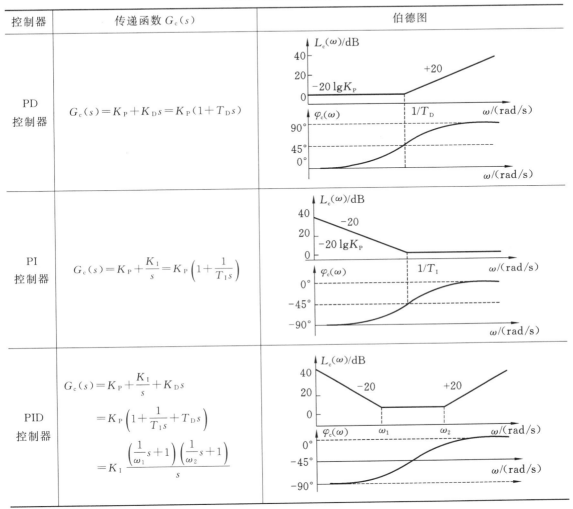

控制器	传递函数 $G_c(s)$	伯德图
PD 控制器	$G_c(s) = K_P + K_D s = K_P(1 + T_D s)$	
PI 控制器	$G_c(s) = K_P + \dfrac{K_I}{s} = K_P\left(1 + \dfrac{1}{T_I s}\right)$	
PID 控制器	$G_c(s) = K_P + \dfrac{K_I}{s} + K_D s$ $= K_P\left(1 + \dfrac{1}{T_I s} + T_D s\right)$ $= K_I\dfrac{\left(\dfrac{1}{\omega_1}s + 1\right)\left(\dfrac{1}{\omega_2}s + 1\right)}{s}$	

PD 校正、PI 校正和 PID 校正分别可以看成是超前校正、滞后校正和滞后-超前校正的特殊情况,所以 PID 控制器的设计完全可以利用频率校正方法来进行。

【例 6.6】　某单位反馈系统的开环传递函数为

$$G_0(s) \frac{K}{(s+1)\left(\dfrac{s}{5}+1\right)\left(\dfrac{s}{30}+1\right)}$$

试设计 PID 控制器,使系统的稳态速度误差 $e_{ssv} \leqslant 0.1$,超调量 $\sigma\% \leqslant 20\%$,调节时间 $t_s \leqslant 0.5$ s。

解　由稳态速度误差要求可知,校正后的系统必须是 I 型系统,并且开环增益应该是 $K = \dfrac{1}{e_{ssv}} = 10$。

为了在频域中进行校正,将时域指标化为频域指标。查图得

$$\begin{cases} \sigma\% \leqslant 20\% \\ t_s \leqslant 0.5 \text{ s} \end{cases} \Rightarrow \begin{cases} \gamma^* \geqslant 67° \\ \omega_c^* = \dfrac{6.8}{t_s} = \dfrac{6.8}{0.5} \text{ rad/s} = 13.6 \text{ rad/s} \end{cases}$$

为方便校正起见，将 $K=10$ 放在校正装置中考虑，绘制未校正系统开环增益为 1 时的对数幅频特性曲线 $L_0(\omega)$，如图 6.27 所示。

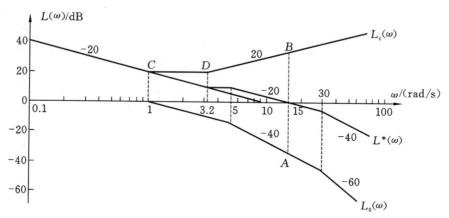

图 6.27　PID 串联校正

取校正后系统的截止频率 $\omega_c = 15$ rad/s，在 ω_c 处作垂线与 $L_0(\omega)$ 交于点 A，找到点 A 关于 0 dB 线的镜像点 B，过点 B 作斜率为 +20 dB/dec 的直线。微分（超前）部分应提供的超前角为

$$\varphi_m = \gamma^* - \gamma(\omega_c) + 6° = 67° + 4.3° + 6° = 77.3° \approx 78°$$

在斜率为 +20 dB/dec 的直线上确定点 D（对应频率 ω_D），使 $\arctan\dfrac{\omega_c}{\omega_D} = 78°$，得 $\omega_D = \dfrac{\omega_c}{\tan 78°} = 3.2$ rad/s，从点 D 向左引水平线。

根据稳态误差要求，绘制低频段渐近线，即过点 $(1, 20\lg 10)$，斜率为 −20 dB/dec。低频段渐近线与经点 D 的水平线相交于点 C（对应频率 $\omega_C = 1$ rad/s）。因此，可以写出 PID 控制器的传递函数，为

$$G_c(s) = \frac{10(s+1)\left(\dfrac{s}{3.2}+1\right)}{s} = \frac{10(0.3125s^2 + 1.3125s + 1)}{s}$$

校正后系统的开环传递函数为

$$G(s) = G_c(s)G_0(s) = \frac{10\left(\dfrac{s}{3.2}+1\right)}{s\left(\dfrac{s}{5}+1\right)\left(\dfrac{s}{30}+1\right)}$$

校正后系统的截止频率 $\omega_c = 15$ rad/s $> 13.6 = \omega_c^*$，校正后系统的相位裕度为

$$\gamma = 180° + \angle G(j\omega_c) = 180° + \arctan\frac{15}{3.2} - 90° - \arctan\frac{15}{5} - \arctan\frac{15}{30} = 69.8° > 67° = \gamma°$$

将设计好的频域指标转换成时域指标，有

$$
\begin{cases} \gamma = 69.8° \\ \omega_c = 15 \text{ rad/s} \end{cases} \Rightarrow \begin{cases} \sigma\% = 19\% < 20\% \\ t_s = 6.7/\omega_c = 6.7/15 \text{ s} = 0.45 \text{ s} < 0.5 \text{ s} \end{cases}
$$

系统指标完全满足。

在实际工程中,PID 校正装置的选择及参数的确定还可以通过系统实验来确定。

应当注意,以上所述的各种频率校正方法原则上仅适用于单位反馈的最小相位系统,因为只有这样才能仅根据开环对数幅频特性来确定闭环系统的传递函数。对于非单位反馈系统,可以在原系统输入信号口附加 $H(s)$ 环节,将系统化为单位反馈系统(见图 6.28)来设计。

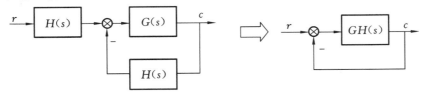

图 6.28　将非单位反馈系统转化为单位反系统

对于非最小相位系统,应将 $L(\omega)$、$\Phi(\omega)$ 同时画出来,综合考虑进行校正。

串联频率校正方法是一种折中方法,因而对系统性能的改善是有条件的,不能保证经频域校正后任何系统都能满足指标要求。当用频域校正达不到要求时,可以采用综合方法(如与前馈校正、反馈校正相结合)或采用现代控制理论设计方法。

校正设计的结果并不唯一。要达到给定性能指标,所采用的校正方式和校正装置的具体形式可以不止一种,具有较大的灵活性。因此,设计过程中,往往要运用基本概念,在估算的基础上,经过若干次试凑来达到设计目的,其中实践经验往往起着重要的作用。另外,在设计过程中借助于仿真手段会带来许多方便。

不同的控制系统对性能指标要求也不同,如恒值控制系统对稳定性和稳态精度要求严格,而随动控制系统则对快速性期望较高。在制定指标时,一方面要做到有所侧重,另一方面还要切合实际,只要能够达到系统正常工作的要求即可,不应追求不切实际的高指标。

本章小结

本章系统地介绍了控制系统校正的概念、方法及步骤,并通过典型实例进一步阐述了其具体的应用过程。常用的校正方法有串联校正、反馈校正和复合校正等。本章重点介绍了串联校正。无论哪一种校正方法,都是按照"先稳态后动态"的顺序完成对校正装置的设计,即先计算满足稳态要求的系统增益,画出此增益下的伯德图,然后考虑满足动态性能的补偿问题。

(1) 串联校正。

串联校正是系统设计的常见方法,根据校正装置的特点分为串联超前校正、串联滞后校正和串联滞后-超前校正三种形式。它们都是根据系统提出的稳态和动态频域或时域性能指标要求,设计校正装置,串联在前向通道中,达到改善原有系统性能的目的。

其校正的实质是通过适当选择校正装置,改变原有系统的开环对数频率特性形状,使校正后系统频率特性的低、中、高三个频段都能满足指标要求。

超前校正一般设置在原系统中频段,用于改善系统动态性能;滞后校正一般设置在系统低频段,用于改善系统的稳态性能,也可以用来提高系统的相对稳定性,但要以牺牲快速性为代价;滞后-超前校正一般设置在系统低、中频段,用于改善系统的综合性能。校正装置必须能够物理实现,实际应用场合可采用电气、液压或机械等装置来实现。

（2）PID 控制。

PID 控制在现代控制系统中应用较广泛。PID 控制中,比例控制是最基本的控制要素,为满足实际系统不同要求的控制指标,再分别引入积分控制或微分控制,因而有 PI 控制、PD 控制和 PID 控制。PID 控制和串联校正有着内在联系,PI 控制是一种滞后校正,PD 控制是一种超前校正,PID 控制是一种滞后-超前校正。PID 控制器由于参数调节范围大,因而在生产过程控制中得到广泛应用。

控制系统的校正与设计是一个复杂的过程,需要考虑实际问题,具体问题具体分析。需要清楚以下三点。

第一,校正装置的选择不是唯一的。本章介绍了几种常用的校正装置,可能都能满足同一系统的校正要求。

第二,校正装置的设计方法与步骤不是唯一的。可以根据需要采取不同的方法和步骤来完成系统的设计,只要设计出的校正装置能够使系统满足指标要求即可。

第三,控制系统的各种校正和设计,都有"试凑"的成分。在实施过程中需要以理论指导,进行反复比较、调整、修改以及实验验证,以获得预期的校正效果。

 习题 6

6.1 设单位反馈系统的开环传递函数为 $G(s) = \dfrac{K}{s(s+1)}$,试设计一串联超前校正装置,使系统满足下列指标:

（1）在单位斜坡输入下的稳态误差 $e_{ss} < \dfrac{1}{15}$;

（2）截止频率 $\omega_c \geq 7.5$ rad/s;

（3）相位裕度 $\gamma \geq 45°$。

6.2 设单位反馈系统的开环传递函数为 $G(s) = \dfrac{K}{s(s+1)(0.25s+1)}$,要求校正后系统的静态速度误差系数 $K_v \geq 5$ rad/s,相位裕度 $\gamma \geq 45°$。试设计串联滞后校正装置。

6.3 已知单位反馈系统的开环传递函数 $G(s) = \dfrac{0.5}{s(s+1)(0.1s+1)}$,给定指标开环增益 $K = 10$,超调量 $\sigma\% \leq 25\%$,调节时间 $t_s \leq 16.5$,试设计串联滞后校正装置。

6.4 设单位反馈系统的开环传递函数要求校正后系统的静态速度误差系数 $K_v = 5$ rad/s,截止频率 $\omega_c \geq 2$ rad/s,相位裕度 $\gamma \geq 45°$。试设计串联校正装置。

6.5 单位反馈系统校正前的开环传递函数采用串联校正后系统的对数幅频特性曲线,如

图 6.29 所示。

（1）写出校正后系统的开环传递函数 $G(s)$；

（2）确定校正装置的传递函数，说明所用的校正方式（超前/滞后/滞后-超前）；

（3）分别绘制校正装置以及校正前系统的对数幅频特性曲线；

（4）利用三频段理论说明采用如上校正装置后对系统性能的影响。

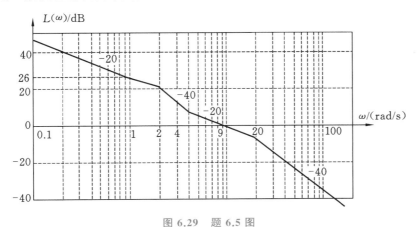

图 6.29　题 6.5 图

6.6　已知一单位反馈控制系统，其被控对象 $G_0(s)$ 和串联校正装置的对数幅频特性曲线分别如图 6.30（a）～图 6.30（c）所示。要求：

（1）写出校正后各系统的开环传递函数；

（2）分析各对系统的作用，并比较其优缺点。

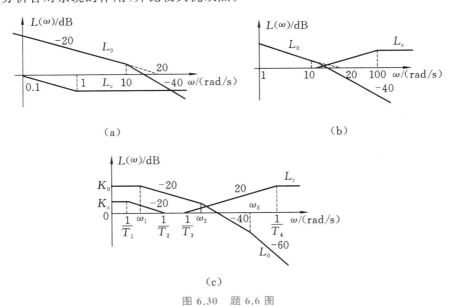

图 6.30　题 6.6 图

6.7　设单位反馈系统的开环传递函数为

$$G(s) = \frac{K}{s(s+3)(s+9)}$$

（1）如果要求系统在单位阶跃输入作用下的超调量 $\sigma\% = 20\%$，试确定 K 值；

（2）根据所求得的 K 值，求出系统在单位阶跃输入作用下的调节时间 t_s，以及静态速度误差系数；

（3）设计一串联校正装置，使系统的 $K_v \geqslant 20$，$\sigma\% \leqslant 17\%$，t_s 减小到校正前系统调节时间的一半以内。

6.8 图 6.31 所示为三种串联校正网络的对数幅频特性，它们均由最小相角环节组成。原控制系统为单位反馈系统，其开环传递函数为 $G(s) = \dfrac{400}{s^2(0.01s+1)}$。

（1）在这些校正网络中，哪一种可使校正后系统的稳定程度最好？

（2）为将 12 Hz 的正弦噪声削弱到原来的 $\dfrac{1}{10}$ 左右，可采用哪种校正网络？

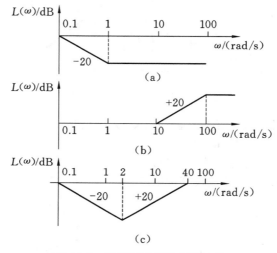

图 6.31　校正网络对数幅频特性

6.9 某系统的开环对数幅频特性曲线如图 6.32 所示。其中，虚线表示校正前的，实线表示校正后的。要求：

（1）确定所用的是何种串联校正方式，写出校正装置的传递函数 $G_c(s)$；

（2）确定校正后系统稳定的开环增益范围；

（3）当开环增益 $K = 1$ 时，求校正后系统的相位裕度 γ 和幅值裕度 h。

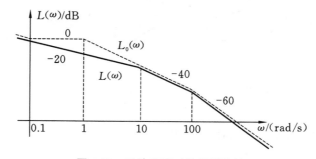

图 6.32　系统开环对数幅频特性

第7章 控制原理实验指导书

7.1 EL-AT-Ⅲ实验系统简介

EL-AT-Ⅲ实验系统主要由计算机、AD/DA采集卡、自动控制原理实验箱、打印机（可选）组成，如图7.1所示。其中计算机根据不同的实验分别起信号产生、测量、显示、系统控制和数据处理的作用，打印机主要输出各种实验数据和结果，实验箱用于构建被控模拟对象。

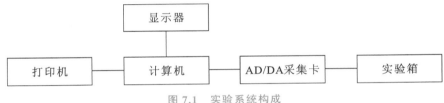

图 7.1　实验系统构成

实验箱面板如图7.2所示。

图 7.2　实验箱面板

下面介绍实验箱的主要构成。

一、系统电源

EL-AT-Ⅲ系统采用本公司生产的高性能开关电源作为系统的工作电源,其主要技术性能指标如下。

（1）输入电压:AC 220 V。

（2）输出电压/电流:＋12 V/0.5 A,－12 V/0.5 A,＋5 V/2 A。

（3）输出功率:22 W。

（4）工作环境:－5～＋40 ℃。

二、AD/DA 采集卡

AD/DA 采集卡如图 7.3 所示。采用 EZUSB2131 芯片作为主控芯片,负责数据采集和 USB 通信,用 EPM7128 作为 SPI 总线转换,AD 采集为 TL1570I,其采样位数为 10 位,采样率为 1 kHz。DA 采集为 MAX5159,转换位数为 10 位,转换速率为 1 kHz。AD/DA 采集卡有两路输出（DA1、DA2）和两路输入（AD1、AD2）,其输入和输出电压均为－5～＋5 V。

图 7.3　AD/DA 采集卡

三、实验箱面板

实验箱面板布局如图 7.4 所示。实验箱面板主要由以下几部分构成:

1. 实验模块

本实验系统有八组由放大器、电阻、电容组成的实验模块。每个模块中都有一个由 UA741 构成的放大器和若干个电阻、电容。通过对这八个实验模块的灵活组合便可构造出各种形式和阶次的模拟环节和控制系统。

2. 二极管区,电阻、电容、二极管区

这些区域主要提供实验所需的二极管、电阻和电容。

3. AD/DA 卡输入输出模块

该区域是引出 AD/DA 卡的输入输出端,一共引出两路输出端和两路输入端,分别是

DA1、DA2，AD1、AD2。实验箱面板上有一个 AD/DA 卡复位按钮。20 针插座用来和被控对象连接。

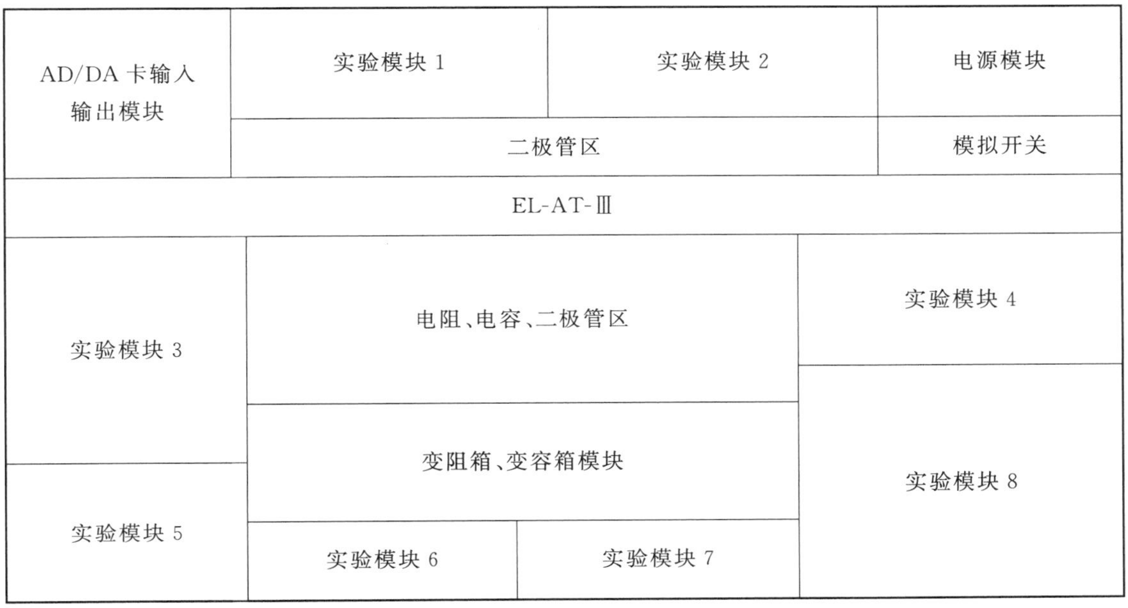

AD/DA 卡输入输出模块	实验模块 1	实验模块 2	电源模块
	二极管区		模拟开关
EL-AT-Ⅲ			
实验模块 3	电阻、电容、二极管区		实验模块 4
	变阻箱、变容箱模块		实验模块 8
实验模块 5	实验模块 6	实验模块 7	

图 7.4　实验箱面板布局

4. 电源模块

电源模块有一个实验箱电源开关，有四个开关电源提供的 DC 电源端子，分别是＋12 V、－12 V、＋5 V、GND，这些端子给外扩模块提供电源。

5. 变阻箱、变容箱模块

变阻箱、变容箱是本实验系统的一个突出特点，只要按动数字旁边的"＋""－"按钮便可调节电阻、电容的值，而且电阻、电容值可以直接读出。

7.2　EL-AT-Ⅲ 实验系统使用说明

1. 软件启动

在 Windows 桌面上或"开始"→"所有程序"中双击"Cybernation_A.exe"快捷方式，便可启动软件，如图 7.5 所示。

2. 实验前计算机与实验箱的连接

用实验箱自带的 USB 线将实验箱后面的 USB 口与计算机的 USB 口连接，启动 Cybernation_A 软件。

3. 软件使用说明

本套软件界面共分为三个主画面，其中数据采集显示画面如图 7.6 所示。

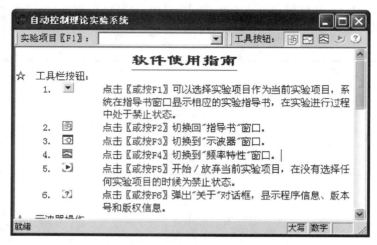

图 7.5　启动实验系统

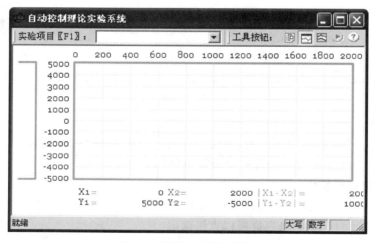

图 7.6　数据采集显示画面

4. 工具栏按钮

（1）单击 ▼【或按 F1】可以选择实验项目作为当前实验项目，系统在指导书窗口显示相应的实验指导书，在实验进行过程中处于禁止状态。

（2）单击 ▼【或按 F2】切换回"指导书"窗口。

（3）单击 ▼【或按 F3】切换到"示波器"窗口。

（4）单击 ▼【或按 F4】切换到"频率特性"窗口。

（5）单击 ▼【或按 F5】开始/放弃当前实验项目，在没有选择任何实验项目的时候为禁止状态。

（6）单击 ▼【或按 F6】弹出"关于"对话框，显示程序信息、版本号和版权信息。

5. 示波器操作

（1）测量。在"示波器"窗口单击鼠标右键，在弹出菜单中选择"测量"打开测量游标（重复前述步骤隐藏测量游标),拖动任一游标到感兴趣的位置,图表区下方会显示当前游标的位置和与同类的另一游标之间距离的绝对值。如果想精确定位游标只需用鼠标左键单击相应的游标位置栏并在编辑框中输入合法值回车即可。

(2)快照。在“示波器”窗口单击鼠标右键,在弹出菜单中选择“快照”将当前图像复制到剪贴板,以便粘贴到画图或其他图像编辑软件中编辑和保存。

(3)打印。目前尚不支持。

(4)线型。在“示波器”窗口单击鼠标右键,在弹出菜单中可点击“直线”“折线”或“点线”来选择数据点和数据点之间的连接方式,体会各种连接方式的差异。

(5)配色。双击图表区除曲线之外的元素会弹出标准颜色对话框,用户可以更改相应元素的颜色(比如将网格颜色改成与背景相同颜色)。

(6)缩放。单击图表刻度区的边界刻度并在编辑框中输入合法值回车即可改变当前显示范围。

7.3　实验指导书

实验 1　典型环节及其阶跃响应

一、实验目的

(1)掌握控制模拟实验的基本原理和一般方法。

(2)掌握控制系统时域性能指标的测量方法。

二、实验仪器

(1)EL-AT-Ⅲ自动控制系统实验箱一台。

(2)计算机一台。

三、实验原理

1. 模拟实验的基本原理

控制系统模拟实验采用复合网络法来模拟各种典型环节,即利用运算放大器不同的输入网络和反馈网络模拟各种典型环节,然后按照给定系统的结构图将这些模拟环节连接起来,便得到了相应的模拟系统,再将输入信号加到模拟系统的输入端,并利用计算机等测量仪器,测量系统的输出,便可得到系统的动态响应曲线及性能指标。若改变系统的参数,则还可进一步分析研究参数对系统性能的影响。

2. 时域性能指标的测量方法

(1)超调量 $\sigma\%$。

① 启动计算机,在桌面双击图标“自动控制实验系统”运行软件。

② 检查 USB 线是否连接好,在实验项目下拉框中选中该实验,单击 ▶ 按钮,在弹出的参数设置对话框中设置好参数,按"确定"按钮。此时,如无警告对话框出现则表示通信正常,如出现警告对话框则表示通信不正常,找出原因使通信正常后才可以继续进行实验。

③ 连接被测量典型环节的模拟电路。电路的输入 U_1 接 AD/DA 采集卡的 DA1 输出,电路的输出 U_2 接 AD/DA 采集卡的 AD1 输入。检查无误后接通电源。

④ 在实验项目的下拉列表中选择实验一"典型环节及其阶跃响应"。

⑤ 单击 ▶ 按钮,弹出实验课题参数设置对话框。在参数设置对话框中设置相应的实验参数后,单击确认等待屏幕的显示区显示实验结果。

⑥ 利用软件上的游标测量响应曲线上的最大值和稳态值,代入下式算出超调量:

$$\sigma\% = \frac{Y_{max} - Y_\infty}{Y_\infty} \times 100\%$$

（2）t_p 与 t_s。

利用软件的游标测量水平方向上从零到最大值与从零到 95% 稳态值所需的时间值,便可得到 t_p 与 t_s。

四、实验内容

构建下述典型一阶系统的模拟电路,并测量其阶跃响应。

（1）比例环节的模拟电路如图 7.7 所示。

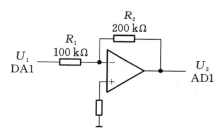

图 7.7 比例环节的模拟电路

传递函数为

$$G(s) = -R_2/R_1$$

（2）惯性环节的模拟电路如图 7.8 所示。

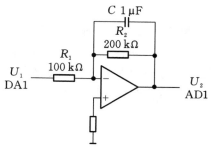

图 7.8 惯性环节的模拟电路

传递函数为

$$G(s) = -K/Ts + 1$$

式中：$K = R_2/R_1$，$T = R_2 C$。

（3）积分环节的模拟电路如图 7.9 所示。

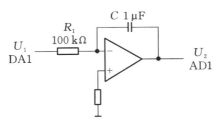

图 7.9　积分环节的模拟电路

传递函数为

$$G(s) = 1/Ts$$
$$T = RC$$

（4）微分环节的模拟电路如图 7.10 所示。

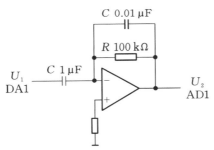

图 7.10　微分环节的模拟电路

传递函数为

$$G(s) = - RCs$$

（5）比例-微分环节的模拟电路如图 7.11 所示（未标明的 $C = 0.01\ \mu F$）。

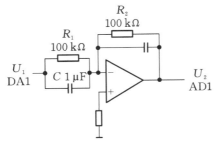

图 7.11　比例-微分环节的模拟电路

传递函数为

$$G(s) = -K(Ts + 1)$$
$$K = R_2/R_1, \quad T = R_2 C$$

（6）比例-积分环节的模拟电路如图 7.12 所示。

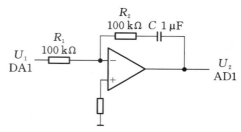

图 7.12　比例-积分环节的模拟电路

传递函数为

$$G(s)=K(1+1/Ts)$$

式中：$K=R_2/R_1$，$T=R_2C$。

五、实验步骤

实验步骤共分为 19 步，包括比例环节、惯性环节、积分环节、微分环节、比例-微分环节、比例-积分环节等。

（1）启动计算机，在桌面双击图标"自动控制实验系统"，运行软件。

（2）测试计算机与实验箱的通信是否正常，通信正常则继续，如通信不正常则需查找原因使通信正常后才可以继续进行实验。

比例环节

（3）连接被测量典型环节的模拟电路（见图 7.7）。电路的输入 U_1 接 AD/DA 采集卡的 DA1 输出，电路的输出 U_2 接 AD/DA 采集卡的 AD1 输入。检查无误后接通电源。

（4）在实验项目的下拉列表中选择实验一"典型环节及其阶跃响应"。

（5）鼠标单击 ▶ 按钮，弹出实验课题参数设置对话框。在参数设置对话框中设置相应的实验参数后，单击确认等待屏幕的显示区显示实验结果。

（6）观测计算机屏幕显示出的响应曲线及数据。

（7）记录波形及数据（由实验报告确定）。

惯性环节

（8）连接被测量典型环节的模拟电路（见图 7.8）。电路的输入 U_1 接 AD/DA 采集卡的 DA1 输出，电路的输出 U_2 接 AD/DA 采集卡的 AD1 输入。检查无误后接通电源。

（9）实验步骤同（4）～（7）。

积分环节

（10）连接被测量典型环节的模拟电路（见图 7.9）。电路的输入 U_1 接 AD/DA 采集卡的 DA1 输出，电路的输出 U_2 接 AD/DA 采集卡的 AD1 输入，将积分电容两端连在模拟开关上。检查无误后接通电源。

（11）实验步骤同（4）～（7）。

微分环节

（12）连接被测量典型环节的模拟电路（见图 7.10）。电路的输入 U_1 接 AD/DA 采集卡的

DA1 输出,电路的输出 U_2 接 AD/DA 采集卡的 AD1 输入。检查无误后接通电源。

（13）实验步骤同（4）～（7）。

比例-微分环节

（14）连接被测量典型环节的模拟电路（见图 7.11）。电路的输入 U_1 接 AD/DA 采集卡的 DA1 输出,电路的输出 U_2 接 AD/DA 采集卡的 AD1 输入。检查无误后接通电源。

（15）实验步骤同（4）～（7）。

（16）测量系统的阶跃响应曲线。

比例-积分环节

（17）连接被测量典型环节的模拟电路（见图 7.12）。电路的输入 U_1 接 AD/DA 采集卡的 DA1 输出,电路的输出 U_2 接 AD/DA 采集卡的 AD1 输入,将积分电容连在模拟开关上。检查无误后接通电源。

（18）实验步骤同（4）～（7）。

（19）测量系统的阶跃响应曲线。

六、实验报告

（1）由阶跃响应曲线计算出惯性环节、积分环节的传递函数,并与由电路计算的结果相比较。

（2）记录实验中测得的曲线、数据及理论计算值,整理列表。

七、预习要求

（1）阅读实验原理部分,掌握时域性能指标的测量方法。

（2）分析典型一阶系统的模拟电路和基本原理。

实验数据测试表如表 7.1 所示。

表 7.1　实验数据记录表（学生填写）

参数	阶跃响应曲线	t_s/s		
			理论值	实测值
$R_1=R_2=100\ \text{k}\Omega$ $C=1\ \mu\text{F}$ $K=1$ $T=0.1\ \text{s}$		比例环节		
		惯性环节		
		积分环节		
		微分环节		
		比例-微分环节		
		比例-积分环节		

参数	阶跃响应曲线	t_s/s		
			理论值	实测值
$R_1=100\ \text{k}\Omega$ $R_2=200\ \text{k}\Omega$ $C=1\ \mu\text{F}$ $K=2$ $T=1\ \text{s}$	比例环节			
	惯性环节			
	积分环节			
	微分环节			
	比例-微分环节			
	比例-积分环节			

实验 2　二阶系统阶跃响应

一、实验目的

（1）研究二阶系统的特征参数阻尼比 ξ 和无阻尼自然频率 ω_n 对系统动态性能的影响。定量分析 ξ 和 ω_n 与最大超调量 M_p 和调节时间 t_s 之间的关系。

（2）进一步学习实验系统的使用方法。

（3）学会根据系统阶跃响应曲线确定传递函数。

二、实验仪器

（1）EL-AT-Ⅲ自动控制系统实验箱一台。

（2）计算机一台。

三、实验原理

1. 模拟实验的基本原理

控制系统模拟实验采用复合网络法来模拟各种典型环节，即利用运算放大器中不同的输入网络和反馈网络来模拟各种典型环节，然后按照给定系统的结构图将这些模拟环节连接起来，便得到了相应的模拟系统；再将输入信号加到模拟系统的输入端，并利用计算机等测量仪器测量系统的输出，便可得到系统的动态响应曲线及性能指标。若改变系统的参数，还可进一步分析研究参数对系统性能的影响。

2. 时域性能指标的测量方法

（1）超调量 $\sigma\%$。

① 启动计算机，在桌面双击图标"自动控制实验系统"运行软件。

② 检查 USB 线是否连接好，在实验项目下拉框中选中实验，单击 ▶ 按钮，在弹出的参数设置对话框中设置好参数，按"确定"按钮。此时，如无警告对话框出现则表示通信正常，如出

现警告对话框则表示通信不正常,找出原因使通信正常后才可以继续进行实验。

③ 连接被测量典型环节的模拟电路。电路的输入 U_1 接 AD/DA 采集卡的 DA1 输出,电路的输出 U_2 接 AD/DA 采集卡的 AD1 输入,将两个积分电容连在模拟开关上。检查无误后接通电源。

④ 在实验项目的下拉列表中选择实验二"二阶系统阶跃响应"。

⑤ 单击 ▶ 按钮,弹出实验课题参数设置对话框。在参数设置对话框中设置相应的实验参数后,单击确认等待屏幕的显示区显示实验结果。

⑥ 利用软件上的游标测量响应曲线上的最大值和稳态值,代入下式算出超调量:

$$\sigma\% = \frac{Y_{\max} - Y_{\infty}}{Y_{\infty}} \times 100\%$$

(2) t_p 与 t_s。

利用软件的游标测量水平方向上从零到最大值与从零到 95% 稳态值所需的时间值,便可得到 t_p 与 t_s。

四、实验内容

典型二阶系统的闭环传递函数为

$$\Phi(s) = \frac{\omega_n^2}{s^2 + 2\xi\omega_n s + \omega_n^2} \tag{7.1}$$

其中,ξ 和 ω_n 对系统的动态品质有决定性影响。

构成图 7.13 所示典型二阶系统的模拟电路,并测量其阶跃响应。

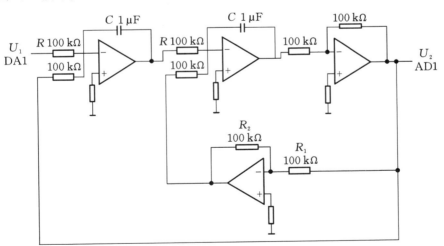

图 7.13　二阶系统模拟电路图

电路的结构图如图 7.14 所示。

系统闭环传递函数为

$$\Phi(s) = \frac{U_2(s)}{U_1(s)} = \frac{\dfrac{1}{T^2}}{s^2 + \left(\dfrac{K}{T}\right)s + \dfrac{1}{T^2}} \tag{7.2}$$

243

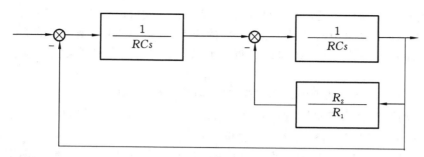

图 7.14 二阶系统结构图

式中：$T=RC,K=R_2/R_1$。

比较式(7.1)和式(7.2)，可得

$$\begin{cases}\omega_n=1/T=1/RC\\\xi=K/2=R_2/2R_1\end{cases}\tag{7.3}$$

由式(7.3)可知，改变比值 R_2/R_1，可以改变二阶系统的阻尼比。改变 RC 值，可以改变无阻尼自然频率 ω_n。

取 $R_1=200$ kΩ，$R_2=100$ kΩ 和 200 kΩ，可得实验所需的阻尼比。电阻 R 取 100 kΩ，电容 C 分别取 1 μF 和 0.1 μF，可得到两个无阻尼自然频率 ω_n。

五、实验步骤

（1）连接被测量典型环节的模拟电路。电路的输入 U_1 接 AD/DA 采集卡的 DA1 输出，电路的输出 U_2 接 AD/DA 采集卡的 AD1 输入，将两个积分电容连在模拟开关上。检查无误后接通电源。

（2）启动计算机，在桌面双击图标"自动控制实验系统"，运行软件。

（3）检查 USB 线是否连接好，在实验项目下拉框中选中实验，单击 ▶ 按钮，出现参数设置对话框，设置好参数，按确定按钮。此时如无警告对话框出现表示通信正常，如出现警告表示通信不正常，找出原因使通信正常后才可以继续进行实验。

（4）在实验项目的下拉列表中选择实验二"二阶系统阶跃响应"，单击 ▶ 按钮，弹出实验课题参数设置对话框。在参数设置对话框中设置相应的实验参数后，单击"确认"等待屏幕的显示区显示实验结果。

（5）取 $\omega_n=10$ rad/s，即令 $R=100$ kΩ，$C=1$ μF；分别取 $\xi=0.5$、1、2，即取 $R_1=100$ kΩ，R_2 分别等于 100 kΩ、200 kΩ、400 kΩ。输入阶跃信号，测量不同阻尼比 ξ 下系统的阶跃响应，并由显示的波形记录最大超调量 M_p 和调节时间 t_s 的数值以及响应动态曲线，并与理论值比较。

（6）取 $\xi=0.5$，即电阻 R_2 取 100 kΩ；取 $\omega_n=100$ rad/s，即取 $R=100$ kΩ，改变电路中的电容 $C=0.1$ μF（注意：2 个电容值同时改变）。输入阶跃信号测量系统阶跃响应，并由显示的波形记录最大超调量 $\sigma\%$ 和调节时间 t_s。

（7）取 $R=100$ kΩ，改变电路中的电容 $C=1$ μF，$R_1=100$ kΩ，调节电阻 $R_2=50$ kΩ。输入阶跃信号测量系统阶跃响应，记录响应曲线，特别要记录 t_p 和 $\sigma\%$ 的数值。

（8）测量二阶系统的阶跃响应并填写表 7.2。

表 7.2　实验 2 数据记录表

参数		实验结果			
		$\sigma\%$	t_p/ms	t_s/ms	阶跃响应曲线
$R=100\text{ k}\Omega$ $C=1\ \mu\text{F}$ $\omega_n=10\text{ rad/s}$	$R_1=100\text{ k}\Omega$ $R_2=0\text{ k}\Omega$ $\xi=0$				
	$R_1=100\text{ k}\Omega$ $R_2=50\text{ k}\Omega$ $\xi=0.25$				
	$R_1=100\text{ k}\Omega$ $R_2=100\text{ k}\Omega$ $\xi=0.5$				
	$R_1=50\text{ k}\Omega$ $R_2=100\text{ k}\Omega$ $\xi=1$				
	$R_1=50\text{ k}\Omega$ $R_2=200\text{ k}\Omega$ $\xi=2$				
$R_1=100\text{ k}\Omega$ $C_1=C_2=0.1\ \mu\text{F}$ $\omega_n=100\text{ rad/s}$	$R_1=100\text{ k}\Omega$ $R_2=100\text{ k}\Omega$ $\xi=0.5$				
	$R_1=50\text{ k}\Omega$ $R_2=100\text{ k}\Omega$ $\xi=1$				

六、实验报告

（1）画出二阶系统的模拟电路图，讨论典型二阶系统性能指标与 ξ 和 ω_n 的关系。

（2）记录不同 ξ 和 ω_n 条件下测量的 M_p 和 t_s 值，根据测量结果得出相应结论。

（3）画出系统响应曲线，再由 t_s 和 M_p 计算出传递函数，并与由模拟电路计算的传递函数相比较。

七、预习要求

（1）阅读实验原理部分，掌握时域性能指标的测量方法。

（2）按实验中二阶系统的给定参数，计算出不同 ξ、ω_n 下性能指标的理论值。

实验 3 控制系统的稳定性分析

一、实验目的

（1）观察系统的不稳定现象。
（2）研究系统开环增益和时间常数对稳定性的影响。

二、实验仪器

（1）EL-AT-Ⅲ 自动控制系统实验箱一台。
（2）计算机一台。

三、实验内容

系统模拟电路图如图 7.15 所示。

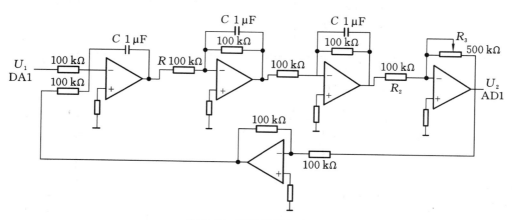

图 7.15 系统模拟电路图

该系统的开环传递函数为

$$G(s) = \frac{10K}{s(0.1s+1)(Ts+1)}$$

式中：$K=R_3/R_2$，$R_2=100$ kΩ，$R_3=0\sim500$ kΩ；$T=RC$，$R=100$ kΩ，$C=1$ μF 或 $C=0.1$ μF 两种情况。

四、实验步骤

（1）连接被测量典型环节的模拟电路。电路的输入 U_1 接 AD/DA 采集卡的 DA1 输出，电路的输出 U_2 接 AD/DA 采集卡的 AD1 输入，将纯积分电容连在模拟开关上。检查无误后接通电源。

（2）启动计算机，在桌面双击图标"自动控制实验系统"，运行软件。

（3）检查 USB 线是否连接好，在实验项目下拉框中选中实验，单击 ▶ 按钮，在弹出的参数设置对话框中设置好参数,按"确定"按钮。此时,如无警告对话框出现则表示通信正常,如出现警告对话框则表示通信不正常,找出原因使通信正常后才可以继续进行实验。

(4)在实验项目的下拉列表中选择实验三"控制系统的稳定性分析",单击 ▶ 按钮,弹出实验课题参数设置对话框。在参数设置对话框中设置目的电压 $U_1 = 1000$ mV,单击"确认",等待屏幕的显示区显示实验结果。

(5)取 R_3 的值为 50 kΩ、100 kΩ、200 kΩ,此时相应的 $K = 10$,$K_1 = 5$、10、20。观察不同 R_3 值时显示区内的输出波形(即 U_2 的波形),找到系统输出产生增幅振荡时相应的 R_3 及 K 值。再把电阻 R_3 由大至小变化,即 $R_3 = 200$ kΩ、100 kΩ、50 kΩ,观察不同 R_3 值时显示区内的输出波形,找出系统输出产生等幅振荡变化的 R_3 及 K 值,并观察 U_2 的输出波形。

(6)在步骤(5)条件下,使系统工作在不稳定状态,即工作在等幅振荡条件下,改变电路中的电容 C 由 1 μF 变成 0.1 μF,重复实验步骤(4)观察系统稳定性的变化。

(7)将实验结果填入表 7.3 中。

表 7.3 实验 3 数据记录表

参数		系统响应曲线
$C = 1$ μF	$R_3 = 50$ kΩ $K = 5$	
	$R_3 = 100$ kΩ $K = 10$	
	$R_3 = 200$ kΩ $K = 20$	
$C = 0.1$ μF	$R_3 = 50$ kΩ $K = 5$	
	$R_3 = 100$ kΩ $K = 10$	
	$R_3 = 200$ kΩ $K = 20$	

五、实验报告

(1)画出步骤(5)的模拟电路图。
(2)画出系统增幅或减幅振荡的波形图。
(3)计算系统的临界放大系数,并与步骤(5)中测得的临界放大系数相比较。

六、预习要求

(1)分析实验系统电路,掌握其工作原理。
(2)计算系统产生等幅振荡、增幅振荡、减幅振荡的理论条件。

实验 4　系统频率特性测量

一、实验目的

（1）加深了解系统及元件频率特性的物理概念。
（2）掌握系统及元件频率特性的测量方法。
（3）掌握利用李萨如图形法测量系统频率特性的方法。

二、实验仪器

（1）EL-AT-Ⅲ自动控制系统实验箱一台。
（2）计算机一台。

三、实验原理

频率特性的测量方法如下。

（1）将正弦信号发生器、被测系统和数据采集卡按图 7.16 连接起来。

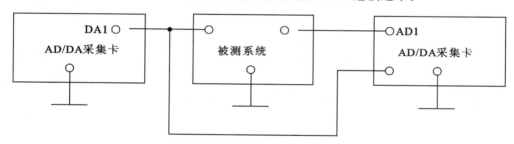

图 7.16　频率特性测量电路

（2）通过 AD/DA 采集卡产生不同频率和幅值的正弦信号，并输入被测系统中。

（3）AD/DA 采集卡采集被测系统的输出信号，并显示在计算机屏幕上。比较输入信号和输出信号的不同，可以得到系统的频率响应特性。

四、实验内容

（1）模拟电路图及系统结构图分别如图 7.17 和图 7.18 所示。
（2）系统传递函数取 $R_3 = 500 \text{ k}\Omega$，则系统传递函数为

$$G(s) = \frac{U_2(s)}{U_1(s)} = \frac{500}{s^2 + 10s + 500}$$

若输入信号 $U_1(t) = U_1 \sin(\omega t)$，则在稳态时，其输出信号为

$$U_2(t) = U_2 \sin(\omega t + \varphi)$$

改变输入信号角频率 ω 值，便可测得两组 U_2/U_1 和 φ 随 ω 变化的数值。这个变化规律就是系统的幅频特性和相频特性。

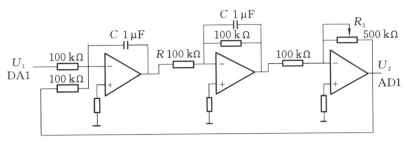

图 7.17　系统模拟电路图

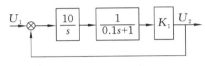

图 7.18　系统结构图

五、实验步骤

实验步骤共分为 8 步,包括选择李萨如图、测频率图、测伯德图、测奈奎斯特图等环节。

(1) 连接被测量典型环节的模拟电路。电路的输入 U_1 接 AD/DA 采集卡的 DA1 输出,电路的输出 U_2 接 AD/DA 采集卡的 AD1 输入,将纯积分电容两端连在模拟开关上。检查无误后接通电源。

(2) 启动计算机,在桌面双击图标"自动控制实验系统",运行软件。测试计算机与实验箱的通信是否正常,通信正常则继续,如通信不正常则需查找原因使通信正常后才可以继续进行实验。

选择李萨如图

(3) 在实验项目的下拉列表中选择实验四"系统频率特性测量",单击 ▶ 按钮,弹出实验课题参数设置对话框。在参数设置对话框中设置相应的实验参数并选择李萨如图,然后单击"确认",等待屏幕的显示区显示实验结果,如图 7.19 所示。

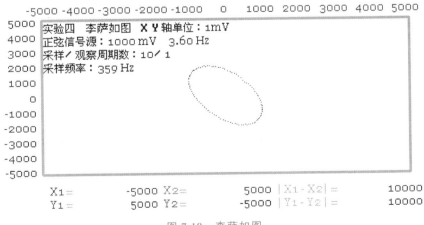

图 7.19　李萨如图

测频率图

（4）在实验项目的下拉列表中选择实验四"系统频率特性测量"，单击 ▶ 按钮，弹出实验课题参数设置对话框。在参数设置对话框中设置相应的实验参数并选择时间-电压图，然后单击"确认"，等待屏幕的显示区显示实验结果，如图 7.20 所示。

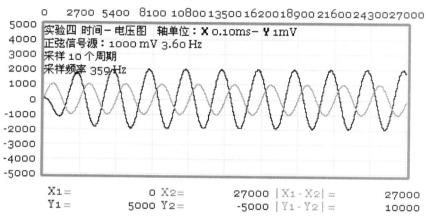

图 7.20　手动方式测量伯德图

测伯德图

（5）在实验项目的下拉列表中选择实验四"系统频率特性测量"，单击 ▶ 按钮，弹出实验课题参数设置对话框。在参数设置对话框中设置相应的实验参数并选择自动选项，然后单击"确认"，等待屏幕的显示区显示实验结果，如图 7.21 所示。

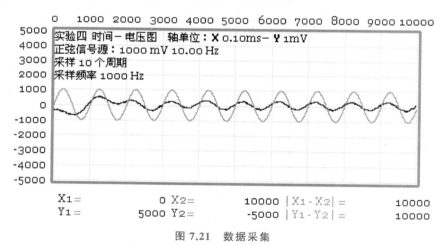

图 7.21　数据采集

（6）待数据采样结束后，单击 按钮即可以在显示区内显示出所测量的伯德图。

测奈奎斯特图

（7）在完成步骤（6）后，在显示区右击，即出现奈奎斯特图。

（8）按表 7.4 所列频率，测量各点频率特性的实测值并计算相应的理论值。

表 7.4 实验 4 数据记录表

f/Hz	$\omega/(rad/s)$	理论值		实测值					
		$L(\omega)$	$\varphi(\omega)$	$2X_m$	$2y_0$	$2y_m$	$L(\omega)$	$\varphi(\omega)$	李萨如图形

六、实验报告

（1）画出被测系统的结构和模拟电路图。

（2）画出被测系统的开环 $L(\omega)$ 曲线与 $\varphi(\omega)$ 曲线。

（3）整理表中的实验数据，并算出理论值和实测值。

（4）讨论李萨如图形法测量频率特性的精度。

七、预习要求

（1）阅读实验原理部分，掌握李萨如图形法的基本原理及频率特性的测量方法。

（2）画出被测系统的开环 $L(\omega)$ 曲线与 $\varphi(\omega)$ 曲线。

（3）按表 7.4 中给出的格式选择几个频率点，算出各点频率特性的理论值。

八、测量数据的说明

f：实验时信号源的频率。

$\omega = 2\pi f$：信号源的角频率。

$L(\omega)$：输出幅值随 ω 变化的函数。

$\varphi(\omega)$：输出相位随 ω 变化的函数。

$2X_m$：信号源峰谷值之差。

$2Y_m$：输出信号的峰谷值之差。

$2Y_0$：当信号源输出为零时对应输出信号的正负幅值之差。

其中 $\varphi(\omega)$ 可以通过测量时间来得到，$T(\omega)$ 在实验中是时间量，通过计算可以转化为 $\varphi(\omega)$。

$$\varphi(\omega) = 2\pi f T(\omega)$$

理论计算公式如下：

$$L(\omega) = \frac{\omega_n^2}{\sqrt{(\omega_n^2 - \omega^2)^2 + (2\xi\omega_n\omega)^2}}$$

$$\varphi(\omega) = -\arctan\frac{2\xi\omega\omega_n}{\omega_n^2 - \omega^2}$$

李萨如图如图 7.22 所示，对应李萨如图的时间-电压图如图 7.23 所示。

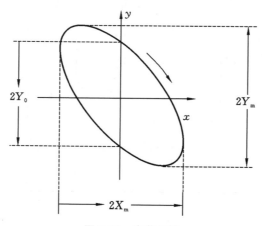

图 7.22　李萨如图

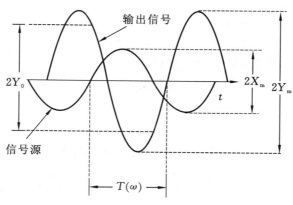

图 7.23　对应李萨如图的时间-电压图

实验 5　连续系统串联校正

一、实验目的

(1) 加深理解串联校正装置对系统动态性能的校正作用。
(2) 对给定系统进行串联校正设计,并通过模拟实验检验设计的正确性。

二、实验仪器

(1) EL-AT-Ⅲ 自动控制系统实验箱一台。
(2) 计算机一台。

三、实验内容

1. 串联超前校正

(1) 系统模拟电路图如图 7.24 所示,图中开关 S 断开对应未校正状态,接通对应超前校正状态。

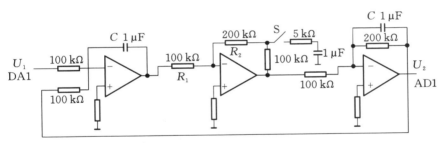

图 7.24　超前校正电路图

(2) 系统结构图如图 7.25 所示。

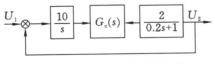

图 7.25　超前校正系统结构图

图中

$$G_{c1}(s) = 2$$

$$G_{c2}(s) = \frac{2(0.055s + 1)}{0.005s + 1}$$

2. 串联滞后校正

(1) 系统模拟电路图如图 7.26 所示,开关 S 断开对应未校正状态,接通对应滞后校正状态。

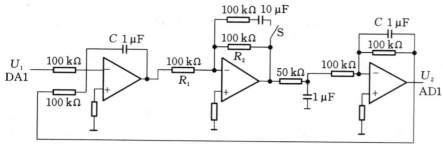

图 7.26　滞后校正模拟电路图

（2）系统结构图如图 7.27 所示。

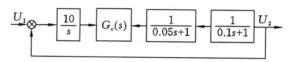

图 7.27　滞后系统结构图

图中

$$G_{c1}(s) = 10$$

$$G_{c2}(s) = \frac{10(s+1)}{11s+1}$$

3. 串联超前-滞后校正

（1）模拟电路图如图 7.28 所示，双刀开关断开对应未校正状态，接通对应超前-滞后校正状态。

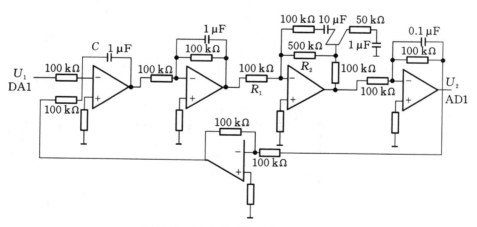

图 7.28　超前-滞后校正模拟电路图

（2）系统结构图如图 7.29 所示。

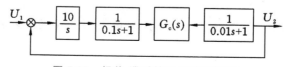

图 7.29　超前-滞后校正系统结构图

图中

$$G_{c1}(s)=6$$

$$G_{c2}(s)=\frac{6(1.2s+1)(0.15s+1)}{(6s+1)(0.05s+1)}$$

四、实验步骤

实验步骤共分为 14 步,包括超前校正、滞后校正、超前-滞后校正等环节。

(1) 启动计算机,在桌面双击图标"自动控制实验系统",运行软件。

(2) 测试计算机与实验箱的通信是否正常,通信正常则继续,如通信不正常则需查找原因使通信正常后才可以继续进行实验。

超前校正

(3) 连接被测量典型环节的模拟电路(见图 7.7)。电路的输入 U_1 接 AD/DA 采集卡的 DA1 输出,电路的输出 U_2 接 AD/DA 采集卡的 AD1 输入,将纯积分电容连在模拟开关上。检查无误后接通电源。

(4) 开关 S 放在断开位置。

(5) 在实验项目的下拉列表中选择实验五"连续系统串联校正"。单击 ▶ 按钮,弹出实验课题参数设置对话框。在参数设置对话框中设置相应的实验参数后单击"确认",等待屏幕的显示区显示实验结果,并记录超调量 $\sigma\%$ 和调节时间 t_s。

(6) 开关 S 接通,重复步骤(5),比较两次所测的波形,并将测量结果记入表 7.5 中。

表 7.5　实验 5 数据记录表(一)

指标	超前校正系统	
	校正前	校正后
阶跃响应曲线		
$\sigma\%$		
t_p/s		
t_s/s		

滞后校正

(7) 连接被测量典型环节的模拟电路(见图 7.8)。电路的输入 U_1 接 AD/DA 采集卡的 DA1 输出,电路的输出 U_2 接 AD/DA 采集卡的 AD1 输入,将纯积分电容连在模拟开关上。检查无误后接通电源。

(8) 开关 S 放在断开位置。

(9) 在实验项目的下拉列表中选择实验五"连续系统串联校正"。单击 ▶ 按钮,弹出实验课题参数设置对话框,在参数设置对话框中设置相应的实验参数后单击"确认",等待屏幕的显示区显示实验结果,并记录超调量 $\sigma\%$ 和调节时间 t_s。

（10）开关 S 接通,重复步骤(9),比较两次所测的波形,并将测量结果记入表 7.6 中。

表 7.6　实验 5 数据记录表（二）

指标	滞后校正系统	
	校正前	校正后
阶跃响应曲线		
$\sigma\%$		
t_p/s		
t_s/s		

超前-滞后校正

（11）连接被测量典型环节的模拟电路（见图 7.11）。电路的输入 U_1 接 AD/DA 采集卡的 DA1 输出,电路的输出 U_2 接 AD/DA 采集卡的 AD1 输入,将纯积分电容连在模拟开关上。检查无误后接通电源。

（12）开关 S 放在断开位置。

（13）在实验项目的下拉列表中选择实验五"连续系统串联校正"。单击 ▶ 按钮,弹出实验课题参数设置对话框,在参数设置对话框中设置相应的实验参数后单击"确认",等待屏幕的显示区显示实验结果,并记录超调量 $\sigma\%$ 和调节时间 t_s。

（14）开关 S 接通,重复步骤(13),比较两次所测的波形,并将测量结果记入表 7.7 中。

表 7.7　实验 5 数据记录表（三）

指标	超前-滞后系统	
	校正前	校正后
阶跃响应曲线		
$\sigma\%$		
t_p/s		
t_s/s		

五、实验报告

(1) 计算串联校正装置的传递函数 $G_c(s)$ 和校正网络参数。

(2) 画出校正后系统的对数坐标图,并求出校正后系统的 ω_c' 及 v'。

(3) 比较校正前后系统的阶跃响应曲线及性能指标,说明校正装置的作用。

六、预习要求

(1) 阅读实验 2 的实验报告,明确校正前系统的 ω_c 及 v。

(2) 计算串联超前校正装置的传递函数 $G_c(s)$ 和校正网络参数,并求出校正后系统的 ω_c' 及 v'。

实验 6　数字 PID 控制

一、实验目的

(1) 研究 PID 控制器的参数对系统稳定性及过渡过程的影响。

(2) 研究采样周期 T 对系统特性的影响。

(3) 研究 I 型系统及系统的稳定误差。

二、实验仪器

(1) EL-AT-Ⅲ 自动控制系统实验箱一台。

(2) 计算机一台。

三、实验内容

(1) 系统结构图如图 7.30 所示。

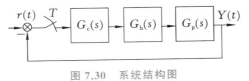

图 7.30　系统结构图

图中

$$G_c(s) = K_P(1 + K_I/s + K_D s)$$

$$G_h(s) = \frac{1 - e^{-Ts}}{s}$$

$$G_{p1}(s) = \frac{5}{(0.5s+1)(0.1s+1)}$$

$$G_{p2}(s) = \frac{1}{s(0.1s+1)}$$

（2）开环控制系统（被控对象）的模拟电路图如图 7.31 和图 7.32 所示，其中图 7.31 对应 $G_{p1}(s)$，图 7.32 对应 $G_{p2}(s)$。

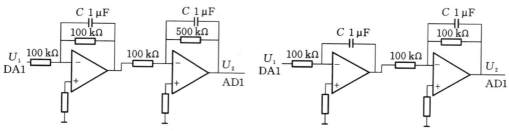

图 7.31　开环控制系统结构图（一）　　　　图 7.32　开环控制系统结构图（二）

（3）被控对象 $G_{p1}(s)$ 为 0 型系统，采用 PI 控制或 PID 控制，可使系统变为 Ⅰ 型系统；被控对象 $G_{p2}(s)$ 为 Ⅰ 型系统，采用 PI 控制或 PID 控制，可使系统变成 Ⅱ 型系统。

（4）当 $r(t)=1(t)$ 时（实际是方波），研究其过渡过程。

（5）PI 调节器及 PID 调节器的增益。

$$G_c(s)=K_P(1+K_I/s)$$

$$=K_PK_I\dfrac{\dfrac{1}{K_I}s+1}{s}$$

$$=\dfrac{K(T_Is+1)}{s}$$

式中：$K=K_PK_I$，$T_I=(1/K_I)$。

不难看出 PI 调节器的增益 $K=K_PK_I$，因此在改变 K_I 时，同时改变了闭环增益 K，如果不想改变 K，则应改变 K_P。采用 PID 调节器时调节方法与此相同。

（6）要注意 Ⅱ 型系统的稳定性。对于 $G_{p2}(s)$，若采用 PI 调节器控制，其开环传递函数为

$$G(s)=G_c(s)\cdot G_{p2}(s)$$

$$=K\cdot\dfrac{T_Is+1}{s}\cdot\dfrac{1}{s(0.1s+1)}$$

为使开环系统稳定，应满足 $T_I>0.1$，即 $K_I<10$。

（7）PID 递推算法。如果 PID 调节器输入信号为 $e(t)$，其输送信号为 $u(t)$，则离散的递推算法如下：

$$u(k)=u(k-1)+q_0e(k)+q_1e(k-1)+q_2e(k-2)$$

式中：$q_0=K_P[1+K_IT+(K_D/T)]$，$q_1=-K_P[1+(2K_D/T)]$，$q_2=K_P(K_D/T)$，T 为采样周期。

四、实验步骤

（1）启动计算机，在桌面双击图标"自动控制实验系统"，运行软件。

（2）测试计算机与实验箱的通信是否正常，通信正常则继续，如通信不正常则需查找原因使通信正常后才可以继续进行实验。

（3）连接被测量典型环节的模拟电路（见图 7.31）。电路的输入 U_1 接 AD/DA 采集卡的

DA1 输出,电路的输出 U_2 接 AD/DA 采集卡的 AD1 输入。检查无误后接通电源。

（4）在实验项目的下拉列表中选择实验六"数字 PID 控制",单击 ▶ 按钮,弹出实验课题参数设置对话框。在参数设置对话框中设置相应的实验参数后单击"确认",等待屏幕的显示区显示实验结果。

（5）输入参数 K_P、K_I、K_D(参考值 $K_P=1$,$K_I=0.02$,$K_D=1$)。

（6）参数设置完成后单击"确认",观察响应曲线。若不满意,改变 K_P、K_I、K_D 的数值和与其相对应的性能指标 $\sigma\%$、t_s 的数值。

（7）取满意的 K_P、K_I、K_D 值,观察有无稳态误差。

（8）断开电源,连接被测量典型环节的模拟电路(见图 7.32)。电路的输入 U_1 接 AD/DA 采集卡的 DA1 输出,电路的输出 U_2 接 AD/DA 采集卡的 AD1 输入,将纯积分电容连在模拟开关上。检查无误后接通电源。

（9）重复步骤(4)~(7)。

（10）计算 K_P、K_I、K_D 取不同的数值时对应的 $\sigma\%$、t_s 的数值,测量系统的阶跃响应曲线及时域性能指标,记入表 7.8 中。

表 7.8　实验 6 数据记录表

参数			实验结果		
K_P	K_I	K_D	$\sigma\%$	t_s	阶跃响应曲线

五、实验报告

（1）画出所做实验的模拟电路图。

（2）当被控对象为 $G_{p1}(s)$ 时取最满意过渡过程的 K_P、K_I、K_D,画出校正后的伯德图,查出相位裕度 γ 和截止频率 ω_c。

（3）总结一种有效的选择 K_P、K_I、K_D 方法,以最快的速度获得满意的参数。

六、预习要求

（1）熟悉 PID 控制器系统的组成。

（2）熟悉 PID 控制器的参数对系统稳定性的影响。

7.4 实验说明及参考答案

实验 1 典型环节及其阶跃响应

一、实验说明

典型环节的概念对系统建模、分析和研究很有用,但应强调典型环节的数学模型都是对各种物理系统元部件的机理和特性高度理想化以后的结果。重要的是,在一定的条件下,典型模型的确能在一定程度上忠实地描述那些元部件物理过程的本质特征。

模拟典型环节是有条件的,即将运算放大器视为满足以下条件的理想放大器。

(1) 输入阻抗为∞,进入运算放大器的电流为零,同时输出阻抗为零。

(2) 电压增益为∞。

(3) 通频带为∞。

(4) 输入和输出之间呈线性。

在实际模拟环节注意以下几点。

(1) 实际运算放大器输出幅值受其电源限制,是非线性的,实际运算放大器是有惯性的;

(2) 对比例环节、惯性环节、积分环节、比例-积分环节和振荡环节,只要控制了输入量的大小或输入量施加时间的长短(对积分或比例-积分环节),不使其输出在工作期间内达到饱和,非线性因素对上述环节特性的影响就可以避免。但非线性因素对模拟比例-微分环节和微分环节的影响无法避免,其模拟输出只能达到有限的最高饱和值。

(3) 实际运算放大器有惯性,它对所有模拟惯性环节的暂态响应都有影响,但情况又有较大的不同。

二、实验参考曲线

1. 比例环节

实验参考曲线如图 7.33 所示。

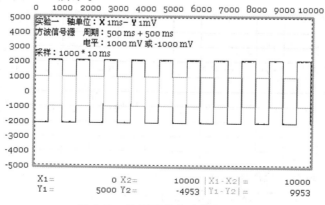

图 7.33 比例环节实验参考曲线

2. 惯性环节

实验参考曲线如图 7.34 所示。

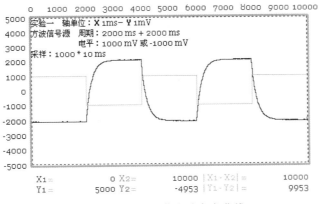

图 7.34　惯性环节实验参考曲线

3. 积分环节

实验参考曲线如图 7.35 所示。

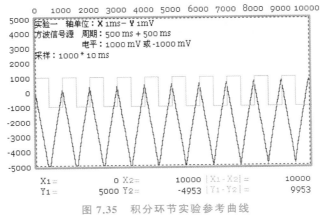

图 7.35　积分环节实验参考曲线

4. 微分环节

实验参考曲线如图 7.36 所示。

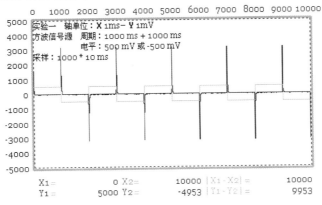

图 7.36　微分环节实验参考曲线

5. 比例-微分环节

实验参考曲线如图 7.37 所示。

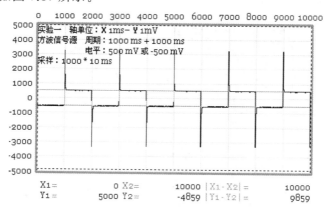

图 7.37　比例-微分环节实验参考曲线

6. 比例-积分环节

实验参考曲线如图 7.38 所示。

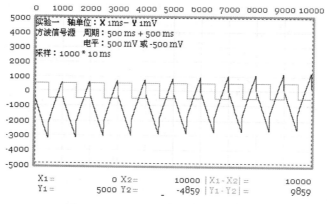

图 7.38　比例-积分环节实验参考曲线

实验 2　二阶系统阶跃响应

实验 2 数据表如表 7.9 所示。

表 7.9　实验 2 数据表

ξ	$R_2/\text{k}\Omega$	M_p（理论值）	t_s（理论值）	M_p（观测值）	t_s（观测值）
0	0				
0.25	50	44.5%	1.2		
0.5	100	16.3%	0.6		
1	200				

（1）取 $\omega_n = 10$ rad/s，即令 $R = 100$ kΩ，$C = 1$ μF；分别取 $\xi = 0$、0.25、0.5、1，取 $R_1 = 100$ kΩ，取 R_2 分别等于 0、50 kΩ、100 kΩ、200 kΩ。

（2）取 $\omega_n = 100$ rad/s，即令 $R = 100$ kΩ，$C = 0.1$ μF；分别取 $\xi = 0$、0.25、0.5、1，取 $R_1 = 100$ kΩ，取 R_2 分别等于 0、50 kΩ、100 kΩ、200 kΩ。

（3）实验参考曲线如图 7.39 所示（实验时每次只有一条曲线）。

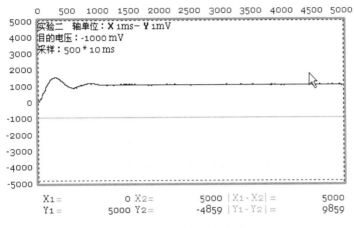

图 7.39　实验 2 参考曲线

实验 3　控制系统的稳定性分析

一、实验说明

（1）熟悉闭环系统稳定和不稳定现象，并加深理解线性系统稳定性只与其结构和参量有关，而与外作用无关。

（2）熟悉劳斯判据的应用。

（3）了解系统开环增益与其时间常数的关系，进而理解人为地增大某时间常数（使各时间常数在数值上错开）是一种提高系统临界开环增益的有效方法。

（4）在实验中，要求实验前计算不同时间常数配合下的系统临界开环增益，并与实验结果对比分析、讨论。

$T = RC = 0.1$，系统临界开环增益 $K = 2$，$K = R_3/R_2$，$R_2 = 100$ kΩ，$R_3 = 200$ kΩ（小于 200 kΩ 时系统稳定）

$T = RC = 0.01$，系统临界开环增益 $K = 11$，$K = R_3/R_2$，$R_2 = 100$ kΩ，$R_3 = 1100$ kΩ（小于 1100 kΩ 时系统稳定）

二、实验参考曲线

调整电路中 R_3 至系统响应呈等幅振荡，测量记录此时电阻数值。R_3 取临界值及临界值左右时的响应曲线如图 7.40、图 7.41、图 7.42 所示。

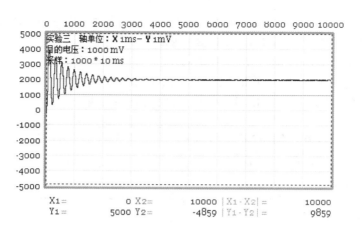

图 7.40 R_3 小于临界值时的响应曲线

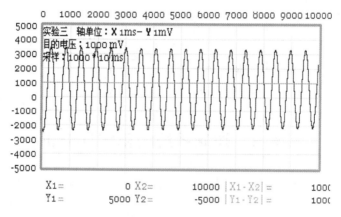

图 7.41 R_3 取临界值时的响应曲线

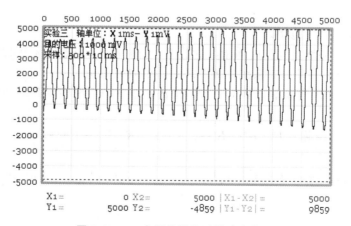

图 7.42 R_3 大于临界值时的响应曲线

实验 4　系统频率特性测量

一、实验说明

本实验原理是在被测对象的输入端加上正弦信号,待输出稳定后,在输出端可得到与输入端同频率的正弦信号,但其幅值和相位与输入端信号不同。如果在足够的频率范围内测出输出信号与输入信号的幅值比和相角差,则可得到被测对象的频率特性,进一步可确定被测对象的参数。

二、实验观测参考

(1) 单个频率点的响应波形的手动测量观测结果如图 7.43 所示。

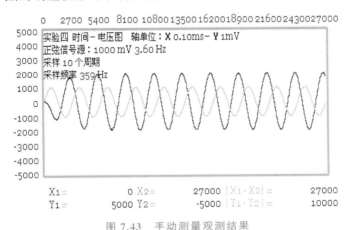

图 7.43　手动测量观测结果

(2) 单个频率点的响应波形的自动测量观测结果如图 7.44 所示。

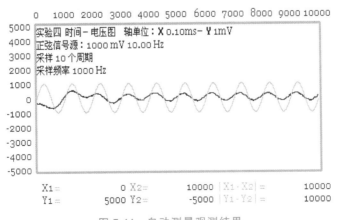

图 7.44　自动测量观测结果

（3）单个频率点响应的李萨如图如图 7.45 所示。

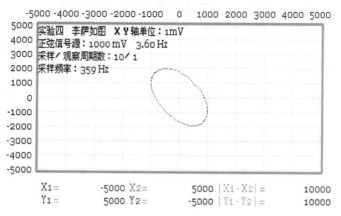

图 7.45 李萨如图

（4）伯德图的观测结果如图 7.46 所示。

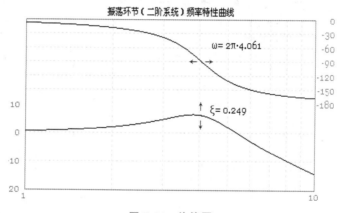

图 7.46 伯德图

（5）奈奎斯特图的观测结果如图 7.47 所示。

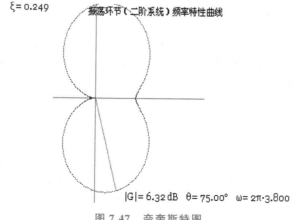

图 7.47 奈奎斯特图

实验 5　连续系统串联校正

实验说明

（1）串联超前校正：实质上是利用相位超前，通过选择适当参数使出现最大超前角时的频率接近系统截止频率，从而有效地增加系统的相位裕度，提高系统的相对稳定性。当系统有满意的稳态性能而动态响应不符合要求时，可采用超前校正。

实验观测：校正前后的系统响应曲线如图 7.48 和图 7.49 所示。

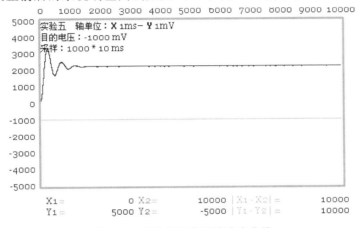

图 7.48　超前校正前系统响应曲线

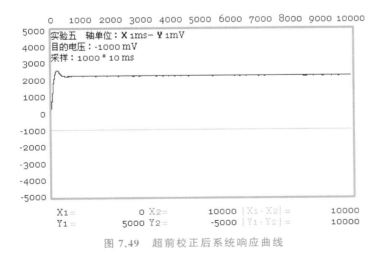

图 7.49　超前校正后系统响应曲线

（2）串联滞后校正：利用校正后系统截止频率左移，如果使校正环节的最大滞后相角的频率远离校正后的截止频率而处于相当低的频率上，就可以使校正环节的相位滞后对相位裕度的影响尽可能小。特别是当系统满足静态要求，不满足幅值裕度和相位裕度，而且相频特性在截止频率附近相位变化明显时，采用滞后校正能够收到较好的效果。

实验观测：校正前后的系统响应曲线如图 7.50、图 7.51 所示。

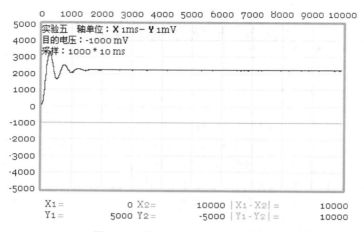

图 7.50　滞后校正前系统响应曲线

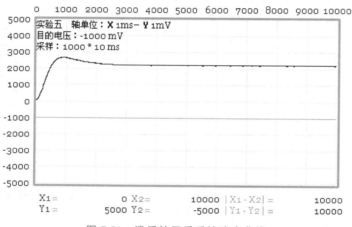

图 7.51　滞后校正后系统响应曲线

（3）串联超前-滞后校正：如果单用超前校正相角不够大，不足以使相位裕度满足要求，而单用滞后校正截止频率又太小，保证不了响应速度时，则需用超前-滞后校正。

实验观测：校正前后的系统响应曲线如图 7.52、图 7.53 所示。

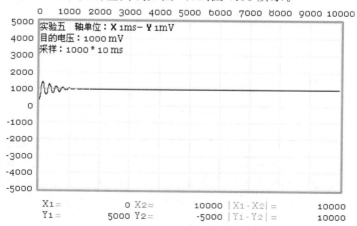

图 7.52　超前-滞后校正前系统响应曲线

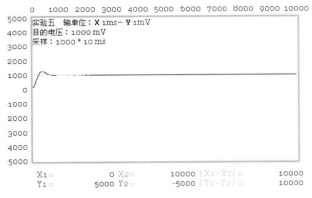

图 7.53　超前-滞后校正后系统响应曲线

说明:实验前,应要求学生用频率法分析实验中校正前后系统的参数变化。

实验 6　数字 PID 控制

一、实验说明

比例-积分(PI)控制规律:它的作用相当于在系统中增加了一个开环极点和开环零点。位于原点的极点可提高系统的稳态性能,增加的零点则可缓和极点对系统稳定性产生的不利影响。

比例-积分-微分(PID)控制规律:它的作用与 PI 控制器相比,除了同样具有提高系统稳态性能的优点外,由于系统多一个负实部零点,还对提高系统的动态性能有显著作用。

工程设计中有许多方法,如对于一个特定的被控对象,在纯比例控制的作用下改变比例系数可求出产生临界振荡的振荡周期 T_u 和临界比例系数 K_u。

根据 Ziegler-Nichols 条件有 $T=0.1T_u$,$T_I=0.125T_u$,从而根据性能要求调节参数。工程方法有很多,此处不再一一介绍。

二、实验参考曲线

实验参考曲线如图 7.54 所示。

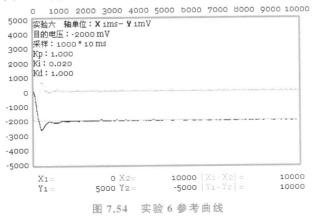

图 7.54　实验 6 参考曲线

7.5 实验仿真参考曲线

实验 1 典型环节及其阶跃响应

1. 比例环节

实验仿真参考曲线如图 7.55 所示。

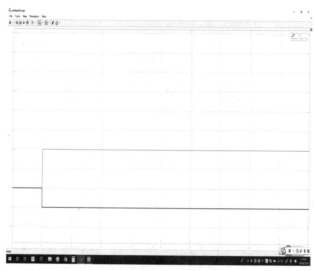

图 7.55 比例环节实验仿真参考曲线

2. 惯性环节

实验仿真参考曲线如图 7.56 所示。

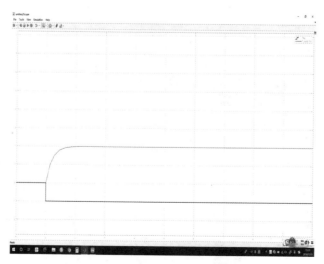

图 7.56 惯性环节实验仿真参考曲线

3. 积分环节

实验仿真参考曲线如图 7.57 所示。

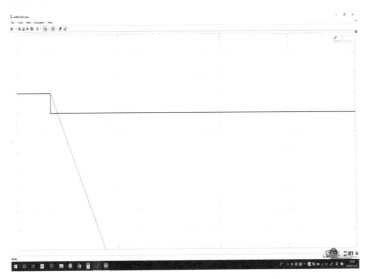

图 7.57 积分环节实验仿真参考曲线

4. 微分环节

实验仿真参考曲线如图 7.58 所示。

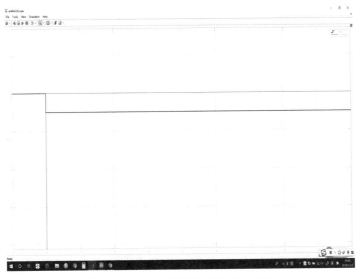

图 7.58 微分环节实验仿真参考曲线

5. 比例-微分环节

实验仿真参考曲线如图 7.59 所示。

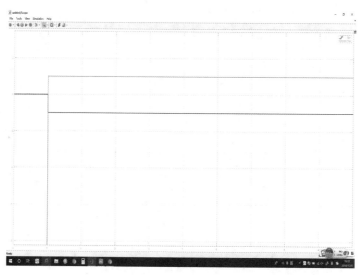

图 7.59   比例-微分环节实验仿真参考曲线

6. 比例-积分环节

实验仿真参考曲线如图 7.60 所示。

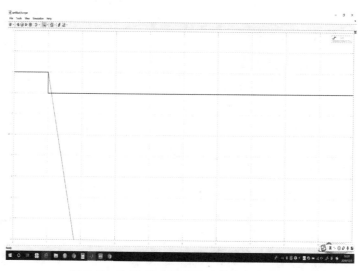

图 7.60   比例-积分环节实验仿真参考曲线

注意：波形为阶跃响应波形，故在 Simulink 仿真时输入信号应为阶跃信号即 step；此结果是由 1→0 跃迁时的响应曲线，如果输入由 0→1 跃迁，则结果与上图反相。

传递函数在实验中已给出。

实验 2　二阶系统阶跃响应

$$\Phi(s)=\frac{U_2(s)}{U_1}=\frac{1/T^2}{s^2+(K/T)s+1/T^2}$$

$$\Phi(s)=\frac{\omega_n^2}{s^2+2\xi\omega_n s+\omega_n^2}$$

可用上式构造传递函数,其结果一样。

当 $C=1\ \mu F$ 时,即 $\omega_n=10\ rad/s$,$T=RC$,仿真结果如图 7.61 所示。

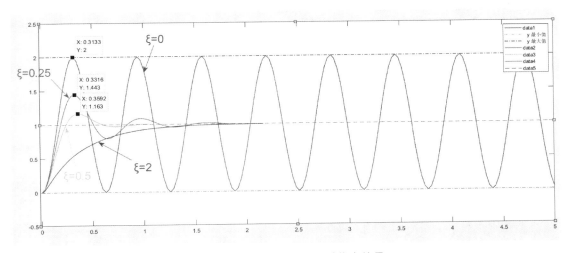

图 7.61　$C=1\ \mu F$,$T=RC$ 时仿真结果

当 $C=0.1\ \mu F$ 时,即 $\omega_n=100\ rad/s$,$T=RC$,仿真结果如图 7.62 所示。

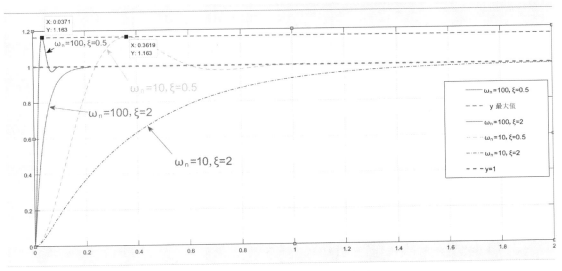

图 7.62　$C=0.1\ \mu F$,$T=RC$ 时仿真结果

绘制程序如下。

```
num=100;
num1=10000;
den1=[1 0 100];
den2=[1 5 100];
den3=[1 10 100];
den4=[1 40 100];
den5=[1 100 10000];
den6=[1 400 10000];
g1=tf(num,den1);
g2=tf(num,den2);
g3=tf(num,den3);
g4=tf(num,den4);
g5=tf(num1,den5);
g6=tf(num1,den6);
step(g1)
holdon
line([0,5],[1,1])
step(g2)
step(g3)
step(g4)          //g1 g2 g3 g4 对应第一个图
% step(g5);          //g3 g4 g5 g6 对应第一个图
% step(g6);
hold off
```

实验 3　控制系统的稳定性分析

$$\Phi(s)=\frac{10K}{s(0.1s+1)(Ts+1)+10K}$$

当 $C=1~\mu\text{F}$ 时仿真结果如图 7.63 所示，可以看出系统增益 $K=20$ 时是无阻尼状态。

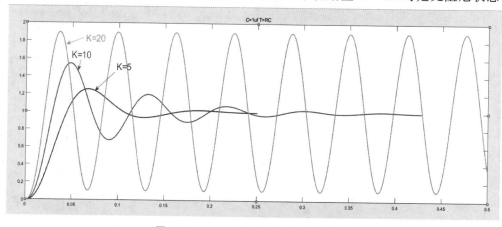

图 7.63　$C=1~\mu\text{F}$，$K=20$ 时仿真结果

当 $C=0.1\ \mu\mathrm{F}, K=50$ 时仿真结果如图 7.64 所示。

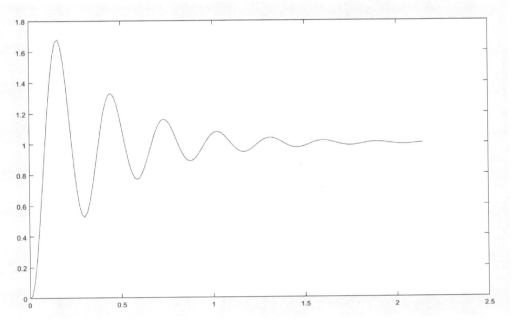

图 7.64　$C=0.1\ \mu\mathrm{F}, K=50$ 时仿真结果

当 $C=0.1\ \mu\mathrm{F}, K=100$ 时仿真结果如图 7.65 所示。

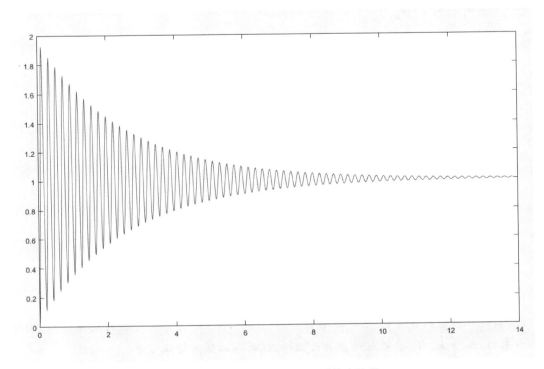

图 7.65　$C=0.1\ \mu\mathrm{F}, K=100$ 时仿真结果

当 $C=0.1\ \mu\mathrm{F}, K=110$ 时仿真结果如图 7.66 所示。

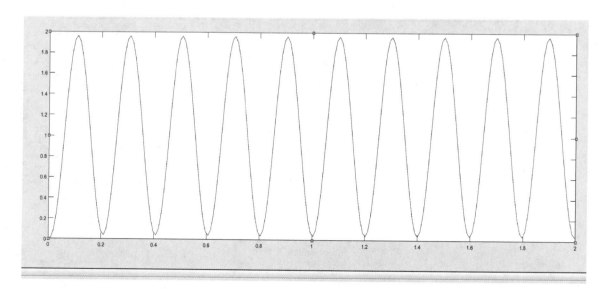

图 7.66　$C=0.1\ \mu\mathrm{F}, K=110$ 时仿真结果

当 $C=0.1\ \mu\mathrm{F}, K=115$ 时仿真结果如图 7.67 所示。

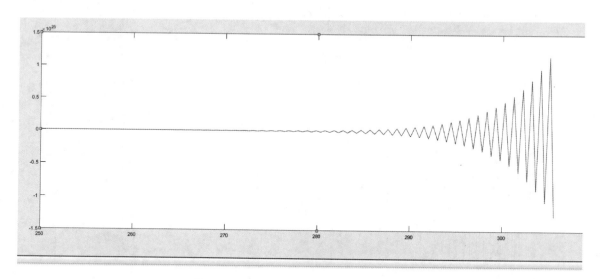

图 7.67　$C=0.1\ \mu\mathrm{F}, K=115$ 时仿真结果

图 7.68 所示是 Simulink 仿真结果。

注意：建立传递函数时 K 是开环增益，$K=10K_1$，K_1 是运算放大器的反馈增益，由电阻的比例求出，$K_1=R_3/R_2$。系统响应为阶跃响应，输入必须为阶跃信号。

当 $C=1$ $\mu\mathrm{F}$ 时，$T=RC=0.1$，系统临界开环增益 $K=2$，$K=R_3/R_2$，$R_2=100$ $\mathrm{k}\Omega$，$R_3=200$ $\mathrm{k}\Omega$（R_3 小于 200 $\mathrm{k}\Omega$ 时系统稳定）。

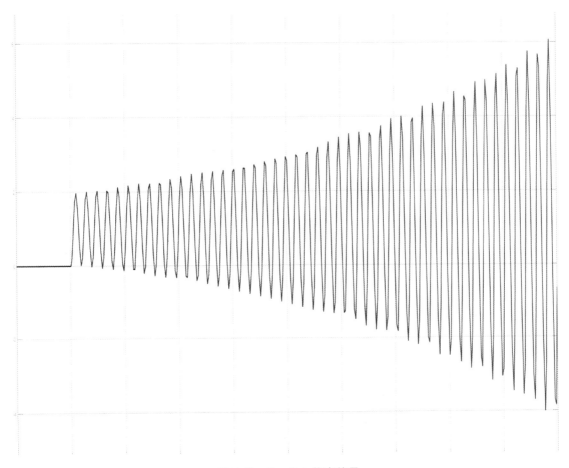

图 7.68　Simulink 仿真结果

当 $C=0.1$ $\mu\mathrm{F}$ 时，$T=RC=0.01$，系统临界开环增益 $K=11$，$K=R_3/R_2$，$R_2=100$ $\mathrm{k}\Omega$，$R_3=1100$ $\mathrm{k}\Omega$（R_3 小于 1100 $\mathrm{k}\Omega$ 时系统稳定）

当 $C=0.1$ $\mu\mathrm{F}$，$K=200$ 时仿真结果如图 7.69 所示。

绘制程序如下。

```
num1=5;           //num1,num2,num3 分别对应不同 K 值
num2=10;
num3=110;
den1=[0.01 0.2 1 0];
den2=[0.001 0.11 1 0];
g11=tf(num1,den1);
g1=feedback(g11,1);
```

图 7.69 $C=0.1\ \mu\mathrm{F}, K=200$ 时仿真结果

```
g22=tf(num2,den1);
g2=feedback(g22,1);
g33=tf(num3,den1);
g3=feedback(g33,1);
g44=tf(num1,den2);
g4=feedback(g44,1);
g55=tf(num2,den2);
g5=feedback(g55,1);
g66=tf(num3,den2);
g6=feedback(g66,1);
t1=0:0.1:10;
t2=0:0.1:10;
t3=0:0.1:10;
t4=0:0.1:10;
t5=0:0.1:10;
t6=0:0.1:10;
[y1,t1]=step(g1);
[y2,t2]=step(g2);
```

```
[y3,t3]=step(g3);

[y4,t4]=step(g4);

[y5,t5]=step(g5);

[y6,t6]=step(g6);

%    plot(t1,y1,t2,y2,t3,y3)

%    plot(t4,y4,t5,y5,t6,y6)

%    plot(t1,y1)

%    plot(t2,y2)

%    plot(t3,y3)

%    plot(t4,y4)

%    plot(t5,y5)

plot(t6,y6)
```

//画图可直接调用 step()函数－－－阶跃响应函数

实验 4　系统频率特性测量

（1）Simulink 仿真结果如图 7.70 至图 7.74 所示。

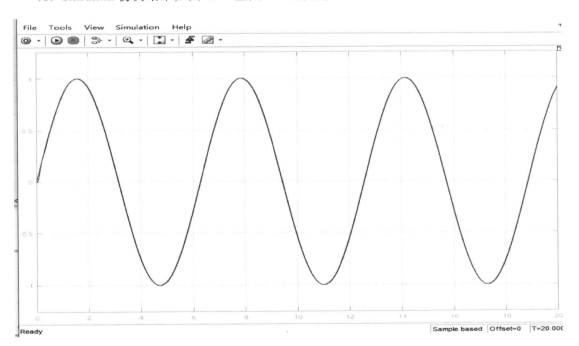

图 7.70　$\omega = 1$ 时仿真结果

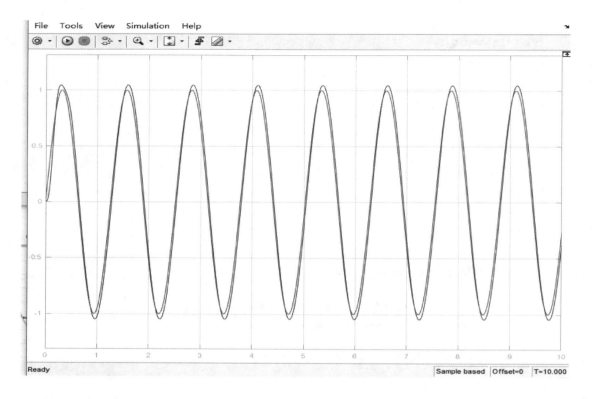

图 7.71　ω＝5 时仿真结果

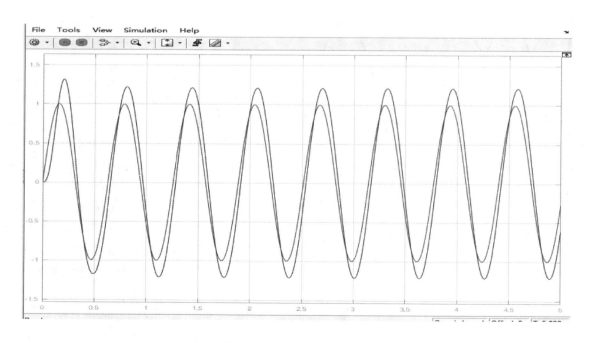

图 7.72　ω＝10 时仿真结果

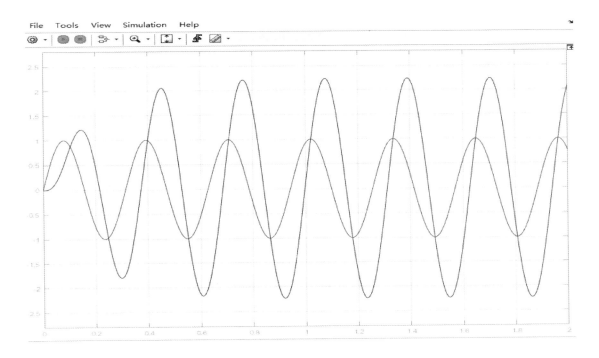

图 7.73　$\omega = 20$ 时仿真结果

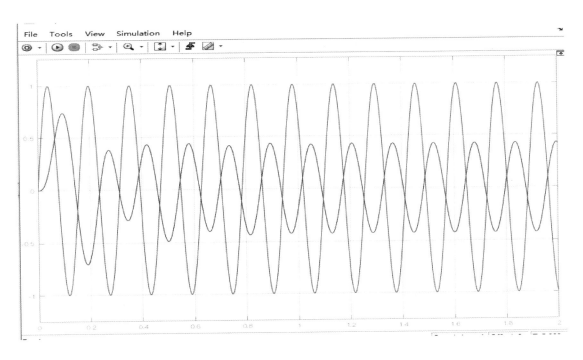

图 7.74　$\omega = 40$ 时仿真结果

（2）伯德图的观测如图 7.75 所示。

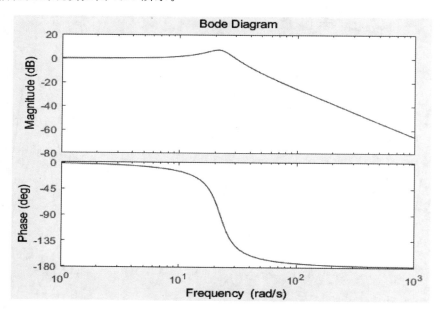

图 7.75　伯德图

（3）奈奎斯特图的观测如图 7.76 所示。

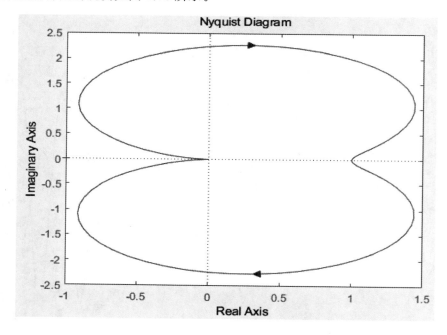

图 7.76　奈奎斯特图

注意：Simulink 仿真时应设置好解法器，否则会出现信号失真。
绘制程序如下。

```
g0=tf(500,[1 10 0]);
g=feedback(g0,1);
t=0:0.1:10;
tu=0:0.1:10;
t1=0:0.1:10;
u=sin(10* t);
[y,t]=lsim(g,u,t);
plot(t,u)
holdon
plot(t,y)
holdoff
%  bode(g);            //伯德图函数
%  nyquist(g);          //奈奎斯特图函数
```

实验 5　连续系统串联校正

1. 串联超前校正的实验观测

校正前后的系统响应曲线如图 7.77 所示。

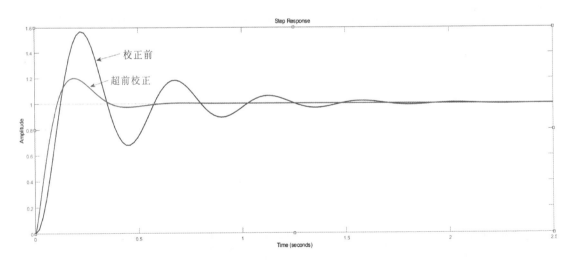

图 7.77　串联超前校正前后系统的响应曲线

绘制程序如下。

```
g1=tf(2,1);
g2=tf([0.11,2],[0.005,1]);
g0=tf(20,[0.2,1,0]);
g01=a0* a1;
```

2. 串联滞后校正的实验观测

校正前后的系统响应曲线如图 7.78 所示。

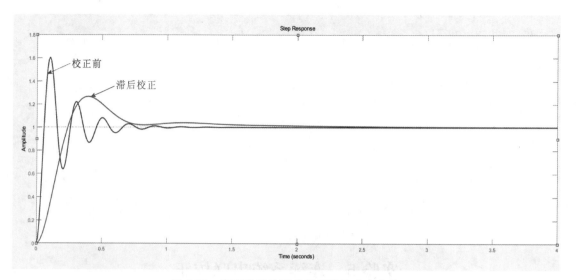

图 7.78　串联滞后校正前后系统的响应曲线

绘制程序如下。

```
g0=tf(10,[0.1,1,0]);
g1=tf(10,1);
g2=tf([10,10],[11,11]);
g01=g0* g1;
g02=g0* g2;
G1=feedback(g01,1);
G2=feedback(g02,1);
step(G1);
hold on
step(G2);
hold off
```

3. 串联超前-滞后校正的实验观测

校正前后的系统响应曲线如图 7.79 所示。

绘制程序如下。

```
% % 串联超前- 滞后校正
num0=10;
den0=[0.001,0.11,1,0];
g0=tf(num0,den0);
num1=6;
den1=6;
g1=tf(num1,den1);
num2=[1.08,8.1,6];
den2=[0.3,6.05,1];
g2=tf(num2,den2);
g01=g0* g1;
```

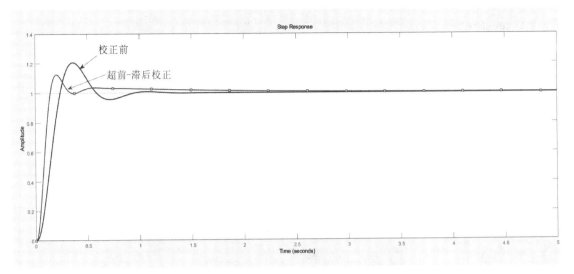

图 7.79　串联超前-滞后校正前后系统的响应曲线

```
g02=g0* g2;
G1=feedback(g01,1);
G2=feedback(g02,1);
step(G1);
hold on
step(G2);
hold off
```

实验 6　数字 PID 控制

MATLAB 代码如下。

```
gp1=tf(5,[0.05,0.6,1]);
gp2=tf(1,[0.1,1,0]);

Kp0=1;Ki0=0;Kd0=0;
Kp1=5;Ki1=0;Kd1=0;
Kp2=10;Ki2=0;Kd2=0;
gc0=tf([Kd0* Kp0,Kp0,Ki0* Kp0],[1,0]);
gc1=tf([Kd1* Kp1,Kp1,Ki1* Kp1],[1,0]);
gc2=tf([Kd2* Kp2,Kp2,Ki2* Kp2],[1,0]);
G0=gc0* gp1;
G1=gc1* gp1;
G2=gc2* gp1;
% G0=gc0* gp2;
% G1=gc1* gp2;
% G2=gc2* gp2;
```

```
G0=feedback(G0,1);
G1=feedback(G1,1);
G2=feedback(G2,1);
figure(4)
step(G0)
holdon
step(G1)
step(G2)
hold off
```

响应曲线如图 7.80 至图 7.86 所示。

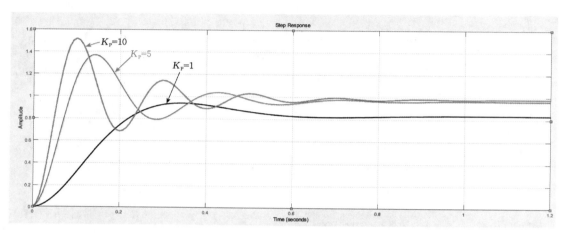

图 7.80　纯 P 控制响应曲线

图 7.80 所示曲线的参数是 $K_{P0}=1, K_{I0}=0, K_{D0}=0, K_{P1}=5, K_{I1}=0, K_{D1}=0, K_{P2}=10,$ $K_{I2}=0, K_{D2}=0$。

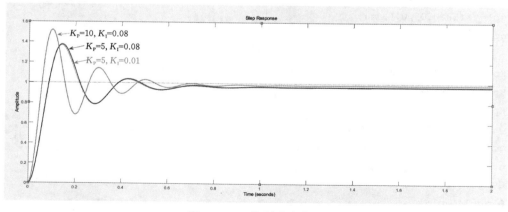

图 7.81　PI 控制响应曲线

图 7.81 所示曲线的参数是 $K_{P0}=5, K_{I0}=0.01, K_{D0}=0, K_{P1}=5, K_{I1}=0.08, K_{D1}=0,$ $K_{P2}=10, K_{I2}=0.08, K_{D2}=0$。

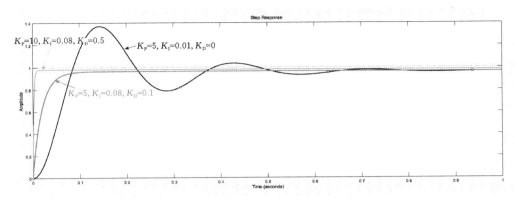

图 7.82　PID 控制响应曲线

图 7.82 所示曲线的参数是 $K_{P0} = 5, K_{I0} = 0.01, K_{D0} = 0, K_{P1} = 5, K_{I1} = 0.08, K_{D1} = 0.1,$ $K_{P2} = 10, K_{I2} = 0.08, K_{D2} = 0.5$。

图 7.80 至图 7.82 的对象为 $G_{p1}(s)$。

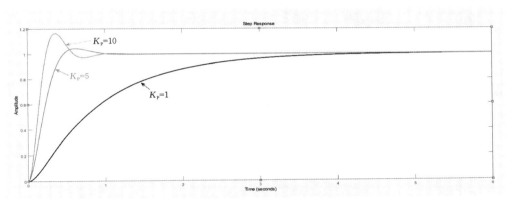

图 7.83　纯 P 控制响应曲线

图 7.83 所示曲线的参数是 $K_{P0} = 1, K_{P1} = 5, K_{P2} = 10$。

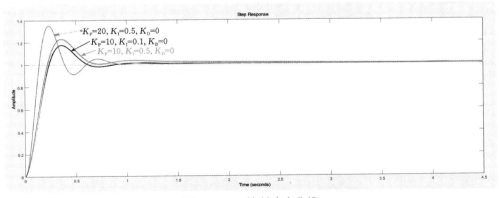

图 7.84　PI 控制响应曲线

图 7.84 所示曲线的参数是 $K_{P0} = K_{P1} = 10, K_{P2} = 20, K_{I0} = 0.1, K_{I1} = K_{I2} = 0.5, K_{D0} = K_{D1} = K_{D2} = 0$。

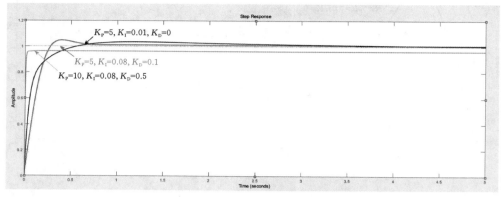

图 7.85　PID 控制响应曲线

图 7.85 所示曲线的参数是 $K_{P0} = K_{P1} = 5, K_{P2} = 10, K_{I0} = 0.01, K_{I1} = K_{I2} = 0.08, K_{D0} = 0, K_{D1} = 0.1, K_{D2} = 0.5$。

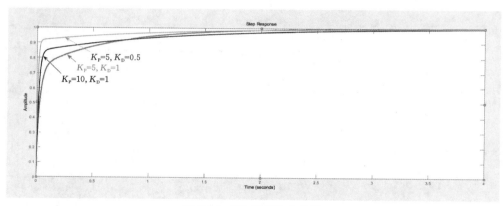

图 7.86　PD 控制响应曲线

图 7.86 所示曲线的参数是 $K_{P0} = 10, K_{P1} = K_{P2} = 5, K_{I0} = K_{I1} = K_{I2} = 0, K_{D0} = K_{D1} = 1, K_{D2} = 0.5$。

可以看出 PD 控制反应速度快。

附　　录

附录 A　拉普拉斯变换及反变换

1. 拉普拉斯变换的基本性质

表 A.1　拉普拉斯变换的基本性质

序号	定理		函数形式
1	线性定理	齐次性	$\Phi[af(t)] = aF(s)$
		叠加性	$\Phi[f_1(t) \pm f_2(t)] = F_1(s) \pm F_2(s)$
2	微分定理	一般形式	$\Phi\left[\dfrac{\mathrm{d}f(t)}{\mathrm{d}t}\right] = sF(s) - f(0)$
			$\Phi\left[\dfrac{\mathrm{d}^2 f(t)}{\mathrm{d}t^2}\right] = s^2 F(s) - sf(0) - f'(0)$
			……
			$\Phi\left[\dfrac{\mathrm{d}^n f(t)}{\mathrm{d}t^n}\right] = s^n F(s) - \displaystyle\sum_{k=1}^{n} s^{n-k} f^{(k-1)}(0)$
			$f^{(k-1)}(t) = \dfrac{\mathrm{d}^{k-1} f(t)}{\mathrm{d}t^{k-1}}$
		初始条件为零时	$\Phi\left[\dfrac{\mathrm{d}^n f(t)}{\mathrm{d}t^n}\right] = s^n F(s)$
3	积分定理	一般形式	$\Phi\left[\displaystyle\int f(t)\mathrm{d}t\right] = \dfrac{F(s)}{s} + \dfrac{\left[\int f(t)\mathrm{d}t\right]_{t=0}}{s}$
			$\Phi\left[\displaystyle\iint f(t)(\mathrm{d}t)^2\right] = \dfrac{F(s)}{s^2} + \dfrac{\left[\int f(t)\mathrm{d}t\right]_{t=0}}{s^2} + \dfrac{\left[\iint f(t)(\mathrm{d}t)^2\right]_{t=0}}{s}$
			……
			$\Phi\left[\overbrace{\displaystyle\int \cdots \int}^{\text{共}n\text{个}} f(t)(\mathrm{d}t)^n\right] = \dfrac{F(s)}{s^n} + \displaystyle\sum_{k=1}^{n} \dfrac{1}{s^{n-k+1}} \left[\overbrace{\int \cdots \int}^{\text{共}k\text{个}} f(t)(\mathrm{d}t)^n\right]_{t=0}$
		初始条件为零时	$\Phi\left[\overbrace{\displaystyle\int \cdots \int}^{\text{共}n\text{个}} f(t)(\mathrm{d}t)^n\right] = \dfrac{F(s)}{s^n}$

序号	定理	函数形式
4	实位移定理	$\Phi[f(t-T)l(t-T)]=\mathrm{e}^{-Ts}F(s)$
5	复位移定理	$\Phi[f(t)\mathrm{e}^{-at}]=F(s+a)$
6	终值定理	$\lim\limits_{t\to\infty}f(t)=\lim\limits_{s\to 0}sF(s)$
7	初值定理	$\lim\limits_{t\to 0}f(t)=\lim\limits_{s\to\infty}sF(s)$
8	卷积定理	$\Phi\left[\displaystyle\int_0^t f_1(t-\tau)f_2(\tau)\mathrm{d}\tau\right]=\Phi\left[\displaystyle\int_0^t f_1(t)f_2(t-\tau)\mathrm{d}\tau\right]F_1(s)F_2(s)$

2. 常用函数的拉普拉斯变换和 z 变换

表 A.2 常用函数的拉普拉斯变换和 z 变换表

序号	拉普拉斯变换 $E(s)$	时间函数 $e(t)$	z 变换 $E(z)$
1	1	$\delta(t)$	1
2	$\dfrac{1}{1-\mathrm{e}^{-Ts}}$	$\delta_T(t)=\displaystyle\sum_{n=0}^{\infty}\delta(t-nT)$	$\dfrac{z}{z-1}$
3	$\dfrac{1}{s}$	$l(t)$	$\dfrac{z}{z-1}$
4	$\dfrac{1}{s^2}$	t	$\dfrac{Tz}{(z-1)^2}$
5	$\dfrac{1}{s^3}$	$\dfrac{t^2}{2}$	$\dfrac{T^2z(z+1)}{2(z-1)^3}$
6	$\dfrac{1}{s^{n+1}}$	$\dfrac{t^n}{n!}$	$\lim\limits_{a\to 0}\dfrac{(-1)^n}{n!}\dfrac{\partial^n}{\partial a^n}\left(\dfrac{z}{z-\mathrm{e}^{-aT}}\right)$
7	$\dfrac{1}{s+a}$	e^{-at}	$\dfrac{z}{z-\mathrm{e}^{-aT}}$
8	$\dfrac{1}{(s+a)^2}$	$t\mathrm{e}^{-at}$	$\dfrac{Tz\mathrm{e}^{-aT}}{(z-\mathrm{e}^{-aT})^2}$
9	$\dfrac{1}{s(s+a)}$	$1-\mathrm{e}^{-at}$	$\dfrac{(1-\mathrm{e}^{-aT})z}{(z-1)(z-\mathrm{e}^{-aT})}$
10	$\dfrac{b-a}{(s+a)(s+b)}$	$\mathrm{e}^{-at}-\mathrm{e}^{-bt}$	$\dfrac{z}{z-\mathrm{e}^{-aT}}-\dfrac{z}{z-\mathrm{e}^{-bT}}$

序号	拉普拉斯变换 $E(s)$	时间函数 $e(t)$	z 变换 $E(z)$
11	$\dfrac{\omega}{s^2+\omega^2}$	$\sin \omega t$	$\dfrac{z\sin \omega T}{z^2-2z\cos \omega T+1}$
12	$\dfrac{s}{s^2+\omega^2}$	$\cos \omega t$	$\dfrac{z(z-\cos \omega T)}{z^2-2z\cos \omega T+1}$
13	$\dfrac{\omega}{(s+a)^2+\omega^2}$	$\mathrm{e}^{-at}\sin \omega t$	$\dfrac{z\mathrm{e}^{-aT}\sin \omega T}{z^2-2z\mathrm{e}^{-aT}\cos \omega T+\mathrm{e}^{-2aT}}$
14	$\dfrac{s+a}{(s+a)^2+\omega^2}$	$\mathrm{e}^{-at}\cos \omega t$	$\dfrac{z^2-z\mathrm{e}^{-aT}\cos \omega T}{z^2-2z\mathrm{e}^{-aT}\cos \omega T+\mathrm{e}^{-2aT}}$
15	$\dfrac{1}{s-(1/T)\ln a}$	$a^{t/T}$	$\dfrac{z}{z-a}$

3. 用查表法进行拉普拉斯反变换

用查表法进行拉普拉斯反变换的关键在于将变换式进行部分分式展开,然后逐项查表进行反变换。设 $F(s)$ 是 s 的有理真分式,即

$$F(s)=\frac{B(s)}{A(s)}=\frac{b_m s^m+b_{m-1}s^{m-1}+\cdots+b_1 s+b_0}{a_n s^n+a_{n-1}s^{n-1}+\cdots+a_1 s+a_0}, \quad n>m$$

式中,系数 a_0、a_1、$\cdots$、a_{m-1}、a_m 和 b_0、b_1、$\cdots$、b_{m-1}、b_m 都是实常数;m、n 是正整数。按代数定理可将 $F(s)$ 展开为部分分式,分以下两种情况讨论。

(1) $A(s)=0$ 无重根。这时,$F(s)$ 可展开为 n 个简单的部分分式之和的形式,即

$$F(s)=\frac{c_1}{s-s_1}+\frac{c_2}{s-s_2}+\cdots+\frac{c_i}{s-s_i}+\cdots+\frac{c_n}{s-s_n}=\sum_{i=1}^{n}\frac{c_i}{s-s_i} \tag{A.1}$$

式中,s_1、s_2、$\cdots$、s_n 是特征方程 $A(s)=0$ 的根;c_i 为待定常数,称为 $F(s)$ 在 s_i 处的留数,可按下列两式计算:

$$c_i=\lim_{s\to s_1}(s-s_i)F(s) \tag{A.2}$$

或

$$c_i=\frac{B(s)}{A'(s)}\bigg|_{s=s_i} \tag{A.3}$$

式中,$A'(s)$ 为 $A(s)$ 对 s 的一阶导数。根据拉普拉斯变换的性质,从式(A.1)可求得原函数

$$f(t)=\Phi^{-1}\big[F(s)\big]=\Phi^{-1}\left[\sum_{i=1}^{n}\frac{c_i}{s-s_i}\right]=\sum_{i=1}^{n}c_i\mathrm{e}^{s_i t} \tag{A.4}$$

(2) $A(s)=0$ 有重根。设 $A(s)=0$ 有 r 重根 s_1,$F(s)$ 可写为

$$F(s)=\frac{B(s)}{(s-s_1)^r(s-s_{r+1})\cdots(s-s_n)}=\frac{c_r}{(s-s_1)^r}+\frac{c_{r-1}}{(s-s_1)^{r-1}}+\cdots+$$

$$\frac{c_1}{(s-s_1)}+\frac{c_{r+1}}{s-s_{r+1}}+\cdots+\frac{c_i}{s-s_i}+\cdots+\frac{c_n}{s-s_n}$$

式中，s_1 为 $F(s)$ 的 r 重根，s_{r+1}、$\cdots$、s_n 为 $F(s)$ 的 $(n-r)$ 个单根；其中 c_{r+1}、$\cdots$、c_n 仍按式（A.2）或式（A.3）计算，c_r、c_{r-1}、$\cdots$、c_1 则按下式计算：

$$\left.\begin{array}{l} c_r = \lim_{s \to s_1} \left[(s-s_1)^r F(s) \right] \\[2mm] c_{r-1} = \lim_{s \to s_1} \frac{\mathrm{d}}{\mathrm{d}s} \left[(s-s_1)^r F(s) \right] \\[2mm] \cdots\cdots \\[2mm] c_{r-j} = \frac{1}{j!} \lim_{s \to s_1} \frac{\mathrm{d}^{(j)}}{\mathrm{d}s^{(j)}} \left[(s-s_1)^r F(s) \right] \\[2mm] c_1 = \frac{1}{(r-1)!} \lim_{s \to s_1} \frac{\mathrm{d}^{(r-1)}}{\mathrm{d}s^{(r-1)}} \left[(s-s_1)^r F(s) \right] \end{array}\right\} \tag{A.5}$$

原函数

$$\begin{aligned} f(t) &= \Phi^{-1}\left[F(s) \right] \\ &= \Phi^{-1}\left[\frac{c_r}{(s-s_1)^r} + \frac{c_{r-1}}{(s-s_1)^{r-1}} + \cdots + \frac{c_1}{(s-s_1)} + \frac{c_{r+1}}{s-s_{r+1}} + \cdots + \frac{c_i}{s-s_i} + \cdots + \frac{c_n}{s-s_n} \right] \\ &= \left[\frac{c_r}{(r-1)!} t^{r-1} + \frac{c_{r-1}}{(r-2)!} t^{r-2} + \cdots + c_2 t + c_1 e^{s_1 t} + \sum_{i=r+1}^{n} c_i e^{s_i t} \right] \end{aligned}$$

$$\tag{A.6}$$

附录 B 常见的无源及有源校正网络

表 B.1 无源校正网络

电路图	传递函数	对数幅频特性（分段直线表示）
	$G(s) = a \dfrac{Ts+1}{aTs+1}$ $T = R_1 C$ $a = \dfrac{R_2}{R_1+R_2}$	
	$G(s) = a_1 \dfrac{Ts+1}{a_2 Ts+1}$ $a_1 = \dfrac{R_2}{R_1+R_2+R_3}$ $T = R_1 C$ $a_2 = \dfrac{R_2+R_3}{R_1+R_2+R_3}$	

电路图	传递函数	对数幅频特性（分段直线表示）
R_1, R_2, C	$G(s)=\dfrac{aTs+1}{Ts+1}$ $T=(R_1+R_2)C$ $a=\dfrac{R_2}{R_1+R_2}$	$L(\omega)/\mathrm{dB}$，转折频率 $1/T$，$1/(aT)$，斜率 -20
R_1, R_2, R_3, C	$G(s)=a\,\dfrac{\tau s+1}{Ts+1}$ $T=\left(R_2+\dfrac{R_1R_3}{R_1+R_3}\right)C$ $\tau=R_2C$ $a=\dfrac{R_3}{R_1+R_3}$	$L(\omega)/\mathrm{dB}$，$1/T$，$1/\tau$，$20\lg a$，斜率 -20
C_1, R_1, R_2, C_2	$G(s)=$ $\dfrac{T_1T_2s^2+(T_1+T_2)s+1}{T_1T_2s^2+(T_1+T_2+T_{1,2})s+1}$ $T_1=R_1C_1$ $T_2=R_2C_2$ $T_{1,2}=R_1C_2$	$L(\omega)/\mathrm{dB}$，$1/T_1$，$1/T_2$，-20，20，$20\lg\dfrac{T_1+T_2}{T_1+T_2+T_{1,2}}$
C_1, R_3, R_1, R_2, C_2	$G(s)=$ $\dfrac{(T_1s+1)(T_2s+1)}{T_1(T_2+T_{3,2})s^2+(T_1+T_2+T_{1,2}+T_{3,2})s+1}$ $T_1=R_1C_1$ $T_2=R_2C_2$ $T_{1,2}=R_1C_2$ $T_{3,2}=R_3C_2$	$L(\omega)/\mathrm{dB}$，$1/T_0$，$1/T_1$，$1/T_2$，$1/T_3$，-20，20，$20\lg K_\infty$，$K_\infty=\dfrac{R_2}{R_2+R_1}$

表 B.2　由运算放大器组成的有源校正网络

电路图	传递函数	对数幅频特性（分段直线表示）
R_2, C, R_1, R_0（运算放大器）	$G(s)=-\dfrac{K}{Ts+1}$ $T=R_2C$ $K=\dfrac{R_2}{R_1}$	$L(\omega)/\mathrm{dB}$，$20\lg K$，$1/T$，斜率 -20

电路图	传递函数	对数幅频特性（分段直线表示）
	$G(s)=-\dfrac{(\tau_1 s+1)(\tau_2 s+1)}{Ts}$ $\tau_1=R_1C_1$ $\tau_2=R_2C_2$ $T=R_1C_2$	
	$G(s)=-\dfrac{\tau_1 s+1}{Ts}$ $\tau=\dfrac{R_2R_3}{R_2+R_3}C$ $T=\dfrac{R_1R_3}{R_2+R_3}C$	
	$G(s)=-K(\tau s+1)$ $\tau=\dfrac{R_2R_3}{R_2+R_3}C$ $K=\dfrac{R_2+R_3}{R_1}$	
	$G(s)=-\dfrac{K(\tau s+1)}{Ts+1}$ $K=\dfrac{R_2+R_3}{R_1}$ $T=R_4C$ $\tau=\left(\dfrac{R_2R_3}{R_2+R_3}+R_4\right)C$	
	$G(s)=-\dfrac{K(\tau_1 s+1)(\tau_2 s+1)}{(T_1 s+1)(T_2 s+1)}$ $K=\dfrac{R_4+R_5}{R_1+R_2}$ $\tau_1=\dfrac{R_4R_5}{R_1+R_2}C_1$ $\tau_2=R_2C_2$ $T_1=R_5C_1$ $T_2=\dfrac{R_1R_2}{R_1+R_2}C_2$	

参 考 文 献

[1] 卢京潮.自动控制原理[M].北京:清华大学出版社,2013.

[2] 胡寿松.自动控制原理[M].7 版.北京:科学出版社,2019.

[3] 梅晓榕.自动控制原理[M].4 版.北京:科学出版社,2017.

[4] GENE F FRANKLIN,J DAVID POWELL,ABBAS EMAMI-NAEINI.自动控制原理与设计[M].6 版.李中华,等译.北京:电子工业出版社,2014.

[5] RICHARD C DORF, ROBERT H BISHOP.现代控制系统[M].8 版.谢红卫,邹蓬兴,张明,等译.北京:高等教育出版社,2004.

[6] KATSUHIKO OGATA.现代控制工程[M].5 版.卢伯英,佟明安,译.北京:电子工业出版社,2017.

[7] 王划一,杨西侠.自动控制原理[M].3 版.北京:国防工业出版社,2017.

[8] 冯巧玲.自动控制原理[M].2 版.北京:北京航空航天大学出版社,2007.

[9] 李素玲.自动控制原理[M].西安:西安电子科技大学出版社,2007.

[10] 谢克明.自动控制原理[M].北京:电子工业出版社,2004.

[11] 邹伯敏.自动控制理论[M].4 版.北京:机械工业出版社,2019.

[12] 于长官.现代控制理论[M].3 版.哈尔滨:哈尔滨工业大学出版社,2005.

[13] 杨庚辰.自动控制原理[M].西安:西安电子科技大学出版社,1994.

[14] 姜建国,曹建中,高玉明.信号与系统分析基础[M].北京:清华大学出版社,1994.

[15] 戴忠达.自动控制理论基础[M].北京:清华大学出版社,1991.

[16] 郑大钟.线性系统理论[M].2 版.北京:清华大学出版社,2002.